工程契約與規範

CONTRACTS AND SPECIFICATIONS OF ENGINEERING

許聖富 編著

五南圖書出版公司 印行

自序

　　為了讓大專院校的學生提早培養法治觀念及了解公私部門採購作業的內涵，「工程契約與規範」是不可或缺的科目，基本的法律素養更是現代人必須具備的生存條件。營建業素有火車頭工業之稱，政府部門及民間企業每年投入營建業的產值亦非常龐大，而職司培養營建業專業人員的搖籃——大專院校土木營建科系，除測量學、工程力學、結構學、材料力學、土壤力學、基礎工程、鋼筋混凝土、鋼結構等專業科目的學理教導外，尚有其他一般性的通識課程。希望讀者在研讀本書後能獲得與契約相關的法律知識，善用工程契約知識，以避免在參與營建工程的過程中發生履約爭議和糾紛。

　　本書是以介紹工程實務案例為主的教科書，復因考量大專土木營建類科的學子，畢業後不論在公部門工作或進入民間的顧問公司及營造廠工作，有較多機會參與政府發包的公共工程，故詳實的介紹政府採購法的內容及政府採購作業的內涵。本書共分七章，第一章緒論、第二章工程契約及規範之內涵、第三章施工綱要規範、第四章政府採購法、第五章技術服務契約案例、第六章工程契約案例及第七章履約爭議之處理。

　　筆者自 1989 年從比利時學成歸國後，先後在逢甲大學及明新科大專任教職共五年多，其餘時間均在國內工程顧問公司工作，累積二十多年的工程實務經驗。2013 年因緣際會回到逢甲大學兼任，2014 年第二學期有機會在土木系進修部講授「契約與規範」，授課內容實則接近「工程契

約與規範」，有感於坊間欠缺與此一科目較相關且實用的教科書，遂整理平日職場上所獲得的工程實務資料，並上網蒐集政府部門公開的資訊，作為授課教材，而學生的接受度頗高。之後，為趕上上課之用，乃利用寒假期間自行打字編寫本書。然因打字作業、提送出版社排版、校稿及印刷時間較為倉促，錯謬誤植之處在所難免，尚祈社會賢達不吝指正。

許聖富 謹序
土木技師、水土保持技師
二〇一六年二月於公館双月園

目錄

1-1 契約之意義與成立要件

　　「契約」本是一個名詞，意指一份文件。然而，經涉事雙方當事者表達意思趨於一致、口頭或書面同意，因而產生法律上的效力時，那就是一種法律的行為，當事者雙方即發生法律關係。人與人之間所發生的法律關係，最常見的即是民法第二篇「債篇」中所規範的「契約行為」。依民法第 153 條第 1 項：「當事人互相表示意思一致者，無論其為明示或默示，契約即為成立。」一般人平日生活中與他人（包括親朋好友、認識或不認識的人）接觸及互動過程中，不知不覺中已經訂下有形及無形的契約，例如：在公家機關及民營企業工作、搭乘公共運輸系統、銀行 ATM 作業、網路訂／購票（圖 1-1）、露天拍賣網站下單、超商使用 ibon 網路繳款（停車費、交通違規單等）、轉帳、提款及訂／購票（交通、演唱會等），或請他人協助處理事務，乃至向鄰座借文具用品……等均屬之。

　　在民主法治的社會裡，每一個人都受法律的保護、支配、享受權利及負擔義務。法律概分為公法和私法，規範公民行使公權力的法律是公法，其餘則屬私法。人們在私法的關係裡，又以契約為中心，因此，可以說契約是一般人最重要也最普遍的法律關係。而契約成立之要件，在於當事人所協議之事項無違反法律情形及對雙方（如業主與承包商、買方與賣方、借方與貸方、委託方及受託方、合解雙方、合夥雙方、僱傭雙方等）具有拘束力，且需包含下列事項，方能產生法律效力：

　　1. 合法之標的物，所約定事項不得違反法律及公序良俗；
　　2. 適當之履約報酬及給付方式；

圖 1-1　網路訂／購票同意遵守事項（摘自高鐵訂位系統）

3. 當事人應具備自主能力，不得為無行為能力者（未滿七歲之未成年人及禁治產人）；

4. 當事人對特定事項之同意；

5. 願意產生法律關係之意思；

6. 具備證明文件。

依民法第 345 條：「稱買賣者，謂當事人約定一方移轉財產權於他方，他方支付價金之契約。當事人就標的物及其價金互相同意時，買賣契約即為成立。」該條文雖未界定必須具備之契約文件形式，僅需當事人之間對

於某一特定內容之合意即可。但既爲雙方所應履行之協議事項及爲發生法律效力之約定，仍以審愼爲宜，儘量留下書面文件且力求清楚明確，以免日後因「口說無憑」或「日久淡忘」而衍生不必要之爭議。在一般人的觀念中所認知的契約，指的是「契約書」，事實上，契約書僅是契約成立的證明文件，它本身不是契約。一般買賣契約可以下列方式產生證明文件：

1. 換文方式：由買賣雙方往返之書信、電報、電話、傳眞、手機簡訊、電子郵件（e-mail）及 Line、Facebook、Twitter 等現代社群網站上互通訊息來洽定；

2. 確認方式：由一方對另一方之要約提出確認，如買方提出訂貨單，賣方以銷貨確認單確認之。或由賣方提出銷貨清單，買方以購貨確認單確認之；

3. 簽約方式：這是一般最常用也最具法律效力之方式，即由買方或賣方所提供之契約書草案，經他方審視確認（含必要之修正）後，雙方會簽以完成契約手續。重要的契約文件，常需送經法院公證，以獲得進一步的保障。契約文件包括以書面、錄音、錄影、照相、微縮、電子數位資料或樣品等方式呈現之原件或複製品。

1-2 契約的分類及適用性

「契約」是以雙方當事人互相對立（意指雙方意思表示的內容是互補的）、合致的意思表示所構成的，其中包括要約及承諾兩個基本的意思表示。**要約**是由表意人所發出，欲得到相對人**承諾**而發生一定私法上效力的意思表示。【維基百科】中，契約可依各種標準分爲許多類型，表 1-1 爲常見的契約分類類型及相關說明，圖 1-2 爲清朝道光卅年間（西元 1850年）留下來的租屋契約，目前收藏在浙江省博物館武林館區。

表 1-1　常見的契約分類類型一覽表

項次	分類方式	相關說明
1	**有名契約**又稱**典型式契約**。民法中所明文規定、設有特別規定並賦予一定名稱之契約。	各國民法規定不盡相同
	無名契約又稱**非典型式契約**。	
2	**雙務契約**為雙方當事人所負之債務具有互為對價（等價）關係的契約。	買賣、互易、合夥、租賃、雇傭、運送、和解等。
	單務契約，又稱**片務契約**，為僅由單方當事人負擔債務的契約，此類契約並不產生同時履行抗辯權與危險負擔之問題。	贈與、保證、使用借貸、消費借貸、無償的委任等。
3	**諾成契約**又稱**不要物契約**，僅需契約當事人意思表示合致，即可成立而不需目的物交付之契約。	大多數債權契約、婚約。
	要物契約，又稱**踐成契約**，為需意思表示合致及現物之交付才能成立之契約。	使用借貸、消費借貸等。
4	**有償契約**為當事人之一方為給付，並約定他方需為對價給付之契約。	買賣、互易及附利息之消費借貸。
	無償契約為僅一方當事人負擔債務之契約，而負擔債務之當事人不自他方當事人取得對價給付之契約。	如贈與、使用借貸等。
5	**要式契約**為需具備一定方式才能夠成立之契約。	各個國家規定不盡相同，台灣法律中如民法規定終身定期金契約（730 條）、期限逾 1 年之不動產租賃契約（420 條）。
	非要式契約又稱**不要式契約**，為僅需當事人意思表示之合致，而不需具備任何方式即能成立的契約形式。	近代民法隨契約自由之原則發展，多數契約皆屬非要式契約，如婚約。

項次	分類方式	相關說明
6	**要因契約**爲以給付爲成立原因（取得財產上利益爲目的）之契約。	民法上的典型契約。
	不要因契約爲不受原因欠缺使效力受影響的之契約。	物權契約、票據行爲、債務拘束、債務承認等。
7	**主契約**爲不需以其他契約的存在爲前提，而能獨立存在之契約。	一般契約均屬之。
	從契約爲需以其他契約存在前提之契約。	利息契約、定金契約、違約金契約、保證契約等。
8	**本約**爲履行預約而訂立的契約，本約中的基本要素及權利義務關係皆需明確規定。	婚約。
	預約爲約定將來訂立特定契約的契約。	
9	**一時性契約**爲經一次之給付即可實現債之關係的契約。	買賣、贈與。
	繼續性契約爲需當事人持續的履行才能實現契約關係之契約。	勞務、僱傭、租賃、終身定期金等。
10	**債權契約**爲發生債之動的關係爲目的之契約。	
	物權契約爲發生物之靜的關係爲目的之契約。	
	身分契約爲融合人格之靜的關係爲目的之契約。	
11	**附合契約**爲契約一方當事人僅能選擇接受既有契約內容與否的選擇，而無法議約內容之契約。	一般定型化契約
	非附合契約爲契約雙方當事人均能協議內容之契約。	

資料來源：維基百科（網路）

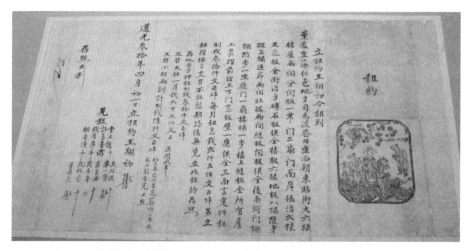

圖 1-2　清朝道光卅年（西元 1850 年）的租屋契約（摘自 google）

1-3 定型化契約

　　【維基百科】中，定型化契約又稱爲附合契約，在中國大陸稱爲格式合同，指由一方當事人預先擬定契約之內容，並以此與不特定相對人訂定契約，不特定相對人在訂定契約時無法磋商契約之內容，提供定型化契約的一方處於要約人的地位，相對人則由承諾或拒絕要約之意思表示決定是否受契約拘束。定型化契約有別於傳統上以個別磋商的契約訂定方式，其不變性可使契約多次使用，降低交易成本，於現今大量交易的社會，更顯示了定型化契約的重要性，然而，定型化契約很可能因契約利用人與相對人的理解不同而發生爭議。

　　定型化契約在不同國家常有不同的命名方式，如台灣的消費者保護法稱「定型化契約」；中國稱「格式條款」，也有稱定型化契約、定式契約、附合契約、附從契約、標準契約等；英國稱「標準契約條款」；法國稱「附合契約」；德國一般稱「一般交易條款」或「普通契約條款」；在日本則稱

爲「普通條款」；葡萄牙、澳門則稱爲「加入合同」。

　　定型化契約起源於 19 世紀工業化後，因商品大量生產且商品規格一致而伴隨產生的交易現象，最早出現於保險、運輸、銀行企業，自 20 世紀初期起則擴及到製造業及服務業。並於現代大量交易社會具相當優勢，較以往其普及性也更加提升，一般而言，定型化契約具有效率化、合理化及補充性等特點。民國 104 年 06 月 17 日公布實施的「消費者保護法」係爲保護消費者權益，促進國民消費生活安全，提昇國民消費生活品質而制定，其中第 2 條第 7 款規定，定型化契約條款係指企業經營者爲與多數消費者訂立同類契約之用，所提出預先擬定之契約條款。定型化契約條款不限於書面，其以放映字幕、張貼、牌示、網際網路、或其他方法表示者，亦屬之。目前坊間的房屋租賃、停車位租賃及土地房屋買賣之定型化契約書範本，請參附錄一、二、三。

　　「行政院消費者保護會」針對下列不同的服務行業及交易事項先後公告其定型化契約範本（有興趣進一步了解的讀者，請詳該會網站）：

1. 觀光旅館業與旅館業及民宿個別直接訂房定型化契約範本（104.10.26）；

2. 遊覽車租賃定型化契約範本（104.09.14）；

3. 短期補習班服務契約書範本（104.07.27）；

4. 小客車租賃定型化契約範本（104.05.18）；

5. 建築物室內裝修 - 設計委託契約書範本（103.12.31）；

6. 建築物室內裝修 - 設計委託及工程承攬契約書範本（103.12.31）；

7. 建築物室內裝修 - 工程承攬契約書範本（103.12.09）；

8. 金融機構保管箱出租定型化契約範本（103.12.10）；

9. 個人購車貸款定型化契約範本（103.11.12）；

10.個人購屋貸款定型化契約範本（103.11.12）；

11.預售屋買賣契約書範本（103.09.29）；

12.消費性無擔保貸款定型化契約範本（103.09.29）；

13.海外留學定型化契約範本（103.08.18）；

14.生前殯葬服務定型化契約範本（家用型 103.08.14）；

15.生前殯葬服務定型化契約範本（自用型 103.08.14）；

16.骨灰（骸）存放單位使用權買賣定型化契約範本（103.08.14）；

17.公路（市區）汽車客運業旅客運送定型化契約範本（103.05.12）；

18.國內線航空乘客運送定型化契約範本（103.04.09）；

19.兒童課後照顧服務中心定型化契約範本（102.12.16）；

20.自來水事業消費性用水服務契約範本（102.04.29）。

　　為保護消費者的權益及規範企業經營者的營運手段，政府各部門針對自身轄管業務訂定不同的定型化契約應記載事項及不得記載事項，例如交通部的「遊覽車租賃定型化應記載及不得記載事項」、教育部的「海外留學契約應記載及不得記載事項」及經濟部的「網路交易定型化契約應記載及不得記載事項」等。隨著科技進步及網路應用之發達，民眾利用網路交易買賣的機會愈來愈多，特列舉網路交易定型化契約應記載及不得記載事項的主要大項供讀者參考：一、應記載事項為：(1) 個人資料保護原則，(2) 依請求答覆查詢、供閱覽個人資料等義務，(3) 維護個人資料正確性義務，(4) 契約目的消失或期限屆滿時個人資料之處理，(5) 個人資料處理請求之期限，(6) 個人資料安全維護義務，(7) 個人資料損害賠償責任，(8) 保密義務，(9) 同意以電子文件為表示方法，(10) 承諾期限，(11) 履行日期明確性原則，(12) 信用卡給付扣款原則，(13) 帳號密碼遺失或冒用之處理，(14) 會員權利義務之說明，(15) 自動回覆電腦系統之建立，(16) 安全交易機制之建立；二、不得記載事項為：(1) 就個人資料行使之權利，(2) 契約目的外之個人資料利用，(3) 不利益變更之禁止，(4) 單方變更契約內容，(5)

規格變更，(6) 終止權保留，(7) 消費者之契約解除權或終止權，(8) 廣告，(9) 媒體經營者責任，(10) 系統被入侵之責任，(11) 冒用風險，(12) 證據排除，(13) 律師費用賠償，(14) 管轄法院。

1-4 公私部門之採購作業

　　民間企業或私人機構之採購作業，都依其內規及慣例處理，不論是財物、工程或勞務各方面，不管規模大小、金額多寡，通常是老闆或其授權人員說了算，因此採購作業過程既簡單又有效率，既不受政府相關採購法令之約束，也不必接受審計機關之稽察。即或過程中發生舞弊事件，相關涉案人員頂多繳回不法所得、離職了事，特殊重大弊案才會被移送司法機關偵辦。例如 104 年 6 月間鴻海集團爆發專門生產 iPhone6 的富士康深圳「觀瀾廠」，有一百萬顆電池原本應從生產線報廢的電池，卻流到香港廢料處理商手裡，以全新未使用的名義，每顆約 20 至 100 元人民幣向下游廠商兜售，轉賣暴利高達上億元新台幣，該公司立案追查後將全案資料移請司法機關協助調查偵辦。

　　然而，政府機關的採購就截然不同，採購案的招標由行使「監督權」的行政院公共工程委員會（以下簡稱「工程會」）主導，而採購案的稽察則是由行使「監察權」的監察院審計部主導。民國 87 年 5 月 27 日「政府採購法」公布（一年後實施）以前，各政府機關一定金額以上的營繕工程及各種財物購買定製之開標、比價、決標、驗收，除應照法定程序辦理外，並應於一定期限內通知審計機關派員「稽察」。政府採購法公布以後，87 年 11 月 11 日修訂審計法第 59 條（機關辦理採購，審計機關得隨時稽察之）及第 82 條（審計部發佈自 88 年 5 月 27 日實施），但執行上係以事後審計為主；另於 88 年 6 月 2 日廢除「機關營繕工程及購置定製變賣財物稽察條例」。

　　政府採購法所稱的「採購」，指工程之定作、財物之買受、定製、承租及勞務之委任或僱傭等，其中「工程」係指在地面上下新建、增建、改建、修建、拆除構造物與其所屬設備及改變自然環境之行為，包括建築、土木、水利、環境、交通、機械、電氣、化工及其他經主管機關認定之工程；「財物」指各種物品（不含生鮮農漁產品）、材料、設備、機具與其他動產、不動產、權利及其他經主管機關認定之財物；「勞務」則指專業服務、技術服務、資訊服務、研究發展、營運管理、維修、訓練、勞力及其他經主管機關認定之勞務。以上之採購作業適用於各級機關、公立學校、公營事業、接受機關採購金額半數以上補助之法人或團體，以及開放民間投資興建、營運案之甄選廠商程序。

2-1 工程契約之目的與重要性

　　營建業過去素有火車頭工業之稱，曾幾何時，房地產也開始被視為火車頭工業，因房地產業的熱絡，可帶動上中游的砂石、鋼鐵、玻璃、水泥及下游的家具、裝潢及房屋仲介等的發展。另一方面房地產的上漲增加民眾資產價值，刺激消費與經濟景氣。然而，房地產業僅侷限在房屋及建築的相關行業，但營建業除房屋及建築相關行業之外，還包括各級政府所推動諸多公共工程之建設計畫。

　　許多國家，特別是開發中的國家，政府為刺激經濟及擴大內需，常會規劃及推動攸關民生的重大建設，並編列經常性及特別預算，來增加營建業的產值，同時帶動其他產業和整體經濟的發展。過去五年（100 年至104 年），行政院分別編列公共建設經費預算 5194 億、4086 億、3797 億、3560 億及 3330 億元新台幣，施作項目包括農業建設、都市建設、交通建設、工商設施、水利建設、能源開發、文教設施、環境保護、衛生福利等，103 年中央政府總預算之公共建設計畫各次類別分配情形一覽表如表2-1 所示。

表 2-1　103 年公共建設計畫各次類別分配情形一覽表

項目	總預算	營業基金	非營業特種基金	合計（億元）	分配比（％）
合計	1925	1219	416	3560	100.0
農業建設	236	-	10	246	6.9
都市建設	173	-	105	278	7.8

項目		總預算	營業基金	非營業特種基金	合計（億元）	分配比（％）
	下水道	120	-	-	120	3.4
	都市開發	53	-	105	158	4.4
交通建設		1053	73	158	1281	36.0
	公路	399	-	55	454	12.8
	軌道運輸	578	12	8	598	16.8
	航空	-	-	24	24	0.7
	港埠	43	61	60	164	4.6
	觀光	30	-	11	41	1.1
工商設施		59	39	113	211	5.9
水利建設		181	126	16	323	9.1
	水資源	54	126	16	196	5.5
	防洪排水	127	-	-	127	3.6
能源開發		-	981	-	981	27.6
	油氣	-	96	-	96	2.7
	電力	-	885	-	885	24.9
文教設施		168	-	-	168	4.7
	教育	52	-	-	52	1.5
	文化	90	-	-	90	2.5
	體育	26	-	-	26	0.7
環境保護		46	-	5	51	1.4
	垃圾處理	13	-	5	18	0.5
	污染防治	15	-	-	15	0.4
	國家公園	18	-	-	18	0.5
衛生福利		12	-	9	21	0.6

項目		總預算	營業基金	非營業特種基金	合計（億元）	分配比（%）
	衛生醫療	11	-	7	18	0.5
	社會福利	1	-	2	3	0.1

資料來源：行政院編制 103 年中央政府總預算——總說明及主要附表

　　中央政府、各縣市政府及鄉鎮市公所每年推動各種公共建設之工程案件（含規劃、設計、監造及專案管理之技術服務案件數量，以及承攬施工、管理維護、統包之案件），加上民間企業及私人機構之工程案件數量，少有正式統計數字，如以不計其數來形容似不爲過。而公家機關及私人企業所發包之工程案件，糾紛屢見不鮮，若業主與承攬廠商之間不訂定契約，那工程糾紛所引發的興訟事件及其審理作業，恐將癱瘓各級法院，嚴重浪費社會資源。因此，相關契約之訂定有其必要。「工程契約」（即工程契約書）在法律上具備有償契約及雙務契約之二種性質，前者代表承攬人有完成工作之義務，定作人（業主）有給付報酬之義務；後者則代表雙方因有對價關係存在，故雙方所負的義務是互爲對價的。工程契約書不僅是確定雙方當事人所表達的意思，亦爲提供書面證據之文件，其重要性與功用說明如後：

1. 當事人雙方（業主與承攬廠商）於合意事項上談妥主要條件或工程發包後，對於履行契約之相關細節、條款及附件資料，有書面詳細記載，作爲雙方執行之依據。

2. 一般工程之履行期限頗長，從數天、數週、數月到數年不等，訂定書面契約，以避免紛爭。

3. 公家機關之技術服務及工程承攬契約書可作爲繳稅、納稅之依據，另在委託事項完成一定百分比時，承攬廠商若有資金需求，亦可據以向平日往來的銀行辦理融資或貸款。

4. 工程契約書簽訂後，若履約期間發現執行困難或細節有不合時宜之處，雙方可據以協議修訂之。

5. 工程內容的細項繁多，承攬廠商承作時疏漏難免，且工程常受不可抗力因素（如天候、政治、材料貨源及價格等）影響，在「利」字驅使下，糾紛層出不窮，有了契約書，可取得法律上的權益保障，一旦發生爭議，可作為交涉、協商、履約爭議處理、申請仲裁，甚或訴訟之有力憑據。

2-2 施工規範之目的與重要性

「規範」的廣義意思是對某種群體或行業具有約束力及需共同遵守的規條和事物準則，例如「社會規範」意指「群居生活的人們共同認可及遵守的行為標準」，可以分為四種基本類型，分別是風俗習慣、倫理道德、宗教信仰以及規條法律。對於公務人員，國家（法務部）訂有「公務員廉政倫理規範」，約束事項包括受贈財物、飲宴應酬、請託關說及出席活動、兼職等處理程序及其他廉政倫理事件之登錄作業；對於學生，每間學校都訂有自己的「校規」，作為約束學生在學期間言行舉止之規章；對於職業運動員，其所屬的聯盟或公會，亦有約束成員的相關規範；對於各類技師及建築師，工程會亦訂有「工程倫理」等規範。

工程規範可分為設計規範及施工規範兩種，依工程會編印之「公共工程全生命週期管控機制參考手冊」相關說明，公共工程全生命週期包括可行性評估、規劃、設計、招標、施工、驗收至接管及營運階段，機關人員及廠商常因為對政府採購法規、契約規定或履約權責不清楚，導致心態保守，時而發生不必要之爭議，不但影響工程進度及品質，也影響設計及施工廠商之權益，甚至造成採購申訴及履約爭議之困擾。因此，工程會將公共工程全生命週期各階段重要事項提示說明如下：

1. 規劃設計階段：可行性評估、擬訂計畫成本、委託技術服務策略、審查設計、規範與圖樣、設計進度之管理、工程界面管理、安全抗災、環境保護、景觀作業、活化資源、創新技術、公開說明。

2. 工程招標階段：招標及招標流程、採購策略、委託規劃設計採購招標及決標策略、工程採購招標及決標策略。

3. 工程履約階段：強化計畫時程管控、落實三級品管制度、工地安全衛生及環境保護、優先聘雇我國在地勞工，嚴禁違法外勞、估驗計價、工程契約變更、工程竣工、結算、驗收。

4. 接管營運階段：審慎辦理工程接管、健全維護管理機制。

一般所謂的「工程」，包括土木（道路、鋪面、橋樑、隧道、管道、下水道、人行道、步道、自行車道等）、結構、建築、水利、河海、港灣、大地、水土保持、交通、軌道、機械、電機、水電、弱電、環境、景觀、園藝、植生、照明，甚至室內裝修等，而絕大多數的「工程」在施作之前，都需經過專業人員（建築師、各類技師、室內設計師、工程師等）之規劃及設計，所產出的主要成果包括：(1) 細部設計圖，(2) 預算書，(3) 施工規範（含施工補充說明），(4) 邊坡穩定分析、結構計算書及工程數量計算表（一般不納入契約書附件，僅供機關審查用），機關審查完成後據以辦理公開招標，得標之承攬廠商（即施工單位）在完成與機關之工程契約簽訂手續後，依契約規定方式（俟機關書面通知或簽約後幾日內申報開工或指定某一日期等）開工據以施作。

公共工程案件之細部設計圖通常包含一般說明、地形測量圖、平面配置圖、縱橫斷面圖、細部剖面或大樣圖等之相關尺寸及大小，預算書主要包含直接工程費（所有工項、數量、單價、複價及單價分析等）及間接工程費（含營業稅）二大部分。細部設計圖及預算書僅提供施工的相對位置、元件編號、尺寸、數量、接合點處理方式、設備及使用材料種類等。

然而，不同工項及材料之施作（如鋼筋、鋼腱、鋼索、套管、鋼骨、模板、預拌混凝土、瀝青混凝土、標線、標誌、挖填方、級配料、路緣石、護欄、透水磚、高壓混凝土磚、連鎖磚、擋土牆、排水器、漿砌卵石、土包袋、PET 格網、加勁材、植栽、燈具、鍍鋅格柵板、管材、公共管線保護、告示牌、交維措施等），除設計圖之相關說明外，尚需依據施工規範所訂之標準、成分、配比、施工要求等進行施工，以符合工程品質之要求。

因此，施工規範為營建工程施工上不可或缺的必要文件，對於剛出道之新手而言，不管是施工單位或是監造單位的初學者，施工規範則是建立基本認識及清晰概念的根本遵循法則。又因科技日益進步，新材料、新工法及新標準不斷引進工程界，施工規範的內容也會隨之更新，是故，工程界的老手們，亦當溫故知新，才能維持一定的施工水準及工程品質。

2-3 工程契約之組成要件

本書中所稱的「工程契約」，是指因為某種工程之施作而簽訂之契約，亦即因工程承攬而簽訂之契約，在法律上具備有償契約及雙務契約之二種性質。合意簽約的一方稱為承攬人，或稱承攬廠商（即施工單位），可能是一般營造廠、專業營造廠、土木包工業者、有施工能力的民間團體，或是室內裝修業者；而另一方則稱為定作人，可能是政府機關、政府採購法適用之民間單位、民間企業體，或是有工程發包需求之一般民眾。

由於工程承攬有其專業性，政府機關及政府採購法適用之民間單位，大多設有專責發包作業之單位，經參用工程會所制訂的工程契約樣本，依據該工程之特性及需求作局部修正而得。然而，此類工程契約因需兼顧「民法」承攬契約及「政府採購法」相關規定，因而形塑出條件比民間工程更為嚴苛之遊戲規則，著實讓承包廠商增加不少履約上的風險。對於較

有規模的民間企業體，其組織內通常設有掌理法務的部門或專人，在契約簽訂之前，契約內容經過法務專業人員審閱，對企業體較有保障。但是大多數的民眾在簽訂工程承攬契約時，並未委任律師或具有法律素養的人士協助洽談定作及承攬雙方各自的權利和義務，故在履約過程糾紛不斷、屢生爭議。

　　一般依照政府採購法相關規定辦理發包之公共工程案件，其契約書主要包含下列組成要件：(1) 契約本文，(2) 預算書，(3) 施工規範，(4) 細部設計圖，(5) 其他附件（其中 (2)、(3)、(4) 項的順序並無統一規定，視各機關之作業習慣而定），茲分別說明如下（民間的工程契約可酌酌自身需求及工程特性做取捨）。

一、契約本文，包含下列主要項目及扼要內容：

1. 契約文件及效力：(1) 契約包括之文件（招標、投標、決標文件、契約本文及其附件之變更或補充、依契約所提出之履約文件或資料、其他經雙方合意之文件等），(2) 名詞定義及解釋，(3) 各種文件內容不一致時之優先順序及處理原則，(4) 契約文件如有不明確之處，其處理原則，(5) 契約所用之文字及書面文件之遞交方式，(6) 所使用之度量衡單位（公制、英制或其他），(7) 契約所定事項如有違反法令或無法執行時之處理原則，(8) 機關及廠商之一方所提供之契約文件，非由他方書面同意，不得供第三人使用，(9) 廠商對於契約文件之存放及對文件內容之檢視規定。

2. 履約標的及地點：指明廠商應給付之標的物（規格、功能、效益、原料產地）及工作事項、工程施作地點等。

3. 契約價金之給付：說明契約總價、結算係依實際施作或供應之項目及數量計算、局部驗收及保活工項（如植栽）分期付款方式、若有上級補助款需俟款項入庫後支付等。

4. 契約價金之調整：說明如因實際需要辦理變更設計時契約價金之調整方式、變更設計作業中必須停工之處理原則、驗收結果與規定不符時之處理方式（補強、改善、減價收受及違約罰款、拆換）、應繳納之稅捐、規費及強制性保險之負擔、因政府行為致履約費用增加或減少時之調整等。

5. 契約價金之給付條件：說明預付款、估驗及保留款、暫停付款之情形、物價指數調整及其計算方式、履約期間僱用身心障礙及原住民未達標準應繳納代金之計算方式、請領價金應附統一發票、對分包廠商設定權利質權及監督付款之條件等。

6. 稅捐：自然人投標者可不含營業稅、進口設備或材料所生關稅、貨物稅及營業稅之負擔。

7. 履約期限：說明開工日之起算方式、工作天或日曆天之適用、免計履約期日之情形（國定假日、全國性選舉投票日、不可歸責於廠商之停工）、履約期限之延長、因變更設計增加或減少工項及數量所引致之工期增減等。

8. 材料機具及設備：工程所需材料、設備、機具、工作場地由廠商自備或由機關供料時之處理原則、使用正字標記產品免予重行檢驗、正字標記同等品之認定原則等。

9. 施工管理：說明工地管理（工地負責人學經歷及辦理事項、應具工地主任之工程金額或規模、不稱職需更換之處理方式、專業工程之特定施工項目應置技術士之規定）、施工計畫與報表、工作安全與衛生、工地環境清潔與維護、交通維持及安全管制措施、配合施工之相關事項、驗收移交前之工程保管、施工時發現特殊埋藏物（如化石、古幣、古蹟、具考古價值之物品）之處理原則、轉包及分包規定、工程告示牌尺寸及內容、紅布條、柔性告示牌及圍籬等。

10.監造作業：說明機關自派監造人員或委託監造單位之告知、監造單位之職權、廠商提送資料之核轉等。

11.工程品管：說明材料會同取樣及送驗、檢驗標準、合格認證之試驗室、自主品管、工程查驗、材料及施工不合格品之處理等。

12.災害處理：指因天災或不可抗力事故發生時之處理原則。

13.保險：說明投保種類、承保範圍及期限、被保險人及共同被保險人、保單提送期限、廠商未依勞工保險條例為所雇用勞工加保且發生職業災害時之處理原則等。

14.履約保證金及連帶保證人：說明履約及差額保證金之金額、以銀行開發或保兌之不可撤銷擔保信用狀或書面連帶保證等替代現金繳納時延長有效期之規定、獲獎優良廠商金額之折減、責任解除及分期發還之處理原則、連帶保證人之條件及負擔責任、保固保證金等。

15.驗收：說明辦理工程查驗、初驗、驗收、複驗之期日及處理原則、不合格時之處置、改正期限及部分驗收之規定、試車或試運轉之程序、主任技師到場之時機等。

16.操作、維護資料及訓練：針對有機械、電氣、設備等工項，後續有操作、維護及教育訓練需求之相關規定。

17.保固：說明保固期起算日之認定、不同工項不同保固期之規定（例如非結構物 1~3 年、結構物 3~5 年）、保固期發現瑕玼之責任歸屬及處置原則、保固期滿之處理等。

18.遲延履約：說明逾期違約金之計算及支付方式、違約金之上限金額、遭逢天災或不可抗力或不可歸責廠商事由時責任解除及展延期限之規定、可歸責於廠商之事由致延誤進度達情節重大之認定標準等。

19. 權利及責任：說明廠商應擔保第三人不得對機關主張任何權利、第三人智慧財產權及專利權受侵害時之處置、機關對履約結果涉及智慧財產權之主張、可歸責廠商事由致機關遭受損害時之賠償責任、廠商對契約內容之保密責任等。

20. 契約變更及轉讓：說明契約變更之要件（機關通知、監造提出及廠商書面請求）及處置原則、契約價金之變更、廠商不得將契約之部分或全部轉讓他人等。

21. 契約終止解除及暫停執行：說明可歸責於廠商終止或解除契約之要件、不可歸責於廠商終止或解除契約之要件、可歸責於廠商暫停執行之要件、不可歸責於廠商暫停執行之要件、契約終止或解除時雙方之權利義務即消滅，但仍互負保密義務等。

22. 爭議處理：說明履約發生爭議未能達成協議時雙方可遵循之處理方式、可受理調解或申訴之機關名稱及連絡方式、契約之準據法及審理轄管法院、工程竣工後及驗收完成後雙方在履約爭議期間機關得採行之處置原則等。

23. 其他：說明契約正本及副本的各別份數、正本貼用印花稅票、廠商對於僱用人員不得歧視婦女、原住民或弱勢團體人士，履約期間不得僱用機關所屬人員、涉及國際運輸或信用狀事項之處置、雙方分別指定授權代表作為協調與契約有關事項之代表人、契約未載明之事項依政府採購法及民法相關法令等。

二、預算書：主要包含直接工程費及間接工程費二大部分（有些機關會將5%的營業稅單獨列為第三大項），合計為發包工程費。一千萬元以下的預算書主要分成總表、詳細價目表、單價分析表三部分，而一千萬元以上的預算書尚需包含第四部分稱為資源統計表（由 PCCES 系統自動產出）。在完成細部設計作業後設計單位所製作的預算書，不論

是直接工程費、間接工程費、單價分析表及資源統計表，編列的欄位都包含：項次、工項名稱（或項目及說明）、單位（式、次、組、支、座、個、只、處、塊、雙、件、條、棵、株、穴、時、工、人、月、T、KG、M、M^2、M^3 等）、數量（通常取到小數點三位）、單價（視機關之要求取整數或小數二位）、複價（小數取法同單價）及編碼（備註）等。

　　直接工程費簡單地說就是工程本體各工項的施作費用，視工程案件的內容可能有的主要大項包含：道路工程（含鋪面、步道、人行道及自行車道）、橋樑工程、建築工程、結構工程、隧道工程、共同管道工程、下水道工程、植栽及景觀工程、機電工程、弱電工程、軌道工程、交通工程、排水工程、邊坡穩定工程、水土保持工程、管路工程、路燈及照明工程、室內裝修工程、雜項及假設工程等；間接工程費則包含：職業安全衛生管理費、環境維護費、交通安全措施費（可含交維計畫編製、審查作業及簽證費）、品質管制費、材料檢試驗費、包商利潤及管理費、營業稅、保險（含營造綜合保險、第三人責任險及營造工程財產損失險，其中營造綜合保險需附加罷工、暴動、民眾騷擾、營建機具等條款）、技術服務費（含規劃、設計、監造、專案管理、維護管理等）、空氣污染防治費及工程管理費等。至於工項名稱之細項，因各工程案件包含主要大項之不同而截然不同，限於篇幅，無法一一列舉，附錄四係某機關污水處理廠污水處理設施整修工程之範例，供讀者參考。

　　以上的資料是設計單位提供給機關作為內部審查、會計、主計及財務檢算作業之用，通常稱為發包預算書；但在機關內部完成各項審查及檢視之後，設計單位需另行製作空白預算書（即空白標單），連同細部設計圖及施工規範，供機關辦理工程發包作業之用。所謂空白

標單即是將間接工程費中的技術服務費費、空氣污染防治費及工程管理費三項移除，PCCES 作業系統會將直接工程費及間接工程費各工項之單價及複價欄位內的金額刪除，僅留下項次、工項名稱、單位及數量等欄位資料，供有意投標的營造廠估算成本及總標價作業之用，廠商使用機關在招標文件所附的空白預算書電子檔（EXCEL 檔），直接輸入各工項之單價金額，EXCEL 會自動計算各工項之複價及總價。機關在辦理公共工程案件的招標公告資料上通常會公告該案件的預算金額，讓有意投標的營造廠在訂定自身之標價時有個參考的靠譜。

　　值得讀者注意的是，工程會規定凡政府機關辦理的公共工程案件，其預算金額達到一千萬元新台幣時，預算書的編列製作必須使用工程會委外開發，免費供機關、技術顧問機構、營造廠商等單位使用的 PCCES 系統作業，此系統所產出資料表單之一為資源統計表，即工項、材料、機具設備、人工及雜項之累加統計表（此表內的數量欄位改為工程用量），便於政府掌握各機關人、機、料之年度總需求量及控制營建物價。工程發包後設計單位亦需協助機關，依照得標廠商的總價重新調整預算書的詳細價目表及單價分析表之單價金額，使其最後的加總金額會等於廠商的總標價，以此作為工程契約書的附件。對於具有殘值回收價值的材料（如刨除之瀝青混凝土、拆除之鋼料、堪用之機電設備等），過去大都在預算書內於該工項之單價以負值方式編列。但依審計部近期之規定，具有殘值回收價值之材料屬於機關之收入項（非支出項），故需另外單獨製作回收料之預算書（負值），連同發包預算書一併辦理發包。

三、施工規範：針對所發包工程案件之特性，臚列影響所有工項及材料施作之規範及補充說明。施工規範即依據工程會所編訂的「公共工程施工綱要規範」之相關規定為基準，設計單位可參酌自身實務經驗及工

程需求稍加修正（或不予修正直接引用），施工規範之相關內容將於本書第三章闢專章詳細介紹。

四、細部設計圖：封面、圖目錄、一般說明及補充說明、地形測量圖、總平面配置圖、整地計畫圖、路線及結構配置圖（平面圖、立面圖、縱橫斷面圖）、各項設備及管線詳圖（平面圖、立面圖、剖面圖、大樣圖）等，圖面顯示相關尺寸及大小、材料形式規格及強度（如預拌混凝土之抗壓強度、鋼筋號數及間距、鋼筋及鋼骨之抗拉強度、瀝青混凝土厚度及壓實度等）。

五、其他附件：包含廠商印模單、機關所有招標文件（招標公告、投標須知、電子領標作業說明、權責分工表、施工及驗收基準、契約變更作業規定、不適用招標文件所定物價指數調整條款聲明書、投保約定事項及其他特定條款等）、廠商投標文件（投標書或標單、廠商聲明書、營造廠登記證、涉及法律責任廠商及技師切結書）、開標及決標紀錄、廠商履約保證金收據及連帶保證書、保固切結書等。

第 3 章　施工綱要規範

3-1 施工綱要規範編碼說明

　　不論是政府機關或是民間的顧問機構及營造廠商，在參與公共工程及營建工程相關之作業時（如預算編列、單價分析、投標估價及驗收結算等），常需耗費大量人力於基本資料之建置工作，重複取用或參照相同或類同之工作項目、單價分析及計價資料，包括人力、機具、材料、功能、型式、規格、單價等。有鑑於此，工程會自民國 86 年度起建構「公共工程施工綱要規範整編暨資訊整合中心」，並於民國 93 年起正名為「公共工程技術資料庫」，整編及統一適用各級政府機關之施工綱要規範、規範編碼、細目碼編碼、工作項目名稱及製圖規則化等事宜。在加入 WTO 後，更針對營建工程之單價分析及資源分析，進一步制定出一套系統化且符合國情之工程分類及編碼，使資料之共通性及使用性更顯經濟且有效率。

　　為求統一工作項目名稱及編碼，工程會於技術資料庫架構下成立編碼審查委員會，依據美國 CSI 協會（The Construction Specifications Institute）之綱要編碼（Master Format），編訂出一整套符合國際工程慣例及國情之「公共工程施工綱要規範」、「公共工程製圖手冊」及工程發包和施工文件之編訂架構與格式，配合經過統一規定之工程名詞及製圖標準圖例，著實加速國內工程管理制度化及經費估算作業電腦化之推動。

　　綱要編碼架構與格式確定後，可配合電腦估價作業，除各不同工作項目應予編碼外，資源項目中之人力、機具、材料及雜項，同時制定統一之名稱及編碼，於既有綱要編碼架構下發展出工程細目碼編訂原則。工程細

目碼編碼原則確定後，再逐步蒐集數量龐大之工作項目資料及資源項目資料，配合工程會推動之公共工程經費電腦估價系統機制與資料庫之建置，提升公共工程及營建工程工料價格調查機制之效率，以利工程資源及資料之統計分析、資訊交換流通及後續電子發包作業之用，加速推動公共工程作業透明化、公開化及制度化。

依據 CSI Master Format TM（1995 年版）之編碼架構，以阿拉伯數字自 00 篇至 16 篇分為共 17 專篇（如表 3-1 所示），分別按先後順序排列，並依工程慣例及工程師之經驗，編排其從屬關係。並以 WBS（Work Breakdown Structure）原則歸類成五碼四層之架構（如圖 3-1），形成公共工程綱要規範之章碼，此即為公共工程綱要編碼，而綱要規範之章名亦為綱要編碼對應之施工項目統一名稱。

表 3-1　施工綱要規範及工程製圖篇碼說明一覽表

依 CSI 編碼分類		工程大類				參考名稱（英文）
篇碼	篇名	土木	建築	機械	電機	
00	招標文件及契約要項	☆	☆	☆	☆	INTRODUCTORY INFORMATION、BIDDING REQUIREMENT、CONTRACTING REQUIREMENT
01	一般要求	★	★	★	★	GENERAL REQUIREMENTS
02	現場工作	★	★			SITE CONSTRUCTION
03	混凝土	★	▲	▲		CONCRETE
04	圬工	▲	★			MASONRY
05	金屬	★	▲	▲		METALS
06	木作及塑膠	△	☆			WOOD AND PLASTICS
07	隔熱及防潮	▲	★			THERMAL AND MOISTURE PROTECTION

依 CSI 編碼分類		工程大類				參考名稱（英文）
篇碼	篇名	土木	建築	機械	電機	
08	門窗	▲	★			DOORS AND WINDOWS
09	裝修	▲	★			FINISHES
10	特殊設施	★	▲	★		SPECIALTIES
11	設備		▲	☆	☆	EQUIPMENT
12	裝潢	△	☆			FURNISHINGS
13	特殊構造物	△	△	▲	▲	SPECIAL CONSTRUCTION
14	輸送系統	▲	▲	★	▲	CONVEYING SYSTEMS
15	機械	▲	▲	★	▲	MECHANICAL
16	電機			▲	★	ELECTRICAL

註：★—表示該等圖樣經常被使用
　　▲—表示該等圖樣非經常被使用
　　☆—表示該等圖樣經常被使用（尚待充實）
　　△—表示該等圖樣非經常被使用（尚待充實）
資料來源：「內政部委託辦理營造業工地主任 220 小時職能訓練課程講習
　　　　　計畫」課程教材

　　在第 00 篇至 16 篇中，以第 02 篇「現場工作」之細項最多（如附錄五）。除第 00 篇及 01 篇外，第 02 篇至 16 篇均依下列分類原則歸類編列，但這些原則於編列編碼時並無先後順序，僅供使用者依循此方向思考，以達到一致性及方便性之目的：

　　1. 材料——例如：混凝土。

　　2. 位置——例如：工地。

　　3. 功能——例如：隔熱。

　　4. 應用——例如：裝修。

　　5. 屬性——例如：電機。

舉例來說，分類第 03 篇到分類第 06 篇，分別為混凝土、圬工、金

屬、木作及塑膠，將其視爲依「材料」之分類原則。但是「材料」並不是唯一最優先考量的分類原則。茲以 03210 章「鋼筋」爲例加以說明，「鋼筋」並不按材料之分類，篇於第 05 篇「金屬」中，乃是按功能之分類，視爲混凝土之加勁材，篇屬於第 03 篇「混凝土」中。因其「功能」的分類原則較「材料」之分類原則，更能讓使用者清楚了解其相關屬性。

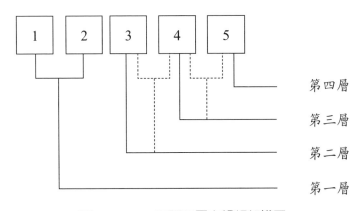

圖 3-1　WBS 五碼四層之歸類架構圖

第一層：爲編碼之第 1 碼及第 2 碼，爲各專篇之代碼。

第二層：爲編碼第 3 碼，爲各專篇內之分類大項。

第三層：爲編碼之第 4 碼，爲各專篇分類大項下之細分類碼。

第四層：爲歸屬第三層之相關工程項目，使用者可自行編碼選用，但爲求編碼之統一，此由工程會控管認定。又因營建工程施工項目繁多，CSI 爲求編碼分類之簡化，在 Master Format 編碼中部分已事先將第 3 碼及第 4 碼合併爲第二層，將第 4 碼及第 5 碼合併爲第三層，以虛線表示。

至於工程細目碼則分爲工作項目碼（亦即計價碼）及資源項目碼（包括人力、機具、材料及雜項）等兩大項，其編碼架構說明如下：

1. 工作項目碼：共 10 碼，XXXXX□□□□△，爲「施工綱要規範」或「施

工規範」相關各章第 4 節計量與計價所列項之計價項目編碼。

2. 資源項目碼：人力、機具碼為前置碼 +12 碼，共 13 碼；材料、雜項碼為前置碼 +10 碼，共 11 碼，詳述如後：

　(1) 人力碼：第一碼為前置碼 L（Labor），共 13 碼。

　　例如，LXXXXX□□□□□□△。

　(2) 機具碼：第一碼為前置碼 E（Equipment），共 13 碼。

　　例如，EXXXXX□□□□□□△。

　(3) 材料碼：第一碼為前置碼 M（Material），共 11 碼。

　　例如，MXXXXX□□□□△。

　(4) 雜項碼：第一碼為前置碼 W（Miscellaneous Work），共 11 碼。

　　例如，WXXXXX□□□□△。

假如使用者在前述綱要編碼選定中，找不到合意之編碼與章名，可在第四層有空位未被占用之編碼中自行預先選用。例如在 08210[木門] 下選擇 08212 為 [麗面板木門]。基本上，每一項公共工程項目之編碼及規範章名，應予嚴格遵從。原則上每一項施工規範只有單一編碼，若項目名稱修訂或產生之新項目，則需於已存在之公共工程綱要編碼中內插。如主辦機關需增加一章新規範，且「公共工程綱要編碼」亦無此項目，可利用最接近之相關綱要編碼之第 4 碼及第 5 碼進行暫行碼編訂。編訂暫行碼時，為避免與公共工程綱要編碼混淆，以英文大寫字母暫時占用（暫行碼），俟使用者將新增暫用之綱要規範及編碼回饋公共工程技術資料庫後，公共工程技術資料庫將循既有機制對此類編碼及規範予以整合認定。例如：

13910	消防滅火材料及方法
1391A	防火材料及安裝
1391B	防火設備及施工
139AA	自動防火系統

3-2 施工規範之案例說明

如前所述,一般所謂的「工程」大項,包括土木(含道路、鋪面、橋樑、隧道、管道、下水道、人行道、步道、自行車道等)、結構、建築、水利、河海、港灣、大地、水土保持、交通、軌道、機械、電機、水電、弱電、環境、景觀、園藝、植生、照明、室內裝修等等。由此可知「工程」的範圍的確很廣,不同的工程大項所包含之細項即有天壤之別。雖然如此,無論哪一種工程大項都包含一些共通之細項,如資料送審、品質管制、職業安全衛生(以前稱為勞工安全衛生)、工程告示牌等,其餘細項之選用端視該工程大項之需求及特性各有不同。為使讀者對施工規範或施工綱要規範的取用及選定有一粗淺的認識,本節將引用幾個工程大項(污水處理廠污水處理設施整修工程、人行道改善工程、道路(含橋梁)拓寬工程、市地重劃區新建工程等)所包含的施作工項及施工綱要規範章節予以簡單介紹。

案例一、污水處理廠污水處理設施整修工程

某機關轄管之污水處理廠污水處理設施辦理整修工程,施工項目包括:舊有池體鋼骨棚架拆除、貯留池屋頂棚架(含新設基礎)更新、貯留池撈污設施新設(含周邊安全設施)、沉澱池刮泥機及膠羽機更新、曝氣池走道及欄杆更新、池體外觀彩繪更新、抽泥管線(傳埋及壁掛 HDPE)更新、抽水泵浦更新、藥劑貯桶(FRP)更新、地坪更新等,本工程之施工綱要規範如表 3-2 所示。

表 3-2　某機關辦理污水處理廠污水處理設施整修工程施工綱要規範一覽表

項次	章　碼	章　　名	備　註
1	01330	資料送審	

項次	章　碼	章　　　名	備　註
2	01450	品質管制	
3	01574	職業安全衛生	
4	01581	工程告示牌	
5	01773	竣工驗收要項	
6	01820	試運轉及訓練	
7	02220	工地拆除	
8	02315	開挖及回填	
9	02323	棄土	
10	02742	瀝青混凝土鋪面	
11	03050	混凝土基本材料及施工方法	
12	03110	場鑄結構混凝土用模板	
13	03210	鋼筋	
14	03310	結構用混凝土	
15	05081	熱浸鍍鋅處理	
16	05091	銲接	
17	05122	鋼構造	
18	05520	扶手及欄杆	
19	09912	水泥漆	
20	15105	管材	
21	15151	污水管路系統	
22	15222	加藥用塑膠管及管件	
23	16132	導線管	
補充規範			
	A1	乾井豎軸不堵塞型污水泵	
	A2	三級沉澱池膠羽機	

項次	章　碼	章　名	備　註
	A3	圓形二級沉澱池刮泥機	
	A4	電動定量加藥機	
	A5	FRP 藥劑貯桶	

案例二、人行道改善工程

　　某機關辦理其轄區人行道改善工程，施工項目包括：既有人行道鋪面及路緣石拆除、人行道及無障礙坡道新設、化妝蓋板及匯水孔新設、植栽及景觀工程、車道 AC 鋪設、側溝清淤等，本工程之施工綱要規範如表 3-3 所示。

表 3-3　某機關辦理人行道改善工程施工綱要規範一覽表

項次	章　碼	章　名	備　註
1	00000	施工規範總則	
2	01330	資料送審	
3	01450	品質管制	
4	01556	交通維持	
5	01572	環境保護	
6	01574	職業安全衛生	
7	01581	工程告示牌	
8	01725	施工測量	
9	02220	工地拆除	
10	02252	公共管線系統之保護	
11	02253	建築物及構造物之保護	
12	02741	瀝青混凝土之一般要求	

項次	章　碼	章　名	備　註
13	02742	瀝青混凝土鋪面	
14	02770	緣石及緣石側溝	
15	02778	人行道面層	
16	02779	人行道底層	
17	02898	標線	
18	02931	植樹	
19	02966	再生瀝青混凝土	
20	03050	混凝土基本材料及施工方法	
21	03110	場鑄結構混凝土用模板	
22	03210	鋼筋	
23	03310	結構用混凝土	
24	03390	混凝土養護	

案例三、道路及橋梁拓寬工程

　　某機關辦理都市計畫區道路及橋梁拓寬工程（如圖 3-2a 及圖 3-2b），施工項目包括：挖填方、擋土牆、控制性低強度回填材料（CLSM）路基、跨河橋（PC 大梁）更新、既有管線改道遷移、人行道新設、排水溝新設、灌溉箱涵及水門增設、道路縱橫斷面調整、AC 鋪設、標線、路燈新設等，本工程之施工綱要規範如表 3-4 所示。

圖 3-2a　道路拓寬管線遷移施工照片

圖 3-2b　橋梁拓寬鋼鈑樁施工照片

表 3-4 某機關辦理都市計畫區道路（含橋梁）拓寬工程施工綱要規範一覽表

項次	章 碼	章 名	項次	章 碼	章 名
1	01310	施工管理及協調	16	02463	鋼版樁
2	01311	工作協調及會議	17	02601	排水管溝
3	01321	施工照相	18	02631	集水井
4	01330	資料送審	19	02742	瀝青混凝土鋪面
5	01450	品質管理	20	02745	瀝青透層
6	01500	施工臨時設施及管制	21	02747	瀝青黏層
7	01523	施工安全衛生及管理	22	02898	標線
8	01556	交通維持	23	03053	水泥混凝土之一般要求
9	01572	環境保護	24	03110	場鑄結構混凝土用模板
10	01574	職業安全衛生	25	03210	鋼筋
11	01582	施工警告標示	26	03310	結構用混凝土
12	01583	工程告示牌及工地標誌	27	03377	控制性低強度回填材料
13	01725	施工測量	28	03380	後拉法預力混凝土
14	02300	土方工作	29	11280	水閘門
15	02336	路基整理	30	16526	公路照明設備

案例四、市地重劃區新建工程

　　某機關辦理市地重劃區新建工程，施工項目包括：測量、施工圍籬、挖填方及整地、既有構造物拆除、縱橫斷面調整、共同管道新設、車道 AC 鋪設及標線、污水管線新設、排水溝新設、路燈新設、遊樂器具、體

健設施、廁所新設、植栽、景觀、涼亭、步道、受水池、人行道及無障礙坡道新設等，本工程之施工綱要規範如表 3-5 所示。

表 3-5　某機關辦理市地重劃區新建工程施工綱要規範一覽表

項次	章 碼	章　名	項次	章 碼	章　名
1	00370	承包商初步計畫及施工計畫	68	02843	護欄
2	00700	一般條款	69	02891	標誌
3	01310	計畫管理及協調	70	02892	反光導標
4	01311	工作協調及會議	71	02893	號誌
5	01320	施工過程文件紀錄	72	02898	標線
6	01321	施工照相及攝（錄）影	73	02900	植栽
7	01330	資料送審	74	02901	植栽作業進度
8	01450	品質管理	75	02902	種植及移植一般規定
9	01500	施工臨時設施及管制	76	02905	移植
10	01510	臨時設施	77	02910	植栽準備
11	01523	施工安全衛生及管理	78	02920	植草
12	01532	開挖臨時復蓋板及其支撐	79	02921	噴植草
13	01556	交通維持	80	02927	草溝
14	01572	環境保護	81	02931	喬木植栽
15	01574	勞工安全衛生	82	02936	植物保護
16	01583	工程告示牌及工地標誌	83	02952	道路維護與復舊

項次	章　碼	章　名	項次	章　碼	章　名
17	01610	基本成品需求	84	02961	瀝青混凝土面層刨除
18	01630	同等品替代程序	85	02966	再生瀝青混凝土鋪面
19	01661	儲存與保管	86	03050	混凝土基本材料及施工一般要求
20	01701	構造物之一般要求	87	03051	再生粒料混凝土
21	01725	施工測量	88	03052	卜特蘭水泥
22	01740	清理	89	03054	水泥混凝土構造物
23	01773	竣工驗收要項	90	03110	場鑄混凝土結構用模板
24	01781	竣工文件	91	03150	混凝土附屬品
25	02220	工地拆除	92	03210	鋼筋
26	02231	清除及掘除	93	03220	銲接鋼線網
27	02235	表土之保存及回填	94	03310	結構用混凝土
28	02251	地下構造物保護灌漿	95	03350	混凝土表面修飾
29	02252	公共管線系統之保護	96	03360	混凝土表面處理
30	02253	建築物及構造物之保護	97	03390	混凝土養護
31	02255	臨時擋土樁設施	98	03410	工廠預鑄混凝土構件
32	02256	臨時擋土支撐工法	99	03430	現場預鑄混凝土構件
33	02260	開挖支撐及保護	100	04061	水泥砂漿
34	02291	工程施工鄰近建物現況調查	101	05081	熱浸鍍鋅處理

項次	章　碼	章　　名	項次	章　碼	章　　名
35	02300	土方工作	102	05090	金屬接合
36	02309	路幅整修	103	05500	金屬製品
37	02316	構造物開挖	104	05523	不銹鋼欄杆
38	02317	構造物回填	105	05530	金屬格柵蓋板
39	02319	選擇材料回填	106	05562	鑄鐵件
40	02320	不適用材料	107	07921	填縫材
41	02321	基地及路幅開挖	108	09220	水泥砂漿粉刷
42	02323	棄土	109	09780	洗石子
43	02331	基地及路堤填築	110	09910	油漆
44	02336	路基整理	111	11286	密特式閘門
45	02531	污水管線施工	112	15223	不銹鋼管及管件
46	02532	污水管線附屬工作	113	15440	給排水泵
47	02533	污水管管材	114	16010	基本電機規則
48	02584	交控土木管道	115	16061	接地
49	02601	排水管溝	116	16120	電線及電纜
50	02602	管涵	117	16123	控制用電線及電纜
51	02610	排水管涵	118	16132A	高密度聚乙烯管
52	02631	進水井、沉砂井及人孔	119	16132B	PVC 導線管
53	02675	人工濕地	120	16133	電氣接線盒及配件
54	02714	瀝青處理底層	121	16140	配線器材
55	02722	級配粒料基層	122	16150	接線裝置
56	02726	級配粒料底層	123	16401	低壓配電盤
57	02741	瀝青混凝土之一般要求	124	16411	無熔線斷路器
58	02742	瀝青混凝土鋪面	125	16413	漏電斷路器

項次	章　碼	章　　名	項次	章　碼	章　　名
59	02745	瀝青透層	126	16471	分電箱
60	02747	瀝青黏層	127	16526	公路照明系統
61	02764	標記	128	16581	照明控制開關
62	02770	緣石及緣石側溝	補充規範		
63	02778	人行道面層		A01	自來水工程施工說明書總則
64	02779	人行道底層		A02	自來水管理設施工說明書
65	02786	高壓混凝土地磚		A03	工程材料檢（試）驗總表
66	02789	瀝青表面處理		A04	下水道設施屬性資料表
67	02794	透水性鋪面			

圖 3-3a　重劃區管路埋設施工照片

圖 3-3b 重劃區箱涵及管道施工照片

第4章　政府採購法

4-1 政府採購法立法緣由及法規架構

　　公共工程品質的良莠攸關政府形象和民眾福祉，甚至影響大眾生命財產和安全，不能不謹慎為之。而政府機關所辦理之各項採購作業，是一套非常繁雜細密的工作，採購過程除需依據相關法令規章辦理外，並受層層防弊機制之監管，但是不法及舞弊事件仍時有所聞，手法亦層出不窮。然而，不合時宜的法令，也讓經辦採購作業之公務人員倍感艱辛。

　　為了國家長遠和整體經貿利益，政府申請加入世界貿易組織（World Trade Organization, WTO）為會員國，承諾簽署提出開放政府採購市場清單，政府採購作業方式因應採購協定之規範而調整。又為建立完善的政府採購制度及公平、公開之採購程序，提升採購效率與功能，並確保採購品質，故制定「政府採購法」（以下稱本法），於 87 年 5 月 27 日經總統公布一年後實施【華總（一）義字第 8700105740 號令】，因應事實需要，經多次修正，最新一版是 105 年 1 月 6 日總統【華總一義字第 10400154101 號令】修正公布。

　　政府制定「政府採購法」主要目的可歸納如下：

1. 因應加入世界貿易組織及簽署政府採購協定之外部需求。

2. 為建立正確的政府採購制度，依公平、公正、公開之採購程序，提升各級機關之採購效率和功能，確保採購品質和避免浪費公帑。

3. 配合審計法令之修改及審計機關角色之調整：

　　(1)修訂審計法第 59 條及 82 條相關條文，奉總統 87 年 11 月 23 日華統（一）義字第 8700231340 號令公布，並經審計部同日台審

部法業第 870097 號函發布自 88 年 5 月 27 日起實施。

(2)廢除沿用多年之「機關營繕工程及購置定製變賣財物稽察條例」，奉總統 88 年 6 月 2 日華統（一）義字第 8800124370 號令公布。

(3)審計法修訂後，機關辦理採購時審計機關得隨時稽察（本法第 109 條及審計法第 13 條），但執行上一般以事後審計為主。

政府採購法全文 114 條，主要是第一章總則、第二章招標、第三章決標、第四章履約管理、第五章驗收、第六章爭議處理、第七章罰則及第八章附則。除此之外，尚包括施行細則、相關子法、實施辦法、各主管機關訂頒之作業要點或補充規定、解釋函、各級機關自訂之單行規定及作業要點等，其法規體系架構如圖 4-1 所示。依工程會網站資料，截至 105 年 1 月 14 日止，已發布實施的相關子法除施行細則外，共計 45 項（詳如表 4-1 所示），堪稱包羅萬象、鉅細靡遺。本法條文請參附錄六，其餘子法請讀者自行參閱工程會網站資料。

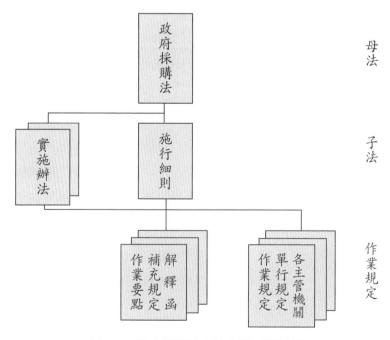

圖 4-1　政府採購法之法規體系架構圖

表 4-1　政府採購法相關子法一覽表

項次	子法名稱	發布日期	最新修正日期	備註
1	工程價格資料庫作業辦法	100/7/11	104/11/03	
2	查核金額	88/04/02		
3	中央機關未達公告金額採購監辦辦法	88/04/26	92/2/12	
4	公告金額	88/04/02		
5	機關主會計及有關單位會同監辦採購辦法	88/05/25	99/11/29	
6	外國廠商參與非條約協定採購處理辦法	88/05/06	101/08/14	
7	機關委託專業服務廠商評選及計費辦法	88/05/17	103/12/10	
8	機關委託技術服務廠商評選及計費辦法	88/05/17	104/7/14	
9	機關委託資訊服務廠商評選及計費辦法	88/05/17	103/12/10	
10	機關辦理設計競賽廠商評選及計費辦法	88/05/06		
11	機關指定地區採購房地產作業辦法	88/05/06	91/05/24	
12	機關委託研究發展作業辦法	91/7/24	91/7/24	
13	機關邀請或委託文化藝術專業人士機構團體表演或參與文藝活動作業辦法	91/07/15	91/07/15	
14	中央機關未達公告金額採購招標辦法	88/04/26	92/04/09	
15	統包實施辦法	88/04/26	101/09/24	
16	共同投標辦法	88/04/26	96/05/22	
17	政府採購公告及公報發行辦法	88/04/26	97/05/20	

項次	子法名稱	發布日期	最新修正日期	備註
18	招標期限標準	88/04/26	98/08/31	
19	押標金保證金暨其他擔保作業辦法	88/05/17	102/8/15	
20	替代方案實施辦法	88/05/06	91/06/19	
21	投標廠商資格與特殊或巨額採購認定標準	88/05/17	104/10/29	
22	國內廠商標價優惠實施辦法	88/05/24		
23	中央機關小額採購	88/04/02		
24	最有利標評選辦法	88/05/17	97/02/15	
25	採購契約要項	88/05/25	99/12/29	
26	工程施工查核小組組織準則	91/08/21		
27	工程施工查核小組作業辦法	91/08/21	92/09/10	
28	採購申訴審議收費辦法	88/04/30	96/03/13	
29	採購申訴審議規則	88/04/30	101/09/04	
30	採購履約爭議調解規則	91/09/04	97/04/22	
31	採購履約爭議調解收費辦法	91/09/04	101/08/03	
32	採購申訴審議委員會組織準則	88/04/30	91/09/04	
33	共同供應契約實施辦法	88/05/07	101/03/01	
34	電子採購作業辦法	91/07/17		
35	採購評選委員會組織準則	88/05/21	99/05/12	
36	採購評選委員會審議規則	88/05/21	97/04/28	
37	採購專業人員資格考試訓練發證及管理辦法	92/01/29	100/01/05	
38	機關優先採購環境保護產品辦法	88/05/26	90/01/15	
39	扶助中小企業參與政府採購辦法	88/04/26	91/04/24	

項次	子法名稱	發布日期	最新修正日期	備註
40	機關堪用財物無償讓與辦法	88/04/26		
41	特殊軍事採購適用範圍及處理辦法	88/05/17	93/09/08	
42	特別採購招標決標處理辦法	88/04/26	98/08/27	
43	採購稽核小組組織準則	88/05/17	100/10/27	
44	採購稽核小組作業規則	88/05/17	89/10/16	
45	採購人員倫理準則	88/04/26		

4-2 政府採購法之主要規定

政府採購法的立法宗旨為建立政府採購制度，依公平、公開之採購程序，提升採購效率與功能，確保採購品質（第1條），本法主要規定鉅細靡遺，茲歸納成二十七項如後：

一、適用項目及定義：本法所稱採購，指工程之定作、財物之買受、定製、承租及勞務之委任或僱傭等（第2條）；而「工程」係指在地面上下新建、增建、改建、修建、拆除構造物與其所屬設備及改變自然環境之行為，包括建築、土木、水利、環境、交通、機械、電氣、化工及其他經主管機關認定之工程。「財物」指各種物品（生鮮農漁產品除外）、材料、設備、機具與其他動產、不動產、權利及其他經主管機關認定之財物。「勞務」則指專業服務、技術服務、資訊服務、研究發展、營運管理、維修、訓練、勞力及其他經主管機關認定之勞務。採購兼有工程、財物、勞務二種以上性質，難以認定其歸屬者，按其性質所占預算金額比率最高者歸屬之（第7條）。另廠商係指公司、合夥或獨資之工商行號及其他得提供各機關工程、財物、勞務之自然人、法人、機構或團體（第8條）。

二、適用範圍：政府機關、公立學校、公營事業所辦理之採購（第3條）；法人或團體接受機關補助辦理採購，其補助金額占採購金額半數以上，且補助金額在公告金額以上者，適用本法之規定，並應受該機關之監督（第4條）；另機關辦理政府規劃或核准之交通、能源、環保、旅遊等建設，經目的事業主管機關核准開放廠商投資興建、營運者，其甄選投資廠商之程序，亦適用本法之規定（第99條）。

三、採購精神：機關辦理採購，應以維護公共利益及公平合理為原則，對廠商不得為無正當理由之差別待遇。辦理採購人員於不違反本法規定之範圍內，得基於公共利益、採購效益或專業判斷之考量，為適當之採購決定（行政裁量權，第6條）。機關辦理採購，得依實際需要，規定投標廠商之基本資格。特殊或巨額之採購，需由具有相當經驗、實績、人力、財力、設備等之廠商始能擔任者，得另規定投標廠商之特定資格（第36條）。機關訂定投標廠商之資格，不得不當限制競爭，並以確認廠商具備履行契約所必須之能力者為限（第37條）。

四、採購分級門檻：

1. 工程、財物及勞務採購之公告金額均為一百萬元（第13條）。

2. 查核金額：工程及財物採購為五千萬元、勞務採購為一千萬元（第12條）。

3. 巨額採購：工程採購為二億元、財物採購為一億元、勞務採購為二千萬元（第36條，投標廠商資格與特殊或巨額採購認定標準第8條）。

4. 小額採購：公告金額十分之一（即十萬元，第47條）。

5. 締約或協定採購：依政府採購協定相關規定辦理。

五、採購運作體制：本法第9及10條定義「主管機關」為行政院採購暨公共工程委員會及其掌理事項，並設立採購資訊中心，統一蒐集共通

性商情及同等品分類之資訊，並建立工程價格資料庫，以供各機關採購預算編列及底價訂定之參考。除應秘密之部分外，應無償提供廠商（第 11 條），「上級機關」指辦理採購機關直屬之上一級機關；第 15 條則規範採購人員應遵循之迴避原則以及採購之承辦、監辦人員應依公職人員財產申報法之相關規定申報財產；訂有底價、超底價、未訂底價及最有利標之決標原則（第 52、53、54 及 56 條）；機關辦理評選，應成立五人至十七人評選委員會，專家學者人數不得少於三分之一（第 94 條）。

六、採購監督體系：

1. 各式監督機制除上級監督及內部監督外、中央及直轄市、縣（市）政府應成立工程施工查核小組及稽核小組，另有審計稽察（第 12、13、70、108 及 109 條）。

2. 明訂上級機關監督事項（第 12、14、50、55、56、53、64、72、85、100、103、105 及 106 條）。

七、技術服務：

1. 專業、技術、資訊服務、設計競賽及其他特殊情形得辦理限制性招標（第 22 條）。

2. 應依功能或效益訂定招標文件，有國家標準或國際標準從其規定，技術規格不得限制競爭（第 26 條）。

3. 委託規劃、設計、監造或管理，應訂明廠商規劃設計錯誤、監造不實或管理不善，致機關遭受損害之責任（第 63 條）。

八、招標方式：

1. 招標方式分為公開招標、選擇性招標及限制性招標（第 18 條），所謂限制性招標係指不經公告程序，邀請二家以上廠商比價或僅邀請一家廠商議價，而選擇性招標則規定機關得預先辦理資格審查，建

立合格廠商名單（第 21 條）。

2. 機關辦理公告金額以上之採購，除選擇性及限制性招標者外，應公開招標（第 19 條）。

3. 機關基於效率及品質之要求，得以統包辦理招標（第 24 條）。

4. 機關得視個別採購之特性，於招標文件中規定允許一定家數內之廠商共同投標，但共同投標以能增加廠商之競爭或無不當限制競爭者為限（第 25 條）。

5. 機關得於招標文件中規定，允許廠商在不降低原有功能條件下，就技術、工法、材料或設備，提出可縮減工期、減省經費或提高效率之替代方案（第 35 條）。

6. 各機關得就具有共通需求特性之財物或勞務，與廠商簽訂共同供應契約（第 93 條）。

九、採購資訊公告方式：

1. 機關辦理公開招標或選擇性招標，採購公告（含公告內容之修正）應刊登於政府採購公報並公開於資訊網路（指政府電子採購網），預算及預計金額得於招標公告中一併公開（第 27 條）。

2. 公告金額以上採購之招標，除有特殊情形者外，應於決標後一定期間內，將決標結果之公告刊登於政府採購公報，並以書面通知各投標廠商，無法決標者亦同（第 61 條）。

3. 招標文件於公告前應予保密，但需公開說明或藉以公開徵求廠商提供參考資料者，不在此限（細則第 34 條）。

十、等標期限：

1. 第 28 條規定機關辦理招標，其自公告日或邀標日起至截止投標或收件日止之等標期，應訂定合理期限：未達公告金額 7 天、公告金額以上至查核金額 14 天、查核金額以上至巨額 21 天、巨額以上

28 天、政府採購協定 40 天（招標期限標準第 2 條）。

2. 公開徵求廠商書面報價或企劃書者，其等標期不得少於五天（招標期限標準第 5 條）。

3. 因故重行或續行招標之等標期，得依原定期限酌予縮短，未達公告金額之採購不得少於三日，公告金額以上之採購不得少於七日。

4. 招標前已辦理公開閱覽者，其等標期得縮短五天，至少十天，採電子領標者得縮短三天，至少五天（招標期限標準第 9 條）。

十一、招標文件發送及遞送：

1. 公開招標之招標文件應公開發給、發售及郵遞方式辦理，且不得登記領標廠商之名稱（第 29 條）。

2. 廠商之投標文件，應以書面密封，於投標截止期限前，以郵遞或專人送達招標機關或其指定之場所；機關得於招標文件中規定允許電子投標及廠商於開標前補正非契約必要文件（第 33 條）。

3. 投標文件之信封上或容器外應標示廠商名稱及地址，其交寄或付郵所在地，機關不得予以限制；前項所稱指定之場所，不得以郵政信箱為唯一場所（細則第 29 條）。

十二、廠商資格規定：

1. 機關得依實際需要規定投標廠商之基本資格，特殊或巨額之採購，需由具有相當經驗、實績、人力、財力、設備等之廠商始能擔任者，得另規定投標廠商之特定資格（第 36 條）。

2. 機關訂定前項投標廠商之資格，不得不當限制競爭，並以確認廠商具備履行契約所必須之能力者為限，而廠商之財力資格得以銀行或保險公司之履約及賠償連帶保證責任、連帶保證保險單代之（第 37 條）。

3. 政黨及與其具關係企業關係之廠商，不得參與投標（第 38 條）。

十三、外國廠商之投標：

1. 應依我國締結之條約或協定之規定辦理（第 17 條）。

2. 外國廠商之投標資格及應提出之資格文件，得就實際需要另行規定，附經公證或認證之中文譯本，並於招標文件中訂明（第 36 條）。

3. 不受條約或協定約束之情形，可採保護或優惠國內廠商之措施（第 43、44 條）。

4. 大陸地區廠商參與各機關採購，準用外國廠商之規定（外國廠商參與非條約協定採購處理辦法第 7-1 條）。

十四、押標金及保證金：

1. 機關辦理招標應於招標文件中規定投標廠商需繳納押標金。

2. 繳納方式由得標廠商決定繳納保證金或提供或併提供其他擔保。

3. 符合特定情形（如勞務採購，未達公告金額之工程和財物採購、議價方式等）得免收押標金及保證金（第 30 條）。

4. 不發還押標金及保證金相關規定（第 31、32 條）。

5. 押標金、保證金或其他擔保之種類、額度、繳納、退還、終止方式及外幣種類相關規定（押標金保證金暨其他擔保作業辦法）。

十五、採購底價之訂定：

1. 底價由招標機關自行依圖說、規範、契約並考量成本、市場行情及政府機關決標資料逐項編列，並由機關首長或其授權人員核定（第 46 條）。

2. 符合特定情形之採購（如有困難之特殊或複雜案件、最有利標及小額採購）得不訂底價，但應於招標文件內敘明理由及決標條件與原則（第 47 條）。

3. 不得於開標前洩漏底價，領標、投標廠商之名稱與家數及其他足以造成限制競爭或不公平競爭之相關資料，底價於開標後至決標前，

仍應保密，決標後除有特殊情形外應予公開；但機關依實際需要，得於招標文件中公告底價（第 34 條）。

4. 機關訂定底價，應由規劃、設計、需求或使用單位提出預估金額及其分析後，由承辦採購單位簽報機關首長或其授權人員核定（細則第 53 條）。

十六、開標監辦作業：

1. 機關辦理查核金額以上採購之招標，應於等標期或截止收件日五日前檢送採購預算資料、招標文件及相關文件，報請上級機關派員監辦（第 7 條）。

2. 前項所稱之監辦，係指監辦人員實地監視或書面審核機關辦理開標、比價、議價、決標及驗收是否符合本法規定之程序（第 11 條）。

3. 公告金額以上採購之開標、比價、議價、決標及驗收，除有特殊情形者外，應由其主（會）計及有關單位會同監辦。

4. 未達公告金額採購之監辦，依其屬中央或地方，由主管機關、直轄市或縣（市）政府另定之（第 13 條）。

十七、開標作業及廠商家數規定：

1. 公開招標及選擇性招標之開標，除法令另有規定外，應依招標文件公告之時間及地點公開為之（第 45 條）。

2. 公開招標或選擇性招標，機關得就資格、規格與價格採取分段開標（第 42 條）。

3. 除有特殊情形不予開標、決標外，有三家以上合格廠商投標，即應依招標文件所定時間開標、決標，但第二次開決標之廠商家數得不受三家之限制（第 48 條）。

4. 未達公告金額之採購，其金額逾公告金額十分之一者，除限制性招標外，仍應公開取得三家以上廠商之書面報價或企劃書（第 49 條）。

5. 經常性採購應建立六家以上之合格廠商名單,並予經資格審查合格之廠商平等受邀之機會(第21條)。

6. 限制性招標可不經公告程序,邀請二家以上廠商比價或僅邀請一家廠商議價(第18條)。

7. 投標廠商有特殊違規情形者,經機關於開標前發現者,其所投之標應不予開標;於開標後發現者,應不決標予該廠商(第50條)。

十八、決標原則:

1. 訂有底價者採最低標決標,未訂底價之採購則在預算數額以內之最低標決標(第52條)。

2. 投標廠商之最低標價超過底價時,得洽該最低標廠商減價一次,減價結果仍超過底價時,得由所有合於招標文件規定之投標廠商重新比減價格,比減價格不得逾三次;若最低標價仍超過底價而不逾預算數額,而機關確有緊急情事需決標時,應經原底價核定人或其授權人員核准,且不得超過底價百分之八。但查核金額以上之採購,超過底價百分之四者,應先報經上級機關核准後決標(第53條)。

3. 無底價時採最低標決標,比減價格以三次為限,並以預算金額或評審委員會建議之金額為依據(第54條)。

4. 最低標決標之採購無法決標時,經報上級機關核准,並於招標公告及招標文件內預告者,得採行協商措施(第55條)。

5. 以最有利決標者應先報經上級機關核准,並限異質之工程、財物或勞務採購案,以綜合評選方式評定之;若評選結果無法依機關首長或評選委員會過半數之決定評定最有利標時,得採行協商措施,再作綜合評選,評定最有利標,但綜合評選不得逾三次(第56條)。

十九、履約管理:

1. 各類採購契約以採用主管機關訂定之範本為原則,其要項及內容由

主管機關參考國際及國內慣例定之（第 63 條）。

2. 工程、勞務契約，不得轉包（指將原契約中應自行履行之全部或其主要部分，由其他廠商代為履行），違反本條規定者，機關得解除契約、終止契約或沒收保證金，並得要求損害賠償（第 65、66 條）。

3. 允許分包（指非轉包而將契約之部分由其他廠商代為履行），分包契約報備於採購機關，並設定權利質權予分包廠商者，分包廠商有價金或報酬請求權，同時與得標廠商連帶負瑕疵擔保責任（第 67 條）。

4. 機關應明訂廠商執行品質管理、環境保護、施工安全衛生之責任，並對重點項目訂定檢查程序及檢驗標準；機關得辦理分段查驗，其結果並得供驗收之用；中央及直轄市、縣（市）政府應成立工程施工查核小組，定期查核所屬（轄）機關工程品質及進度等事宜（第 70 條）。

二十、驗收作業：

1. 機關辦理工程、財物採購，應限期辦理驗收，並得辦理部分驗收，驗收時應由機關首長或其授權人員指派適當人員主驗，通知接管單位或使用單位會驗；機關承辦採購單位之人員不得為所辦採購之主驗人或樣品及材料之檢驗人（第 71 條）。

2. 驗收時應製作紀錄，由參加人員會同簽認；驗收結果與契約、圖說、貨樣規定不符者，應通知廠商限期改善、拆除、重作、退貨或換貨（第 72 條）。

3. 驗收結果與規定不符，而不妨礙安全及使用需求，亦無減少通常效用或契約預定效用，經機關檢討不必拆換或拆換確有困難者，得於必要時減價收受；驗收人對工程、財物隱蔽部分，於必要時得拆驗或化驗（第 72 條）。

4. 驗收完畢後，應由驗收及監驗人員於結算驗收證明書上分別簽認，並限期塡具結算驗收證明（第73條）。

5. 詳細規定驗收作業流程（細則第92-101條）。

二十一、履約爭議處理：

1. 廠商與機關間關於招標、審標、決標之爭議，得提出異議及申訴（第74條）。

2. 廠商對於機關辦理採購，認爲違反法令或我國所締結之條約、協定、法令，致損害其權利或利益者，得於規定期限內，以書面向招標機關提出異議（第75條）。

3. 廠商需於一定期間內，循法定程序向機關異議，公告金額以上之案件，得再向採購申訴審議委員會申訴（第76條）。

4. 廠商申訴應具申訴書，載明規定事項，由申訴廠商簽名或蓋章爲之或委任代理人爲之（第77條）。

5. 機關應自收受申訴書副本之次日起十日內，以書面向該管採購申訴審議委員會陳述意見；採購申訴審議委員會應於收受申訴書之次日起四十日內完成審議，並將判斷以書面通知廠商及機關，必要時得延長四十日（第78條）。

6. 採購申訴審議委員會審議判斷，應以書面指明招標機關原採購行爲有無違反法令之處；其有違反者，並得建議招標機關處置之方式，採購申訴審議委員會於完成審議前，得通知招標機關暫停採購程序，採購申訴審議委員會爲第一項之建議或前項之通知時，應考量公共利益、相關廠商利益及其他有關情況（第82條）。

7. 審議判斷視同訴願決定（第83條）。

8. 審議判斷指明原採購行爲違反法令者，招標機關應另爲適法之處置，廠商亦得求償準備投標、異議及申訴之費用（第85條）。

9. 履約爭議未能達成協議者，廠商得向採購申訴委員會申請調解、向仲裁機構交付仲裁，或提起民事訴訟（第 85-1 條）。

二十二、相關罰則：

1. 強迫投標廠商違反本意之處罰（第 87 條）。

2. 辦理採購人員意圖私利之處罰（第 88 條）。

3. 辦理採購人員洩密之處罰（第 89 條）。

4. 強制採購人員違反本意為採購決定之處罰（第 90 條）。

5. 強制採購人員洩密之處罰（第 91 條）。

6. 廠商之代理人等違反本法，廠商亦科罰金（第 92 條）。

二十三、相關附則：

1. 共同供應契約及機關得以電子化方式辦理採購（第 93 條）。

2. 機關需成立評選委員會（第 94 條）。

3. 採購作業由經過訓練及考試合格之採購專業人員為之（第 95 條）。

4. 取得環保標章之產品得優先採購（第 96 條）。

5. 扶助中小企業承包或分包政府採購（第 97 條）。

6. 僱用殘障人士及原住民、或繳納代金之規定（第 98 條）。

7. 投資政府規劃建設之廠商甄選程序適用之（第 99 條）。

二十四、不良廠商之處置：

1. 機關發現廠商有重大違法情形（如借牌、冒名、偷工減料、偽造、轉包，歧視婦女、原住民或弱勢團體人士，情節重大等），應將其事實及理由通知廠商，如未提出異議者，將刊登政府採購公報（第 101 條）。

2. 廠商得對機關認為違法之情事於一定期間內提出異議及申訴，異議及申訴不成立者，即刊登政府採購公報（第 102 條）。

3. 受處置之廠商不得參加全國各機關之投標或作為決標對象或分包廠

商，受處置期間依情節輕重為一～三年（第 103 條）。

二十五、道德規範：

1. 機關承辦、監辦採購人員離職後之就業規範、迴避原則及財產申報（第 15 條）。

2. 請託及關說之處理原則（第 16 條）。

3. 機關應訂定採購人員之倫理準則（第 112 條）。

二十六、社會關懷措施：

1. 購買身心障礙者、原住民或受刑人個人、身心障礙福利機構、政府立案之原住民團體、監獄工場、慈善機構所提供之非營利產品或勞務，得採限制性招標（第 22 條）。

2. 機關得優先採購環具有境保護標章之產品，並得允許百分之十以下之價差，產品或其原料之製造、使用過程及廢棄物處理，符合再生材質、可回收、低污染或省能源者，亦同（第 96 條）。

3. 主管機關得參酌相關法令規定採取措施，扶助中小企業承包或分包一定金額比例以上之政府採購（第 97 條）。

4. 廠商之國內員工總人數逾一百人者，應僱用身心障礙者及原住民不低於總人數之 2% 且不得以外勞代之，僱用不足者，應繳納代金（第 98 條）。

5. 歧視婦女、原住民或弱勢團體人士之廠商，情節重大者不得參加投標或作為決標對象及分包廠商（第 101-103 條）。

二十七、例外之適用：

1. 軍事採購武器、彈藥、作戰物資或與國家安全或國防目的有關之採購，且有特殊情形（如戰爭、機密及極機密、時效緊急等）者，得不受本法之限制（第 104 條）。

2. 國家遇有戰爭、天然災害、癘疫或財政經濟上有重大變故，以及人

民之生命、身體、健康、財產遭遇緊急危難，需緊急處置之採購事項，得不適用本法招標、決標之規定（第 105 條）。

3. 駐外機構之採購，得不適用部分規定（第 106 條）。

4-3 政府採購法其他說明

政府採購法尚有其他值得讀者注意的事項，茲列舉說明如下：

一、採購作業其他規定：

1. 機關不得意圖規避本法之適用，分批辦理公告金額以上之採購（第 14 條）。

2. 機關多餘不用之堪用財物，得無償讓與其他政府機關或公立學校（第 100 條）。

3. 機關辦理採購之文件，除依會計法或其他法律規定保存者外，應另備具一份保存於主管機關指定之場所（第 107 條）。

4. 巨額採購應逐年提報使用情形及效益分析，主管機關每年應對已完成之重大採購事件，作出效益評估（第 111 條）。

二、生鮮農漁產品之採購：由於全台灣諸多國中小學學期中間需辦理學童之營養午餐，而生鮮農漁產品（如蔬菜、水果、魚貝介類等）具有生命現象且易腐壞，品質在短時間內易生變化，若依本法第 7 條及其他相關規定，辦理採購單位將無所適從。因此 90 年 1 月 10 日修正本法第 7 條，將生鮮農漁產品排除在財物採購之外，但經加工或冷凍之食品，不能被認定為生鮮農漁產品。

三、工程特殊採購：有下列情形之一者視為工程特殊採購（投標廠商資格與特殊或巨額採購認定標準第 6 條）：

1. 興建構造物，地面高度超過五十公尺或地面樓層超過十五層者。

2. 興建構造物，單一跨徑在五十公尺以上者。

3. 開挖深度在十五公尺以上者。

4. 興建隧道，長度在一千公尺以上者。

5. 於地面下或水面下施工者。

6. 使用特殊施工方法或技術者。

7. 古蹟構造物之修建或拆遷。

8. 其他經主管機關認定者

四、財物或勞務採購：有下列情形之一者視為購物或勞務特殊採購（投標廠商資格與特殊或巨額採購認定標準第 7 條）：

1. 採購標的之規格、製程、供應或使用性質特殊者。

2. 採購標的需要特殊專業或技術人才始能完成者。

3. 採購標的需要特殊機具、設備或技術始能完成者。

4. 藝術品或具有歷史文化紀念價值之古物。

5. 其他經主管機關認定者。

五、刊登政府採購公報及通知廠商之違法事項如下：

1. 容許他人借用本人名義或證件參加投標者。

2. 借用或冒用他人名義或證件，或以偽造、變造之文件參加投標、訂約或履約者。

3. 擅自減省工料情節重大者。

4. 偽造、變造投標、契約或履約相關文件者。

5. 受停業處分期間仍參加投標者。

6. 犯本法第 87 條至第 92 條之罪，經第一審為有罪判決者。

7. 得標後無正當理由而不訂約者。

8. 查驗或驗收不合格，情節重大者。

9. 驗收後不履行保固責任者。

10. 因可歸責於廠商之事由，致延誤履約期限，情節重大者。

11. 違反第六十五條之規定轉包者。

12. 因可歸責於廠商之事由，致解除或終止契約者。

13. 破產程序中之廠商。

14. 歧視婦女、原住民或弱勢團體人士，情節重大者。

六、前項第 6 款所述一審判決之罪狀：

1. 意圖使廠商不為投標、違反其本意投標，或使得標廠商放棄得標、得標後轉包或分包，而施強暴、脅迫、藥劑或催眠術者，處一年以上七年以下有期徒刑，得併科新臺幣三百萬元以下罰金。犯前項之罪，因而致人於死者，處無期徒刑或七年以上有期徒刑；致重傷者，處三年以上十年以下有期徒刑，各得併科新臺幣三百萬元以下罰金。以詐術或其他非法之方法，使廠商無法投標或開標發生不正確結果者，處五年以下有期徒刑，得併科新臺幣一百萬元以下罰金。意圖影響決標價格或獲取不當利益，而以契約、協議或其他方式之合意，使廠商不為投標或不為價格之競爭者，處六月以上五年以下有期徒刑，得併科新臺幣一百萬元以下罰金。意圖影響採購結果或獲取不當利益，而借用他人名義或證件投標者，處三年以下有期徒刑，得併科新臺幣一百萬元以下罰金。容許他人借用本人名義或證件參加投標者，亦同。第一項、第三項及第四項之未遂犯罰之（第 87 條）。

2. 受機關委託提供採購規劃、設計、審查、監造、專案管理或代辦採購廠商之人員，意圖為私人不法之利益，對技術、工法、材料、設備或規格，為違反法令之限制或審查，因而獲得利益者，處一年以上七年以下有期徒刑，得併科新臺幣三百萬元以下罰金。其意圖為私人不法之利益，對廠商或分包廠商之資格為違反法令之限制或審查，因而獲得利益者，亦同。前項之未遂犯罰之（第 88 條）。

3. 受機關委託提供採購規劃、設計或專案管理或代辦採購廠商之人員，意圖為私人不法之利益，洩漏或交付關於採購應秘密之文書、圖畫、消息、物品或其他資訊，因而獲得利益者，處五年以下有期徒刑、拘役或科或併科新台幣一百萬元以下罰金。前項之未遂犯罰之（第 89 條）。

4. 意圖使機關規劃、設計、承辦、監辦採購人員或受機關委託提供採購規劃、設計或專案管理或代辦採購廠商之人員，就與採購有關事項，不為決定或為違反其本意之決定，而施強暴、脅迫者，處一年以上七年以下有期徒刑，得併科新台幣三百萬元以下罰金。犯前項之罪，因而致人於死者，處無期徒刑或七年以上有期徒刑；致重傷者，處三年以上十年以下有期徒刑，各得併科新台幣三百萬元以下罰金。第一項之未遂犯罰之（第 90 條）。

5. 意圖使機關規劃、設計、承辦、監辦採購人員或受機關委託提供採購規劃、設計或專案管理或代辦採購廠商之人員，洩漏或交付關於採購應秘密之文書、圖畫、消息、物品或其他資訊，而施強暴、脅迫者，處五年以下有期徒刑，得併科新台幣一百萬元以下罰金。犯前項之罪，因而致人於死者，處無期徒刑或七年以上有期徒刑；致重傷者，處三年以上十年以下有期徒刑，各得併科新台幣三百萬元以下罰金。第一項之未遂犯罰之（第 91 條）。

6. 廠商之代表人、代理人、受雇人或其他從業人員，因執行業務犯本法之罪者，除依該條規定處罰其行為人外，對該廠商亦科以該條之罰金（第 92 條）。

七、機關其他採購之適用：

1. 機關辦理政府規劃或核准之交通、能源、環保、旅遊等建設，經目的事業主管機關核准開放廠商投資興建、營運者，其甄選投資廠商

之程序，除其他法律另有規定者外，適用本法之規定（第99條）。

2. 機關間勞務或財物之取得亦適用本法（第105條第3項）。

3. 機關與民間團體合辦活動，其由該民間團體動支機關經費辦理採購，如係以補助名義爲之，適用本法第4條規定；若非以補名義爲之，則適用本法第5條規定。

4. 機關以代收代付款辦理採購，係以機關名義辦理招標並作爲簽約主體者，適用本法相關規定（工程企字第8809716、8811083號函釋）。

5. 機關未支付價金之委託情形，以是否有「對價關係」本質作爲判斷，例如機關以廣告互惠方式委託廠商印製文宣品，機關雖未支付經費予廠商，實以權利金及廣告收入抵付，此即存在「對價關係」；又如機關提供土地、廠商出資合建開發，再依分配比例分屋，此係以機關之土地做爲分得房屋之對價，以上均適用本法之規定。

6. 接受機關補助者之身分若爲自然人，則不適用本法之規定（工程企字第8821986號函釋）。

第5章　技術服務契約案例

5-1 技術服務契約書的組成

　　政府採購法第 7 條所稱的勞務，係指專業服務、技術服務、資訊服務、研究發展、營運管理、維修、訓練、勞力及其他經主管機關認定之勞務。依【百度百科】之定義，技術服務是技術市場的主要經營方式和範圍，是指擁有技術的一方為另一方解決某一特定技術問題所提供的各種服務，如進行常規性的計算、設計、測量、分析、安裝、調試，以及提供技術信息、改進工藝流程、進行技術診斷等服務。在公共工程領域中，技術服務則包括：可行性研究或評估、規劃、設計、監造、專案管理、維護管理等專業性的服務。

　　技術服務廠商（包括技師事務所、建築師事務所、工程顧問公司、專業技師公會、建築師公會、大專院校、依法成立的研究機構及專業工程學會等）通常依循第四章所介紹的政府採購法相關規定，經由政府採購公報及電子採購網查詢各機關採購訊息，並遵循法定公告之程序參與競標、得標、議約、議價、製作契約書（含填入相關資料）、繳交履約保證金（或由押標金轉抵），雙方用印後即完成簽約程序。之後技術服務廠商即依照契約書之內容進行履約，當完成所有契約規定之服務項目並經機關驗收及確認後，技術服務廠商即完成履約工作；若技術服務契約包括監造或專案管理者，通常需待施工廠商完成履約手續、繳交保固金後，技術服務廠商才算完成履約工作。而在履約的過程中，技術服務廠商亦得依照契約書所定之請款方式，辦理階段性請款或一次請款。

　　表 5-1 為○○市政府環境保護局辦理污水處理廠污水處理設施整修工

程委託設計及監造服務案所提供之招標文件清單，一旦技術服務廠商得標並與機關完成議約及議價，表 5-1 內所列之各項文件除第 5 項授權書及第 19 項投標外封套、證件封外，連同開標紀錄、履約保證金收據影本及技術服務廠商之報價單或企劃書或服務建議書，一併成為技術服務契約書之組成要件（詳如表 5-2）。

表 5-1　○○市政府環境保護局勞務招標文件清單一覽表

採購名稱：「○○污水處理廠污水處理設施整修工程」委託設計及監造服務案		
投標廠商購領文件名稱	數　量	備　註
01. 公告	1 份	
02. 投標須知	1 份	
03. 電子領標作業說明	1 份	
04. 投標廠商聲明書	1 份	
05. 授權書	1 份	請隨身攜帶，以便於開標前審核身分
06. 投標書	1 份	
07. 廠商投標證件審查表	1 份	
08. 公共工程技術服務契約	1 份	
09. 公共工程施工階段契約約定權責分工表	1 份	
10. 委託設計及監造服務評審須知（含需求說明）	1 份	
11. ○○市政府委託技術服務履約績效管理要點	1 份	
12. ○○市政府公共工程施工品質管理作業要點	1 份	

投標廠商購領文件名稱	數　量	備　註
13. ○○市政府所屬各機關工程施工及驗收基準	1 份	
14. ○○市政府所屬各機關公共工程施工安全衛生須知	1 份	
15. ○○市政府採購契約變更作業規定一覽表	1 份	
16. ○○市政府災害及緊急事件搶修作業要點	1 份	
17. 公共工程專業技師簽證規則	1 份	
18. 廠商參與公共工程可能涉及之法律責任切結書	1 份	
19. 投標外封套、證件封	各 1 份	
※　其餘部分由招標機關視標案性質加列附件		

附註：1. 本招標附件清單內所列文件，請妥為清點，**若有不足應即向本機關要求補足**。

　　　2. 除以上所列文件外，招標文件之其他文件雖未列入，仍視為契約之附件。

　　　3. 上列文件中需要用印之處應確實用印，並按規定裝入證件封等封套。

表 5-2　○○市政府環境保護局勞務契約文件清單一覽表

「○○污水處理廠污水處理設施整修工程」委託設計及監造服務採購案契約書

契約文件名稱	數　量	備　註
01. 契約封面	1 份	
02. 公共工程技術服務契約	1 份	
03. 公共工程施工階段契約約定權責分工表	1 份	

契約文件名稱	數　量	備　註
04. 開標紀錄	1 份	
05. 投標書	1 份	
06. 公告	1 份	
07. 廠商投標證件審查表投標廠商聲明書	1 份	
08. 投標須知	1 份	
09. 委託設計及監造服務評審須知（含需求說明）	1 份	
10. ○○市政府委託技術服務履約績效管理要點	1 份	
11. ○○市政府公共工程施工品質管理作業要點	1 份	
12. ○○市政府所屬各機關工程施工及驗收基準	1 份	
13. ○○市政府所屬各機關公共工程施工安全衛生須知	1 份	
14. ○○市政府採購契約變更作業規定一覽表	1 份	
15. ○○市政府災害及緊急事件搶修作業要點	1 份	
16. 公共工程專業技師簽證規則	1 份	
17. 廠商參與公共工程可能涉及之法律責任切結書	1 份	
18. 電子領標作業說明	1 份	
19. 履約保證金收據影本	1 份	
20. 計畫服務建議書	1 份	

5-2 技術服務契約主要內容

　　機關辦理公共工程技術服務標案所用之技術服務契約，一般係參酌工程會所發布之「公共工程技術服務契約範本」，針對該標案之特性及特殊需求加以修正、調整或刪除部分條文。本節之內容主要是引述表 5-1 內第 8 項及表 5-2 內第 2 項之公共工程技術服務契約。

壹、契約主體（即立契約人）及抬頭：

　　　委託人：○○市政府環境保護局（以下簡稱甲方）

　　　受託人：○○工程顧問有限公司（以下簡稱乙方）

　　茲為辦理【○○污水處理廠污水處理設施整修工程委託設計及監造服務】案（以下簡稱本案），甲乙雙方同意共同遵守訂立本委託契約。

貳、契約條文：

第一條　契約文件及效力

一、契約包括下列文件：

　　（一）招標文件及其變更或補充。

　　（二）投標文件及其變更或補充。

　　（三）決標文件及其變更或補充。

　　（四）契約本文、附件及其變更或補充。

　　（五）依契約所提出之履約文件或資料。

二、契約文件，包括以書面、錄音、錄影、照相、微縮、電子數位資料或樣品等方式呈現之原件或複製品。

三、契約所含各種文件之內容如有不一致之處，除另有規定外，依下列原則處理：

　　（一）契約條款優於招標文件內之其他文件所附記之條款。但附記之條款有特別聲明者，不在此限。

（二）招標文件之內容優於投標文件之內容。但投標文件之內容經甲方審定優於招標文件之內容者，不在此限。招標文件如允許乙方於投標文件內特別聲明，並經甲方於審標時接受者，以投標文件之內容爲準。

（三）文件經甲方審定之日期較新者優於審定日期較舊者。

（四）大比例尺圖者優於小比例尺圖者。

（五）決標紀錄之內容優於開標或議價紀錄之內容。

四、契約文件之一切規定得互爲補充，如仍有不明確之處，由甲乙雙方依公平合理原則協議解決。如有爭議，依採購法之規定處理。

五、契約文字：

（一）契約文字以中文爲準。但下列情形得以外文爲準：

1. 特殊技術或材料之圖文資料。

2. 國際組織、外國政府或其授權機構、公會或商會所出具之文件。

3. 其他經甲方認定確有必要者。

（二）契約文字有中文譯文，其與外文文意不符者，除資格文件外，以中文爲準。其因譯文有誤致生損害者，由提供譯文之一方負責賠償。

（三）契約所稱申請、報告、同意、指示、核准、通知、解釋及其他類似行爲所爲之意思表示，以中文書面爲之爲原則。書面之遞交，得以面交簽收、郵寄、傳眞或電子郵件至雙方預爲約定之人員或處所。

六、契約所使用之度量衡單位，除另有規定者外，以公制爲之。

七、除另有規定外，契約以甲方簽約之日爲簽約日，並溯及自甲方決標之日起生效。

八、契約所定事項如有違反法令或無法執行之部分，該部分無效。但除去
　　該部分，契約亦可成立者，不影響其他部分之有效性。該無效之部
　　分，甲方及乙方必要時得依契約原定目的變更之。

九、契約正本 2 份，甲方及乙方各執 1 份，並由雙方各依規定貼用印花
　　稅票。副本 6 份（請載明），由甲方、乙方及相關機關、單位分別執
　　用。副本如有誤繕，以正本為準。

第二條　履約標的

一、甲方辦理事項：無

一、乙方應給付之標的及工作事項：＿

　　（一）污水處理廠污水處理設施整修工程

　　　　■1. (1) 設計：

　　　　　　①提供本案之基本設計，內容如下：

　　　　　　　　A. 基本設計圖文資料：

　　　　　　　　　　(a) 整修設備及管線配置圖。

　　　　　　　　　　(b) 結構及設備系統研擬。

　　　　　　　　　　(c) 工程材料方案評估比較。

　　　　　　　　　　(d) 構造物防蝕對策評估報告。

　　　　　　　　　　(e) 工程進度初估修定。

　　　　　　　　B. 量體計算分析及法規檢討。

　　　　　　②提供本案之細部設計，內容如下：

　　　　　　　　A. 細部設計圖文資料：

　　　　　　　　　　(a) 配置圖。

　　　　　　　　　　(b) 設備結構詳圖、平面圖、立面圖、剖面圖。

　　　　　　　　　　(c) 詳細設備及管線平面圖、立面圖、剖面圖。

　　　　　　　　B. 施工或材料規範之編擬。

   C.工程或材料數量之估算及編製。

   D.成本分析及估算。

   E.施工計畫及施工進度之擬訂及整合。

   F.提供發包預算及招標文件 5 份。

 (2) 協辦招標及決標：

  ①各項招標作業，包括參與標前會。

  ②招標文件之釋疑、變更或補充。

  ③投標廠商及其分包廠商資格之審查。

  ④開標、審標及提供決標建議。

  ⑤契約之簽訂。

  ⑥招標、審標或決標爭議之處理。

  ⑦招標發包方式之建議。

  ⑧招標文件編製。

■2. 監造：

(1) 擬訂監造計畫並依核定之計畫內容據以執行。

(2) 派遣人員留駐工地，持續性監督施工廠商按契約及設計
圖說施工及查證施工廠商履約。

(3) 施工廠商之施工計畫、品質計畫、預定進度、施工圖、
器材樣品、趕工計畫、工期展延與其他送審案件之審查
及管制。

(4) 重要分包廠商及設備製造商資格之審查。

(5) 施工廠商放樣、施工基準測量及各項測量之校驗。

(6) 監督及查驗施工廠商辦理材料及設備之品質管理工作。

(7) 監督施工廠商執行工地安全衛生、交通維持及環境保護
等工作。

(8) 履約進度之查證與管理及履約估驗計價之審查。

(9) 有關履約界面之協調及整合。

(10) 契約變更之建議及協辦。

(11) 機電設備測試及試運轉之監督。

(12) 審查竣工圖表、工程結算明細表及契約所載其他結算資料。

(13) 驗收之協辦。

(14) 協辦履約爭議之處理。

　■3. 其他（如由乙方提供服務，甲方應另行支付費用；該項目契約價金及工期雙方議定之。）

　　■代辦依法應申請相關許可文件

第三條　契約價金之給付

一、契約價金結算方式：

（一）刪除

（二）刪除

（三）履約標的如涉設計者：

　　■總包價法

（四）履約標的如涉監造者：

　　■總包價法

（五）履約標的如涉前條其他服務項目，甲方另行支付費用：

　　■總包價法

二、計價方式：

（一）總包價法：決標時議定總服務費新臺幣＿＿＿＿＿＿元（由甲方於決標後填寫，請招標機關及投標廠商參考本條附件一之附表編列服務費用明細表，決標後依決標結果調整納入契約執

　　行）。

　　　　1. 設計服務費新臺幣＿＿＿＿＿元（總服務費用 X56%）。

　　　　2. 監造服務費新臺幣＿＿＿＿＿元（總服務費用 X44%）。

第四條　契約價金之調整

一、驗收結果與規定不符，而不妨礙安全及使用需求，亦無減少通常效用
　　或契約預定效用，經甲方檢討不必拆換、更換或拆換、更換確有困
　　難，或不必補交者，得於必要時減價收受。

二、採減價收受者，按不符項目標的之契約價金百分之 10 減價，並處以
　　減價金額 1 倍之違約金。減價及違約金之總額，以該項目之契約價金
　　為限。

三、契約價金，除另有規定外，含乙方及其人員依甲方之本國法令應繳納
　　之稅捐、及強制性保險之保險費。

四、甲方之本國以外其他國家或地區之稅捐，由乙方負擔。

五、乙方履約遇有下列政府行為之一，致履約費用增加或減少者，契約價
　　金得予調整：

　（一）政府法令之新增或變更。

　（二）稅捐或規費之新增或變更。

　（三）政府公告、公定或管制費率之變更。

六、前款情形，屬甲方之本國政府所為，致履約成本增加者，其所增加之
　　必要費用，由甲方負擔；致履約成本減少者，其所減少之部分，得
　　自契約價金中扣除。屬其他國家政府所為，致履約成本增加或減少
　　者，契約價金不予調整。

七、履約期間遇有下列不可歸責於乙方之情形，經甲方審查同意後，契約
　　價金應予調整：

　（一）於設計核准後需變更者。

（二）超出技術服務契約或工程契約規定施工期限所需增加之監造及相關費用。

（三）修改招標文件重行招標之服務費用。

（四）超過契約內容之設計報告製圖、送審、審圖等相關費用。

八、監造人力，以「公共工程施工品質管理作業要點」及契約所要求者為原則；其超過者，雙方應依比例增加監造費用或另行議定。

九、如增加監造服務期間，不可歸責於乙方之事由者，應依下列計算式增加監造服務費用（由甲方擇一於招標時載明）：

■甲：（超出『工程契約工期』之日數－因乙方因素增加之日數）／工程契約工期之日數＊（監造服務費）＊（增加期間監造人數／合約監造人數）

工程契約工期：指該監造各項工程契約所載明之總工期。

第五條　契約價金之給付條件

■一、總包價法之給付

（一）設計服務費新臺幣＿＿＿＿＿元。

1. 第一期：簽約時，乙方提送服務實施計畫書或說明，經甲方核可後，給付契約設計服務費價金之百分之十五（15%）。

2. 其他各期

① 基本設計給付契約、設計服務費百分之二十（20%）

② 細部設計給付契約、設計服務費百分之四十（40%）

③ 工程案決標給付契約、設計服務費百分之十（10%）

④ 工程竣工後給付契約、設計服務費百分之十五（15%）

（二）監造服務費新臺幣＿＿＿＿＿元。

■依工程施工進度每月請款一次。

請款金額依「監造服務費＊當期工程進度」計

二、刪除

三、刪除

四、乙方履約有下列之情形者，甲方得暫停給付契約價金至情形消滅為止：

　　（一）履約實際進度因可歸責於乙方之事由，落後預定進度達<u>20%</u>（由甲方於招標時載明）以上者。

　　（二）履約有瑕疵經書面通知改善而逾期未改善者。

　　（三）未履行契約應辦事項，經通知仍延不履行者。

　　（四）乙方履約人員不適任，經通知更換仍延不辦理者。

　　（五）其他違反法令或契約情形。

五、刪除

六、刪除

七、契約價金總額曾經減價而確定，其所組成之各單項價格得依約定方式調整；未約定調整方式者，視同就各單項價格依同一減價比率調整。投標文件中報價之分項價格合計數額與總價不同者，亦同。

八、乙方計價領款之印章，除另有規定外，以乙方於投標文件所蓋之章為之。

九、乙方應依身心障礙者權益保障法、原住民族工作權保障法及政府採購法規定僱用身心障礙者及原住民。僱用不足者，應依規定分別向所在地之直轄市或縣（市）勞工主管機關設立之身心障礙者就業基金專戶及原住民中央主管機關設立之原住民族綜合發展基金之就業基金，定期繳納差額補助費及代金；並不得僱用外籍勞工取代僱用不足額部分。招標機關應將國內員工總人數逾一百人之廠商資料公開於政府採購資訊公告系統，以供勞工及原住民主管機關查核差額補助費及代金繳納情形，招標機關不另辦理查核。

十、契約價金總額，除另有規定外，為完成契約所需全部材料、人工、機具、設備及履約所必須之費用。

十一、乙方請領契約價金時應提出統一發票，無統一發票者應提出收據。

十二、刪除

十三、乙方履約有逾期違約金、損害賠償、不實行為、未完全履約、不符契約規定、溢領價金或減少履約事項等情形時，甲方得自應付價金中扣抵；其有不足者，得通知乙方給付。有履約保證金者，並得自履約保證金扣抵。

十四、服務範圍包括代辦訓練操作或維護人員者，其服務費用除乙方本身所需者外，有關受訓人員之旅費及生活費用，由甲方自訂標準支給，不包括在服務費用項目之內。

十五、刪除

十六、甲方得延聘專家參與審查乙方提送之所有草圖、圖說、報告、建議及其他事項，其所需一切費用（出席費、審查費、差旅費、會場費用等）由甲方負擔。

十七、乙方設計完成，如工程未招標或招標不成功時，甲方因故終止契約，建造費用計算方式如下：

（一）工程底價已核定：以該工程原預計招標日期前六個月行政院公共工程委員會統計之公共工程決標狀況統計表之決標金額與底價之比值（底價標比），乘以該工程底價金額。

（二）底價未核定之工程：以該工程原預計招標日期前六個月行政院公共工程委員會統計之公共工程決標狀況統計表之決標金額與預算之比值（預算標比），乘以該工程預算金額。

十八、因非可歸責於乙方之事由，甲方有延遲付款之情形，乙方投訴對象：

　　（一）甲方之政風單位；

　　（二）甲方之上級機關；

　　（三）法務部政風司；

　　（四）採購稽核小組；

　　（五）採購法主管機關；

　　（六）行政院主計處。

第六條　稅捐及規費

一、以新臺幣報價之項目，除招標文件另有規定外，應含稅，包括營業稅。由自然人投標者，不含營業稅，但仍包括其必要之稅捐。

二、以外幣報價之勞務費用或權利金，加計營業稅後與其他廠商之標價比較。但決標時將營業稅扣除，付款時由甲方代繳。

三、外國廠商在甲方之本國境內發生之勞務費或權利金收入，於領取價款時按當時之稅率繳納營利事業所得稅。上述稅款在付款時由甲方代為扣繳。但外國廠商在甲方之本國境內有分支機構、營業代理人或由國內廠商開立統一發票代領者，上述稅款在付款時不代為扣繳，而由該等機構、代理人或廠商繳納。

四、與本契約有關之證照，依法應以甲方名義申請，而由乙方代為提出申請者，其所需規費由甲方負擔。

第 7 條　履約期限

一、履約期限係指乙方完成履約標的之所需時間：

　　（一）設計部分：

　　　　1.乙方應於甲方簽約日起 30 天內提送服務實施計畫書或說明送本局審核。

　　　　2.乙方應於甲方簽約日起 45 天內完成基本設計送本局審核。

　　　　3.乙方應於甲方通知日起 70 天內完成細部設計及招標文件相關

圖說資料，送甲方辦理發包作業。前述乙方應完成事項應於期限內送達並經甲方核定，惟甲方審查期間不計入履約期限。

（二）乙方對監造服務工作之責任以甲方書面通知開始日起，至本契約全部工程驗收合格止。

（三）如涉及變更設計應以甲方通知到達日起算。

（四）本履約期限不含證照取得與甲方審核及修改時間。

二、日曆天或工作天：

■以日曆天計者，所有日數均應計入履約期限。

三、契約如需辦理變更，其履約標的項目或數量有增減時；或因不可歸責於乙方之變更設計，履約期限由雙方視實際需要議定增減之。

四、履約期限延期：

（一）契約履約期間，有下列情形之一，且確非可歸責於乙方，而需展延履約期限者，乙方應於事故發生或消失後，檢具事證，儘速以書面向甲方申請展延履約期限。甲方得審酌其情形後，以書面同意延長履約期限，不計算逾期違約金。其事由未達半日者，以半日計；逾半日未達一日者，以一日計。

1.發生契約規定不可抗力之事故。

2.因天候影響無法施工。

3.甲方要求全部或部分暫停履約。

4.因辦理契約變更或增加履約標的數量或項目。

5.甲方應辦事項未及時辦妥。

6.由甲方自辦或甲方之其他廠商因承包契約相關履約標的之延誤而影響契約進度者。

7.其他非可歸責於乙方之情形，經甲方認定者。

（二）前目事故之發生，致契約全部或部分必須停止履約時，乙方應

於停止履約原因消滅後立即恢復履約。其停止履約及恢復履約，乙方應儘速向甲方提出書面報告。

五、期日：

（一）履約期間自指定之日起算者，應將當日算入。履約期間自指定之日後起算者，當日不計入。

（二）履約標的需於一定期間內送達甲方之場所者，履約期間之末日，以甲方當日下班時間為期間末日之終止。當日為甲方之辦公日，但甲方因故停止辦公致未達原定截止時間者，以次一辦公日之同一截止時間代之。

六、甲乙雙方同意於接獲提供之資料送達後儘速檢視該資料，並於檢視該資料發現疑義時，立即以書面通知他方。

七、除招標文件已載明者外，因不可歸責於乙方之因素而需修正、更改、補充，雙方應以書面另行協議延長期限。

第八條　履約管理

一、乙方應依招標文件及服務建議書內容，於簽約日起 30 日內，提出「服務實施計畫書」送甲方核可，該服務實施計畫書內容至少應包括計畫組織、工作計畫流程、工作預定進度表（含分期提出各種書面資料之時程）、工作人力計畫（含人員配當表）、辦公處所等。甲方如有修正意見，經甲方通知乙方後，乙方應於 10 日內改正完妥，並送甲方審核。乙方應依工作預定進度表所列預定時程提送各階段書面資料，甲方應於收到乙方提送之各階段書面資料後 30 日內完成審查工作；其需退回修正者，乙方應於甲方給予之期限內完成修正工作；乙方依契約規定應履行之專業責任，不因甲方對乙方書面資料之審查認可而減少或免除。

二、與契約履約標的有關之其他標的，經甲方交由其他廠商辦理時，乙方

有與其他廠商互相協調配合之義務，以使該等工作得以順利進行。工作不能協調配合，乙方應通知甲方，由甲方邀集各方協調解決。乙方如未通知甲方或未能配合或甲方未能協調解決致生錯誤、延誤履約期限或意外事故，應由可歸責之一方負責並賠償。

三、工程規劃設計階段，接管營運維護單位提供與契約履約標的有關之意見，得經甲方交由乙方辦理，乙方有協調配合之義務，俾使工程完工後之該等工作得以順利進行。工作不能協調配合，乙方應通知甲方，由甲方邀集各方協調解決。

四、乙方接受甲方或甲方委託之機構之人員指示辦理與履約有關之事項前，應先確認該人員係有權代表人，且所指示辦理之事項未逾越或未違反契約規定。乙方接受無權代表人之指示或逾越或違反契約規定之指示，不得用以拘束甲方或減少、變更乙方應負之契約責任，甲方亦不對此等指示之後果負任何責任。

五、甲方及乙方之一方未請求他方依契約履約者，不得視為或構成一方放棄請求他方依契約履約之權利。

六、契約內容有需保密者，乙方未經甲方書面同意，不得將契約內容洩漏予與履約無關之第三人。

七、乙方履約期間所知悉之甲方機密或任何不公開之文書、圖畫、消息、物品或其他資訊，均應保密，不得洩漏。

八、轉包及分包：

（一）乙方不得將契約轉包。乙方亦不得以不具備履行契約分包事項能力、未依法登記或設立，或依採購法第一百零三條規定不得參加投標或作為決標對象或作為分包廠商之廠商為分包廠商。

（二）乙方擬分包之項目及分包廠商，甲方得予審查。

（三）乙方對於分包廠商履約之部分，仍應負完全責任。分包契約報

備於甲方者，亦同。

（四）分包廠商不得將分包契約轉包。其有違反者，乙方應更換分包廠商。

（五）乙方違反不得轉包之規定時，甲方得解除契約、終止契約或沒收保證金，並得要求損害賠償。

（六）前款轉包廠商與乙方對甲方負連帶履行及賠償責任。再轉包者，亦同。

九、乙方及分包廠商履約，不得有下列情形：僱用無工作權之人員、供應不法來源之履約標的、使用非法車輛或工具、提供不實證明或其他不法或不當行為。

十、甲方於乙方履約中，若可預見其履約瑕疵，或有其他違反契約之情事者，得通知乙方限期改善。

十一、履約所需臨時場所，除另有規定外，由乙方自理。

十二、乙方履約人員對於所應履約之工作有不適任之情形者，甲方得要求更換，乙方不得拒絕。

十三、勞工權益保障：

（一）乙方對其派至甲方提供勞務之受僱勞工，應訂立書面勞動契約，並將該契約影本送甲方備查。

（二）乙方對其派至甲方提供勞務之受僱勞工，應依法給付工資，依法投保勞工保險、就業保險、全民健康保險及提繳勞工退休金，並依規定繳納前述保險之保險費及提繳勞工退休金。

（三）乙方應於簽約日起 14 日內，檢具派至甲方提供勞務之受僱勞工名冊（包括勞工姓名、出生年月日、身分證字號及住址）、勞工保險被保險人投保資料表（明細）影本及切結書（具結已依法為其受僱勞工投保勞工保險、就業保險、全民健康保

險及提繳勞工退休金），並依規定繳納前述保險之保險費及提
繳勞工退休金）送甲方備查。

（四）甲方發現乙方未依法為其派至甲方提供勞務之受僱勞工，投
保勞工保險、就業保險、全民健康保險及提繳勞工退休金
者，應限期改正，其未改正者，通知目的事業主管機關依法
處理。

十四、本案委託技術服務範圍若包括監造者，乙方應依「公共工程施工品
質管理作業要點」規定辦理，其派遣人員留駐工地，持續性監督施
工廠商按契約及設計圖說施工及查證施工廠商履約之監造人力計畫
表如下：

派遣人員資格	人數	是否專任	留駐工地期間	權責分工情形

十五、乙方於設計完成經甲方審查確認後，應將工程決標後契約圖說之電
子檔案（如 CAD 檔）交予甲方。

十六、乙方承辦技術服務，其實際提供服務人員應於完成之圖樣及書表上
簽署。其依法令需由執（開）業之專門職業及技術人員辦理者，應
交由各該人員辦理，並依法辦理簽證。各項設施或設備，依法令規
定需由專業技術人員安裝、施工或檢驗者，乙方應依規定辦理。
依本契約完成之圖樣或書表，如屬技師執行業務所製作者，應

依技師法第 16 條規定，由技師本人簽署並加蓋技師執業圖記。

（有關應由技師本人簽署並加蓋技師執業圖記之圖樣、書表及技師簽署方式，依行政院公共工程委員會 98 年 12 月 2 日工程技字第 09800526520 號令，該令公開於行政院公共工程委員會資訊網站 http://www.pcc.gov.tw/ 法令規章 / 技師法 / 技師法相關解釋函）

■本契約屬公共工程實施簽證範圍；其簽證應依下列規定辦理。

（一）本契約實施公共工程專業技師簽證，乙方需於簽約日起 45 日內提報其實施簽證之執行計畫，經甲方同意後執行之。

　　　1. 上述執行計畫如屬設計簽證者，應包括施工規範與施工說明、數量計算、預算書、設計圖與計算書，並得包括施工安全評估及其他必要項目，依相關規定辦理。

　　　2. 上述執行計畫如屬監造簽證者，應包括品質計畫與施工計畫審查、施工圖說審查、材料與設備抽驗、施工查驗與查核、設備功能運轉測試之抽驗及其他必要項目，依相關規定辦理。

（二）技師執行簽證時，應親自為之，並僅得就本人或在本人監督下完成之工作為簽證。其涉及現場作業者，技師應親自赴現場實地查核後，始得為之。

（三）技師執行簽證，應依技師法第 16 條規定於所製作之圖樣、書表及簽證報告上簽署，並加蓋技師執業圖記。

（四）本契約執行技師應依「公共工程專業技師簽證規則」規定，就其辦理經過，連同相關資料、文件彙訂為工作底稿，並向甲方提出簽證報告。

十七、其他：

（一）乙方所提出之圖樣及書表內如涉及施工期間之交通維持及安

全衛生設施經費者，應以量化方式編列。

（二）乙方履約期間，應於每月十日前向甲方提送工作月報，其內容包括工作事項、工作進度（含當月完成成果說明）、工作人數及時數、異常狀況及因應對策等。

（三）乙方所擬定之招標文件，其內容不得有不當限制競爭之情形。其有要求或提及特定之商標或商名、專利、設計或型式、特定來源地、生產者或供應者之情形時，應於提送履約成果文件上敘明理由。

（四）刪除

（五）刪除

■（六）其他：乙方應依契約規定之人數及資格，參與本服務工作，除事先徵得甲方書面同意者外，不得變更。

第九條　履約標的品管

一、乙方在履約中，應對履約規劃設計監造品質依照契約有關規範，嚴予控制，並辦理自主查核。本案委託技術服務，如包括設計者，乙方所為之設計應符合節省能源、減少溫室氣體排放、保護環境、節約資源、經濟耐用等目的，並考量景觀、自然生態、兩性友善環境、生活美學。

二、甲方於乙方履約期間如發現乙方履約品質或進度不符合契約規定，得通知乙方限期改善或改正。乙方逾期未辦妥時，甲方得要求乙方部分或全部停止履約，至乙方辦妥並經甲方書面同意後方可恢復履約。乙方不得為此要求展延履約期限或補償。

三、乙方不得因甲方辦理審查、查驗、測試、認可、檢驗、功能驗證或核准行為，而免除或減少其依契約所應履行或承擔之義務或責任。

四、甲方應依政府採購法第70條規定設立之各工程施工查核小組查核結

果，對委辦監造廠商或委辦專案管理廠商，辦理品質缺失懲罰性違約金事宜：

（一）懲罰性違約金金額，應依查核小組查核之品質缺失扣點數計算之。每點扣款新臺幣 壹仟 元。

（二）品質缺失懲罰性違約金之支付，甲方應自應付價金中扣抵；其有不足者，得通知乙方繳納或自保證金扣抵。

（三）品質缺失懲罰性違約金之總額，以契約價金總額百分之二十為上限。

五、前條第十四款之監造人力計畫表所列乙方派遣人員未依契約約定到工者，除依合約金額扣除當日應到工人員薪資外，每人每日懲罰性違約金新臺幣 伍仟 元。

六、乙方之技師或其他依法令、契約應到場執行業務人員，其應到場情形及未到場之處置如下。同次應到場執行業務包含下列2種以上情形而未到場者，其懲罰性違約金分別計算：

（一）■ 設計執行計畫內涉及現況調查、鑑界、現地會勘、各階段說明會議及審查會議時，經甲方通知應到場說明者。未到場之處置：

■ 每人次懲罰性違約金新臺幣 伍仟 元。

（二）■ 監造計畫內涉及結構安全及隱蔽部分之各項重要施工作業監造檢驗停留點（限止點），到場查證施工廠商履約品質。未到場之處置：

■ 每人次懲罰性違約金新臺幣 伍仟 元。

（三）■ 工程查驗、初驗、驗收及複驗時，經甲方通知應到場說明、協驗者。未到場之處置：

■ 每人次懲罰性違約金新臺幣 伍仟 元。

（四）配合工程施工查核小組於預先通知查核時到場說明。未到場之
處置：

　　■ 每人次懲罰性違約金新臺幣 伍仟 元。

（五）■ 除前述情形外，視甲方需要配合甲方通知應到場參與工程監
造相關事宜，惟每月以不逾 2 次為原則。未到場之處置：

　　■ 每人次懲罰性違約金新臺幣 伍仟 元。

第十條　保險

一、乙方應於履約期間辦理下列保險，其屬自然人者，應自行另投保人身
意外險。

（一）技師事務所及工程技術顧問公司應投保專業責任險。包括因業
務疏漏、錯誤或過失，違反業務上之義務，致甲方或其他第三
人受有之損失。

（二）■ 雇主意外責任險。（乙方於施工期間應為其人員投保雇主意外
責任險；有延期或遲延履約者，保險期間應一併展延）：本保
險採社會保險優先給付後，再就雇主意外責任險予以給付：

　　1. 每一人體傷或死亡保險金額不低於 [伍佰萬] 元，自負額
不得高於 [貳仟] 元。

　　2. 每一事故體傷或死亡保險金額不低於 [壹仟萬] 元，自負
額不得高於 [貳仟] 元。

　　3. 保險期間內最高賠償限額不低於 [貳仟萬] 元。

二、乙方依前款辦理之保險，其內容如下（由甲方視保險性質擇定或調整
後於招標時載明）：

（一）承保範圍：除另有規定外，為中央主管機關核定制式保險單之
保險範圍。

（二）保險標的：履約標的。

（三）被保險人：以乙方爲被保險人。

（四）保險金額：契約價金總額。

（五）每一事故之自負額上限：不得高於契約價金總額之 10%。

（六）保險期間：自契約生效起至契約所定履約期限之日止；有延期
　　　或遲延履約者，保險期間比照順延。

（七）未經甲方同意之任何保險契約之變更或終止，無效。

三、保險單記載契約規定以外之不保事項者，其風險及可能之賠償由乙方
　　負擔。

四、乙方向保險人索賠所費時間，不得據以請求延長履約期限。

五、乙方未依契約規定辦理保險、保險範圍不足或未能自保險人獲得足額
　　理賠者，其損失或損害賠償，由乙方負擔。

六、保險單正本一份及繳費收據副本一份應於辦妥保險後即交甲方收執。

七、乙方應依甲方之本國法規爲其員工及車輛投保勞工保險、全民健康保
　　險及汽機車第三人責任險。其依法免投保勞工保險者，得以其他商業
　　保險代之。

八、本契約延長服務時間時，乙方應隨之延長專業責任保險之保險期間。

九、依法非屬保險人可承保之保險範圍，或非因保費因素卻於國內無保險
　　人願承保，且有保險公會書面佐證者，依第一條第八款辦理。

第十一條　保證金（由甲方擇一於招標時載明）

　　　本工程所稱之履約保證金與差額保證金，兩者均非損害賠償總額預定
之性質，而爲懲罰性質之違約金。

■甲方收取保證金，保證金相關規定：（由甲方依「押標金保證金暨其他
　擔保作業辦法」規定辦理，並於招標時載明）

（一）保證金（包含履約保證金、差額保證金，下同）之發還方式：（勾
　　　選收取保證金者，甲方應依採購標的於招標時載明）

　　■工程完工驗收結算後：核退履約保證金100%。

（二）乙方所繳納之保證金及其孳息，有下列情形之一者，甲方得不予發還或請擔保者履行其擔保責任，其情形屬契約一部未履行者，甲方得視其情形不發還保證金及其孳息之一部分：

1. 有政府採購法第五十條第一項第3款至第5款情形之一，依同條第二項前段得追償損失者，與追償金額相等之保證金。

2. 違反政府採購法第六十五條規定轉包者，全部保證金。

3. 因可歸責於乙方之事由，致部分終止或解除契約者，依該部分所占契約金額比率計算之保證金；全部終止或解除契約者，全部保證金。

4. 審查或驗收不合格，且未於最後通知期限內依規定辦理，其不合格部分及所造成損失、額外費用或懲罰性違約金之金額，自待付契約價金扣抵仍有不足者，與該不足金額相等之保證金。

5. 未依契約規定期限或甲方同意之延長期限履行契約之一部或全部，其逾期違約金之金額，自待付契約價金扣抵仍有不足者，與該不足金額相等之保證金。

6. 需返還已支領之契約價金而未返還者，與未返還金額相等之保證金。

7. 未依契約規定延長保證金之有效期者，其應延長之保證金。

8. 其他因契約約定予以扣減者或可歸責於乙方之事由，致甲方遭受損害，其應由乙方賠償而未賠償者，與應賠償金額相等之保證金。

（三）前款不予發還之保證金，於依契約規定分次發還之情形，得為尚未發還者；不予發還之孳息，為不予發還之保證金於繳納後所生者。

（四）乙方如有第2款所定2目以上情形者，其不發還之保證金及其孳息

應分別適用之。但其合計金額逾保證金總金額者,以總金額為限。

(五) 保證金之補足、動支或延長保證期限:

1. 因契約變更而增減之價款,累計達契約原總價百分之二十、百分之三十、百分之四十(以下類推)時,甲方得通知乙方依比例補足或依乙方之申請無息退還保證金。

2. 乙方未能依契約約定期限履約,或因可歸責於乙方之事由致無法於保證金之保證期限內完成委託事項者,該保證金之保證期限應相應延長之。

(六) 乙方所繳納之保證金,有下列情形之一者,甲方應提前無息發還:

1. 因部分驗收合格、符合者,就該合格、符合之部分。

2. 因不可歸責於乙方之事由,致終止或解除契約者。

3. 因可歸責於甲方之事由,致乙方延期履約或履約後暫停履約一次超過九十日時,甲方得依乙方之申請,先行發還賸餘保證金百分之五十;如再一次逾九十日,甲方應再發還前述賸餘保證金至百分之九十;俟甲方通知繼續履約時,乙方應於三十日內繳回暫停履約期間已發還之保證金,如有違約,甲方得解除或終止契約,並不發還所餘之保證金。

第十二條　驗收

一、驗收時機:

乙方完成履約事項後,甲方應於接獲乙方通知備驗或可得驗收之程序完成後 30 日內辦理驗收,並作成驗收紀錄。如有逾時辦理驗收之必要,應經甲乙雙方協議延期之。

二、驗收方式:

得以書面或召開審查會議方式進行,審查會議紀錄等同驗收紀錄。

三、履約標的部分完成履約後,如有部分先行使用之必要,應先就該部分

辦理驗收或分段審查、查驗供驗收之用。

四、乙方履約結果經甲方審查有瑕疵者，甲方得要求乙方於一定期限內改善。逾期未改正者，依第十三條規定計算逾期違約金。

五、乙方履約所完成之標的需另行招標施工，甲方未能於乙方履約完成六個月內完成招標工作且非可歸責於乙方者，乙方得要求甲方終止契約，並辦理結算。

六、乙方履約結果經甲方查驗或驗收有瑕疵者，甲方得要求乙方於＿＿＿日內（甲方未填列者，由主驗人定之）改善、拆除、重作、退貨或換貨（以下簡稱改正）。逾期未改正者，依第十三條遲延履約規定計算逾期違約金。但逾期未改正仍在契約原訂履約期限內者，不在此限。

七、乙方不於前款期限內改正、拒絕改正或其瑕疵不能改正者，甲方得採行下列措施之一：

（一）自行或使第三人改正，並得向乙方請求償還改正必要之費用。

（二）解除契約或減少契約價金。但瑕疵非重要者，甲方不得解除契約。

八、因可歸責於乙方之事由，致履約有瑕疵者，甲方除依前二款規定辦理外，並得請求損害賠償。

第十三條　遲延履約

一、逾期違約金，以日為單位，乙方如未依照契約規定期限完工，應按逾期日數計算逾期違約金，該違約金計算方式：

■ 依逾期工作部分之規劃設計或監造契約價金千分之一計算逾期違約金。

二、逾期違約金之支付，甲方得自應付價金中扣抵；其有不足者，通知乙方繳納或自保證金扣除。

三、逾期違約金之總額（含逾期未改正之違約金），以契約價金總額之百

分之二十爲上限。

四、甲方及乙方因下列天災或事變等不可抗力或不可歸責於契約當事人之事由，致未能依時履約者，得展延履約期限；不能履約者，得免除契約責任：

（一）戰爭、封鎖、革命、叛亂、內亂、暴動或動員。

（二）山崩、地震、海嘯、火山爆發、颱風、豪雨、冰雹、水災、土石流、土崩、地層滑動、雷擊或其他天然災害。

（三）墜機、沉船、交通中斷或道路、港口冰封。

（四）罷工、勞資糾紛或民眾非理性之聚眾抗爭。

（五）毒氣、瘟疫、火災或爆炸。

（六）履約標的遭破壞、竊盜、搶奪、強盜或海盜。

（七）履約人員遭殺害、傷害、擄人勒贖或不法拘禁。

（八）水、能源或原料中斷或管制供應。

（九）核子反應、核子輻射或放射性污染。

（十）非因乙方不法行爲所致之政府或機關依法令下達停工、徵用、沒入、拆毀或禁運命令者。

（十一）政府法令之新增或變更。

（十二）甲方之本國或外國政府之行爲。

（十三）其他經甲方認定確屬不可抗力者。

五、前款不可抗力或不可歸責事由發生或結束後，其屬可繼續履約之情形者，應繼續履約，並採行必要措施以降低其所造成之不利影響或損害。

六、乙方履約有遲延者，在遲延中，對於因不可抗力而生之損害，亦應負責。但經乙方證明縱不遲延給付，而仍不免發生損害者不在此限。

七、乙方未遵守法令致生履約事故者，由乙方負責。因而遲延履約者，不

得據以免責。

八、因可歸責於乙方之事由致延誤履約進度，情節重大者之認定，除招標文件另有規定外適用採購法施行細則第一百十一條規定。

第十四條　權利及責任

一、乙方應擔保第三人就履約標的，對於甲方不得主張任何權利。

二、乙方履約，其有侵害第三人合法權益時，應由乙方負責處理並承擔一切法律責任及費用，包括甲方所發生之費用。甲方並得請求損害賠償。

三、乙方履約結果涉及智慧財產權者：（由甲方於招標時載明）

　　■ 甲方取得全部權利。

四、有關著作權法第二十四條與第二十八條之權利，他方得行使該權利，惟涉有政府機密者，不在此限。

五、除另有規定外，乙方如在履約使用專利品、專利性履約方法，或涉及著作權時，有關專利及著作權，概由乙方依照有關法令規定處理，其費用亦由乙方負擔。

六、甲方及乙方應採取必要之措施，以保障他方免於因契約之履行而遭第三人請求損害賠償。其有致第三人損害者，應由造成損害原因之一方負責賠償。

七、甲方對於乙方、分包廠商及其人員因履約所致之人體傷亡或財物損失，不負賠償責任。

八、委託規劃、設計、監造或管理之契約，乙方因規劃設計錯誤、監造不實或管理不善，致甲方遭受損害，乙方應負賠償責任（依民法規定）；賠償責任之認定，有爭議者，依照爭議處理條款辦理。賠償金額以契約價金總額 2 倍為上限。但法令另有規定，或乙方隱瞞工作瑕疵、故意或重大過失行為、對智慧財產權或第三人發生侵權行為，所

造成之損害賠償，不受賠償金額上限之限制。

九、甲方依乙方履約結果辦理採購，因乙方計算數量錯誤或項目漏列，致該採購結算增加金額與減少金額絕對值合計，逾採購契約價金總額百分之五者，應就超過百分之五部分占該採購契約價金總額之比率，乘以契約價金規劃設計部分總額計算違約金。但本款累計違約金以契約價金總額之百分之十為上限。

第十五條　契約變更及轉讓

一、甲方於必要時得於契約所約定之範圍內通知乙方變更契約，乙方於接獲通知後，除雙方另有協議外，應於十日內向甲方提出契約標的、價金、履約期限、付款期程或其他契約內容需變更之相關文件。契約價金之變更，由雙方協議訂定之。

二、乙方於甲方接受其所提出需變更之相關文件前，不得自行變更契約。除甲方另有請求者外，乙方不得因前款之通知而遲延其履約期限。

三、甲方於接受乙方所提出需變更之事項前即通知乙方先行辦理，其後未依原通知辦理契約變更或僅部分辦理者，應補償乙方所增加之必要費用。

四、如因可歸責於甲方之事由辦理契約變更，需廢棄或不使用部分已完成之工作者，除雙方另有協議外，甲方得辦理部分驗收或結算後，支付該部分價金。

五、履約期間有下列事項者，應變更契約，並依相關條文合理給付額外酬金或檢討變更之：

（一）甲方於履約各工作階段完成審定後，要求乙方辦理變更者。

（二）甲方對同一服務事項依不同條件要求乙方辦理多次規劃或設計者。

（三）甲方因故必須變更部分委託服務內容時，得就服務事項或數量

之增減情形，調整服務費用及工作期限。

（四）契約執行中涉及應執行其他之工作內容而未曾議定者。

（五）甲方要求增派監造人力，而有第四條第八款之情事者。

（六）有第四條第九款變更監造期程需要者。

六、契約之變更，非經甲方及乙方雙方合意，作成書面紀錄，並簽名或蓋章者，無效。

七、乙方不得將契約之部分或全部轉讓予他人。但因公司分割或其他類似情形致有轉讓必要，經甲方書面同意轉讓者，不在此限。

乙方依公司法、企業併購法分割，受讓契約之公司（以受讓營業者為限），其資格條件應符合原招標文件規定，且應提出下列文件之一：

1. 原訂約廠商分割後存續者，其同意負連帶履行本契約責任之文件；

2. 原訂約廠商分割後消滅者，受讓契約公司以外之其他受讓原訂約廠商營業之既存及新設公司同意負連帶履行本契約責任之文件。

第十六條　契約終止解除及暫停執行

一、乙方履約有下列情形之一者，甲方得以書面通知乙方終止契約或解除契約之部分或全部，且不補償乙方因此所生之損失：

（一）違反採購法第三十九條第二項或第三項規定之專案管理廠商。

（二）有採購法第五十條第二項前段規定之情形者。

（三）有採購法第五十九條規定得終止或解除契約之情形者。

（四）違反不得轉包之規定者。

（五）乙方或其人員犯採購法第八十七條至第九十二條規定之罪，經判決有罪確定者。

（六）因可歸責於乙方之事由，致延誤履約期限，情節重大者。

（七）偽造或變造契約或履約相關文件，經查明屬實者。

（八）無正當理由而不履行契約者。

（九）審查、查驗或驗收不合格，且未於通知期限內依規定辦理者。

（十）有破產或其他重大情事，致無法繼續履約。

（十一）乙方未依契約規定履約，自接獲甲方書面通知之次日起十日內或書面通知所載較長期限內，仍未改善者。

（十二）違反本契約第八條第十三款第一目至第三目情形之一，經甲方通知改正而未改正，情節重大者。

（十三）契約規定之其他情形。

二、甲方未依前款規定通知乙方終止或解除契約者，乙方仍應依契約規定繼續履約。

三、契約經依第一款規定或因可歸責於乙方之事由致終止或解除者，甲方得依法自行或洽其他廠商完成被終止或解除之契約；其所增加之費用及損失，由乙方負擔。無洽其他廠商完成之必要者，得扣減或追償契約價金，不發還保證金。甲方有損失者亦同。

四、甲方得自通知乙方終止或解除契約日起，扣發乙方應得之服務費，包括尚未領取之服務費用等，並不發還乙方之保證金。至本契約經甲方自行或洽請其他廠商完成後，如扣除甲方為完成本契約所支付之一切費用及所受損害後有剩餘者，甲方應將該差額給付乙方；無洽其他廠商完成之必要者，亦同。如有不足者，乙方及其連帶保證人應將該項差額賠償甲方。

五、契約因政策變更，乙方依契約繼續履行反而不符公共利益者，甲方得報經上級機關核准，終止或解除部分或全部契約，並補償乙方因此所受之損失。但不包含所失利益。

六、依前款規定終止契約者，乙方於接獲甲方通知前已完成且可使用之履約標的，依契約價金給付；僅部分完成尚未能使用之履約標的，甲方得擇下列方式之一洽乙方為之：

（一）乙方繼續予以完成，依契約價金給付。

（二）停止履約，但乙方已完成部分之服務費用由雙方議定之。

七、非因政策變更而有終止或解除契約必要者，準用前二款規定。

八、乙方未依契約規定履約者，甲方得通知乙方部分或全部暫停執行，至情況改正後方准恢復履約。乙方不得就暫停執行請求延長履約期限或增加契約價金。

九、因非可歸責於乙方之情形，甲方通知乙方部分或全部暫停執行，應補償乙方因此而增加之必要費用，並應視情形酌予延長履約期限。

十、因非可歸責於乙方之情形而造成停工時，乙方得要求甲方部分或全部暫停執行監造工作。

十一、依前二款規定暫停執行期間累計逾六個月（甲方得於招標時載明其他期間）者，乙方得通知甲方終止或解除部分或全部契約。

十二、乙方不得對甲方人員或受甲方委託之廠商人員給予期約、賄賂、佣金、比例金、仲介費、後謝金、回扣、餽贈、招待或其他不正利益。複委託分包廠商亦同。違反上述規定者，甲方得終止或解除契約，或將溢價及利益自契約價款中扣除。

十三、本契約終止時，自終止之日起，雙方之權利義務即消滅。契約解除時，溯及契約生效日消滅。雙方並互負相關之保密義務。

第十七條　爭議處理

一、甲方與乙方因履約而生爭議者，應依法令及契約規定，考量公共利益及公平合理，本誠信和諧，盡力協調解決之。其未能達成協議者，得以下列方式處理之：

（一）依採購法第八十五條之一規定向採購申訴審議委員會申請調解。

（二）刪除

（三）依採購法第一百零二條規定提出異議、申訴。

（四）提起民事訴訟。

（五）依其他法律申（聲）請調解。

（六）依契約或雙方合意之其他方式處理。

二、依採購法規定受理調解或申訴之機關名稱：○○市政府採購申訴審議委員會；地址：○○市○○區○○路○號○樓；電話：1999（外縣市 XXXXXXXX）轉 XXXX。

三、履約爭議發生後，履約事項之處理原則如下：

（一）與爭議無關或不受影響之部分應繼續履約。但經甲方同意無需履約者不在此限。

（二）乙方因爭議而暫停履約，其經爭議處理結果被認定無理由者，不得就暫停履約之部分要求延長履約期限或免除契約責任。但結果被認定部分有理由者，由雙方協議延長該部分之履約期限或免除該部分之責任。

四、本契約以甲方之本國法律為準據法，並以臺灣○○地方法院為管轄法院。

第十八條　其他

一、乙方對於履約所僱用之人員，不得有歧視婦女、原住民或弱勢團體人士之情事。

二、乙方履約時不得僱用甲方之人員或受甲方委託辦理契約事項之機構之人員。

三、乙方授權之代表應通曉中文或甲方同意之其他語文。未通曉者，乙方應備翻譯人員。

四、甲方與乙方間之履約事項，其涉及國際運輸或信用狀等事項，契約未予載明者，依國際貿易慣例。

五、甲方及乙方於履約期間應分別指定授權代表，為履約期間雙方協調與

契約有關事項之代表人。

六、乙方參與公共工程可能涉及之法律責任，請查閱行政院公共工程委員會 97 年 2 月 4 日工程企字第 09700056250 號函（公開於行政院公共工程委員會資訊網站 http://www.pcc.gov.tw/ 法令規章 / 政府採購法規 / 採購法規關解釋函），乙方人員及其他技術服務或工程廠商應遵守法令規定，善盡職責及履行契約義務，以免觸犯法令或違反契約規定而受處罰。

七、送達方式：

（一）依第一條第五項第 3 款書面之遞交，如涉雙方權益或履約爭議之通知事項，均應以中文書面為之，並於送達對方時生效。除於事前取得他方同意變更地址者外，雙方之地址應以下列為準。甲方地址：○○市○○區○○路○號○樓，乙方地址： _____ 。

（二）當事人之任一方未依前款規定辦理地址變更，他方按原址，並依當時法律規定之任何一種送達方式辦時，視為業已送達對方。

（三）前款地址寄送，其送達日以掛號函件執據、快遞執據或收執聯所載之交寄日期，視為送達。

八、本契約未載明之事項，依政府採購法及民法等相關法令。

參、契約簽署：

立契約人：

甲方：○○市政府環境保護局

代表人：局長 ○○○

地　址：○○市○○區○○路○號○樓

電　話：xxxxxxxx

乙方：○○工程顧問有限公司

　負責人：○○○

　統一編號：○○○○○○○○

　地　　址：○○市○○區○○路○○號○樓

　電　　話：xxxxxxxx

　中華民國○○○年○○月○○日

5-3 技術服務契約書其他附件

　　爲使讀者更進一步了解機關辦理技術服務標案之招標作業相關細節，本節增列本技術服務案例之投標須知及評審須知，供讀者參考。

一、投標須知：提供資料給有意參與投標的技術服務廠商，以了解本案需注意之投標事項。

第壹節　　總則

一、法令依據：本採購適用政府採購法（以下簡稱採購法）及採購法主管機關所訂定法規、釋函及相關規定。

二、採購標的名稱及案號：○○污水處理廠污水處理設施整修工程委託設計及監造服務。

三、本採購標的及採購金額級距：

　本採購標的：

　■勞務。

　本採購屬：

　■逾公告金額十分之一未達公告金額之採購。

四、本採購

　■非屬特殊採購。

五、本採購招標方式

■本採購為逾公告金額十分之一未達公告金額之採購

■中央機關未達公告金額採購招標辦法第 2 條第 1 項第 1 款

■公開取得書面報價或企劃書

■公開取得企劃書及書面報價（本案業經機關首長或其授權人員核准，本次公告未能取得 3 家以上廠商之書面報價或企劃書時，將改採限制性招標方式辦理。）

六、本採購

■訂底價，但不公告底價。

七、本採購

■未保留增購權利。

八、本採購

■不適用我國締結之條約或協定，外國廠商：

■不可參與投標。但我國廠商所供應財物或勞務之原產地得為外國者。

九、領標：

（一）領標期限：自公告日起至截止收件期限止（詳招標公告）。

（二）領標方式：

■1. 專人及郵遞購領：地址：○○市○○路○號○樓

■2. 電子領標：詳本須知附錄一（電子領標作業說明）。（網址 http://web.pcc.gov.tw/）

十、郵購招標文件或電子領標，請自行考量郵遞或下載時程，不論投標或得標與否，招標文件之工本費概不退還。如本案因故流標、廢標、暫停招標後重行招標或變更招標文件，已購買招標文件廠商得持收據，向本機關換取新招標文件。

十一、本採購案之招標文件，務請詳爲檢閱點清，如有遺漏，應即請本機關補足。投標廠商應於投標前詳閱招標文件，並得自行赴相關履約地點勘查。

十二、廠商對招標文件內容如有疑義，應於等標期之四分之一（不足1日以1日計）期限前，以書面向本機關提出，該期限自公告日或邀標日起算，詳細日期詳招標公告；另本機關釋疑之期限不逾截止投標日或資格審查截止收件日之前1日。

第貳節　投標廠商資格條件

十三、投標廠商基本資格及應附證明文件如下（如勾選者）：

（一）與招標標的有關者：

1. 廠商登記或設立證明：需符合下列行業。

■勞務採購

■工程技術顧問公司：

a. 工程技術顧問公司登記證。

b. 技師執業執照，科別：環工或土木。

c. 中華民國工程技術顧問商業同業公會或地方同業公會之會員證。

以上廠商登記或設立證明，廠商得以列印公開於目的事業主管機關網站之資料代之。廠商附具之證明文件，其內容與招標文件之規定有異，但截止投標前公開於目的事業主管機關網站之該廠商最新資料符合招標文件規定者，本機關得允許廠商列印該最新資料代之。

2. 廠商納稅證明：

(1) 營業稅繳稅證明：爲營業稅繳款書收據聯或主管稽徵機關核章之最近1期營業人銷售額與稅額申報書收執聯。

廠商不及提出最近 1 期證明者，得以前 1 期之納稅證明代之。新設立且未屆第 1 期營業稅繳納期限者，得以營業稅主管稽徵機關核發之核准設立登記公函代之；經核定使用統一發票者，應一併檢附申領統一發票購票證相關文件。（本項適用於依營業稅法需報繳營業稅者之情形）

(2) 綜合所得稅證明：

最近 1 年綜合所得稅納稅證明或綜合所得稅結算申報繳費收執聯。廠商不及提出最近 1 年證明文件者，得以前 1 年之納稅證明文件代之。（本項適用於以自然人名義投標之情形）

(3) 營業稅或所得稅之納稅證明，得以相同期間內主管稽徵機關核發之無違章欠稅之查復表代之。

(4) 依法免繳納營業稅或綜合所得稅者，應繳交核定通知書影本或其他依法免稅之證明文件影本。

（二）與履約能力有關者：

1. 廠商信用證明：非拒絕往來戶及最近 3 年內無退票紀錄之票據交換所或受理查詢之金融機構出具之信用證明文件，並符合下列規定：

(1) 查詢日期，應為截止投標日前半年以內。

(2) 票據交換所或受理查詢之金融機構出具之第 1 類或第 2 類票據信用資料查覆單。

(3) 查覆單上應載明之內容如下：

  a. 資料來源為票據交換機構。

  b. 非拒絕往來戶。

c. 最近 3 年內無退票紀錄。(退票但已辦妥清償註記者，視同為無退票紀錄。機關有證據顯示廠商於截止投標期限前，係拒絕往來戶或有退票紀錄者，依證據處理。)

d. 資料查詢日期。

e. 廠商統一編號或名稱。

(4) 查覆單經塗改或無查覆單位圖章、該單位有權人員及經辦員簽章者無效。

（三）依政府機關組織法律組成之非公司組織事業機構，依法令免申請核發許可登記證明文件、公司登記或商業登記證明文件、承攬或營業手冊、繳稅證明文件或加入商業團體者，參加投標時，得免繳驗該等證明文件。

（四）投標廠商聲明書：

聲明書第 1 項至第 10 項應逐項填寫，投標人欄位應加蓋廠商及負責人印章或簽署。

（五）其他文件：

1. 工程及委託技術服務採購，投標廠商請詳閱「廠商參與公共工程可能涉及之法律責任」，依下列規定予以簽認切結並檢附以下切結書：

(1) 工程及委託技術服務採購投標廠商：切結書 1。

(2) 受聘於工程技術顧問公司之執業技師：切結書 2。

上開切結書未提出者仍為合格，惟應於簽約或開工前補正，未依規定期限提出者，本機關得暫停給付工程估驗款或服務費至得標廠商提出為止。

十四、（刪除）

十五、（刪除）

十六、本採購投標廠商應符合之資格之一部分：

　　　■不允許分包廠商就其分包部分具有者代替之。

十七、投標廠商應提出之資格證明文件，除招標文件另有規定者外，得以影本為原則。本機關得通知投標廠商提出正本供查驗，查驗結果如與正本不符，係偽造或變造者，依採購法第 50 條規定辦理。

十八、（刪除）

第參節　押標金

十九、押標金金額以不逾預算金額或預估採購總額之 5% 為原則，或不逾標價之 5% 為原則。但不得逾新臺幣 5,000 萬元，規定如下：

　　　■無需繳納（無需繳納者，以下第 20 點至第 28 點條文請刪除，並保留條次）

二十、（刪除）

二十一、（刪除）

二十二、（刪除）

二十三、（刪除）

二十四、（刪除）

二十五、（刪除）

二十六、（刪除）

二十七、（刪除）

二十八、（刪除）

第肆節　共同投標

二十九、本採購

　　　　■不允許共同投標

三十、（刪除）

三十一、（刪除）

三十二、（刪除）

三十三、（刪除）

三十四、（刪除）

第伍節　統包

三十五、本採購

　　　　■非採統包方式。

三十六、（刪除）

三十七、（刪除）

第陸節　投標

三十八、投標廠商標價幣別：

　　　　■新臺幣。

三十九、本採購

　　　　■不允許提出替代方案。

四十、（刪除）

四十一、投標廠商應詳閱招標文件之各項規定，並詳為估算其標價，以不易塗改之書寫工具，依規定格式填寫或鍵入相關投標文件。除招標文件另有規定者外，廠商不得擅改本機關原訂內容或附加任何條件（附有條件者，視為未附有）。招標文件附有單價分析表及供給材料表者，廠商投標時免附，但訂約時仍為契約附件。

四十二、廠商投標文件應分別依下列規定辦理：

　　　　■（一）刪除

　　　　　　（二）採一次投標分段開標或分段投標分段開標者：

■ 採取一次投標分段開標者，證件封、服務建議書或企劃書併投標書應分別書面密封後，採電子領標人工投標者併領標電子憑據書面明細，裝入投標封套（箱）內書面密封後，於截止收件期限前以郵遞或專人寄（送）達本機關投標，如有延誤應自行負責。

（三）證件封：分段開標者，裝入招標文件規定有關資格證件及領標電子憑據書面明細。

（四）刪除

（五）價格：

　　■本採購屬適用、準用最有利標或參考最有利標精神決標之採購案：

　　■未訂明固定費用（或費率）給付者（應備投標書，免另備價格封）：

　　投標廠商應依招標文件規定，於服務建議書（或企劃書）詳列報價內容，並填妥投標書，加蓋廠商及負責人印章或簽署後，併同服務建議書（或企劃書）投遞。

　　投標文件內記載金額之文字與號碼不符時，以文字為準；文字與文字不符時，以較低者為準。但投標書之報價不符招標文件規定者，依第57點規定仍為無效標。

（六）服務建議書或企劃書：裝入投標封套（箱）。

（七）投標封套（箱）：係指投標文件最外層之封套或不透明之容器，其封面應標示廠商名稱、地址及標案案號或採購名稱。

（八）證件封及投標封套，得使用本機關所提供者，亦得由投標廠商自行下載、製作或購用。但其封面內容應標示明

確，以避免開標審標發生錯誤，如無法判別所擬參加之標案者，視為不合格標。

四十三、同一廠商對同一標案只能寄送一份投標文件。廠商與其分支機構，或其二以上分支機構，均不得對同一標案分別投標。

採最低標決標，招標文件訂明投標廠商得以同一報價載明二以上標的供機關選擇者，不在此限。

四十四、經寄（送）達本機關之投標文件，除招標文件另有規定者外，投標廠商不得以任何理由請求發還、作廢、撤銷、更改，亦不允許依採購法第 33 條第 3 項及其施行細則第 32 條規定補正非契約必要之點之文件。

四十五、廠商有下列情形之一者，除招標文件另有規定者外，不得參加投標，除第 6 款情形外，並不得為分包對象：

（一）經依採購法第 103 條刊登於政府採購公報，且在不得參加投標之期限內者。

（二）廠商投標文件所標示之分包廠商，於截止投標或截止收件期限前係屬採購法第 103 條第 1 項規定期間內之廠商者。

（三）廠商之負責人或合夥人，與承辦本標的規劃、設計、施工或供應之專案管理廠商負責人或合夥人相同。

（四）廠商與承辦本標的規劃、設計、施工或供應之專案管理廠商，為關係企業或同一其他廠商之關係企業。

（五）廠商或其負責人，與本機關首長或補助機關首長或受補助之法人或團體負責人，或委託機關首長或受託法人或團體負責人，或洽辦機關首長，係本人、配偶、三親等以內之血親或姻親，或同財共居之親屬者。

（六）政黨及與其具關係企業關係之廠商。

（七）提供本標的規劃、設計服務之廠商。

（八）代擬本標的招標文件之廠商。

（九）提供本標的審標服務之廠商。

（十）提供本標的專案管理之廠商。

（十一）因履行本機關契約而知悉其他廠商無法知悉或應秘密之資訊，於使用該等資訊有利其得標之廠商。

（十二）屬公職人員利益衝突迴避法第 2 條及第 3 條所稱公職人員或其關係人，涉及該法第 9 條『公職人員或其關係人，不得與公職人員服務之機關或受其監督之機關為買賣、租賃、承攬等交易行為』者。

　　■ 前項第（七）款及第（八）款之情形，本機關依採購法施行細則 38 條第 2 項審查後：

　　■ 不同意該廠商參加投標、作為決標對象或分包廠商或協助投標廠商。

　　本機關於決標或簽約後，始發現廠商有第 1 項情形者，應依採購法第 50 條規定辦理。

四十六、截止投標日或開標日為辦公日，而該日因故停止辦公，除招標文件另有規定或本機關另有公告者外，以其次一辦公日之同一截止投標或開標時間代之，機關得視需要予以延長。

四十七、廠商投標時其他應行注意事項：

（一）投標文件（含報價有效期，下同）有效期自投標時起至開標後 45 日止。但得經廠商書面同意後，投標文件有效期延長至實際決標日，押標金之有效期一併延長；如廠商不同意延長，投標文件逾上開有效期，則依第 57 點第 1 項第 5 款規定判為無效標。

（二）投標廠商之投標文件，應僅限於招標文件有規定，且與招標標的有關者。與規格有關之定型化產品型錄或說明書，招標文件未規定應整冊提出時，僅得附招標文件有規定且與招標標的有關者。其他文件，應避免附入投標文件內，投標文件如附有非屬招標文件規定之文件，視同未附，且本機關不予審查，投標廠商亦不得以此文件向本機關有所主張。

（三）投標廠商提出之定型化產品型錄或說明書，不得附記招標文件未規定之條件。如附有該等文字，視為未附記。

（四）投標文件除招標文件另有規定者外，以中文為準。

（五）招標文件規定得以外國文字書寫檢附之投標文件，應附中文譯本，其中文譯本之內容與原文不一致時，除資格文件以原文為準外，餘投標文件均以中文譯本為準。

（六）投標廠商因投標所需之任何費用，不論本標案有無決標，均由投標廠商自行負擔。

第柒節　開標及審標

四十八、本機關會同相關機關及單位，依招標公告所定之時間及地點：本局○樓開標室開標，並以本機關名義決標。但招標文件另有規定者，依其規定。

四十九、開標現場注意事項：

（一）投標廠商請依照公告開標之時間及地點（本機關不另行通知），由負責人或代理人攜帶授權書正本參與開標，並依本機關要求出示之；外國廠商如委由代理人者，授權書應經公證或認證。

（二）授權書之填寫詳如授權書之注意事項（如附錄八）。

（三）廠商負責人如未到場或代理人未攜帶授權書，依本須知第
　　　70點之規定，視同放棄參與開標或當次提出說明、減價、
　　　比減價格、協商、更改原報內容或重新報價之權益。

（四）開標案件每一投標廠商得參加人數為 [2] 人。

（五）開標現場使用語言、文字等皆以中文表達，投標廠商（含
　　　外國廠商）若有需要應自聘翻譯人員會同出席翻譯。

五十、辦理公開招標，除有採購法第 48 條第 1 項各款情形之一不予開標
　　　決標外，符合下列各款之合格廠商家數在法定家數以上時，應即依
　　　招標文件所定時間開標決標：

（一）依採購法第 33 條規定將投標文件書面密封，於投標截止期
　　　限前送達招標機關或其指定之場所。

（二）無採購法第 50 條第 1 項規定不予開標之情形。

（三）無採購法施行細則第 33 條第 1 項及第 2 項規定不予開標之
　　　情形。

（四）無採購法第 38 條及其施行細則第 38 條第 1 項規定不得參加
　　　投標之情形。

五十一、本採購案，如有 3 家以上合格廠商投標，開標後有 2 家以上廠商
　　　　有下列情形之一，致僅餘 1 家廠商符合招標文件規定者，本機關
　　　　得依採購法第 48 條第 1 項第 2 款「發現有足以影響採購公正之
　　　　違法或不當行為者」或第 50 條第 1 項第 7 款「其他影響採購公
　　　　正之違反法令行為」處理：

（一）投標文件為空白文件、無關文件或標封內空無一物。

（二）資格、規格或價格文件未附或不符合規定。

（三）其他疑似刻意造成不合格標之情形。

五十二、開標時應宣布投標廠商之名稱或代號、家數及其他招標文件規定

宣布之事項。其有標價者,並宣布之。

五十三、依採購法第 42 條第 1 項就資格、規格(或評選)與價格採取分段投標、開標之標案,其第一階段已達法定家數而開標者,後續階段之開標,不受廠商家數之限制。

五十四、本採購

■ 不採行協商措施。

五十五、開標審標之順序,除招標文件另有規定者從其規定外,依下列規定辦理:

■ 一次投標分段開標或分段投標分段開標者:

■ 公開招標,資格與價格一次投標分段開標。

依下列順序開標審標,未通過前一階段審標之投標廠商,後續階段之標封不予開啓審查或不通知其投遞下一階段標:

1. 開啓證件封,審查資格。

2. 無價格封者,逕行審查價格。

五十六、本機關審查廠商投標文件時,發現其內容不明確、不一致或明顯打字或書寫錯誤情形者,得通知投標廠商提出說明,以確認其正確之內容。如係明顯打字或書寫錯誤且與標價無關者,得允許廠商更正。

五十七、廠商之投標文件於開標審標時發現有下列情形之一者,判定爲無效標,但經本機關依第 56 點規定可釐清者,不在此限:

(一)投標文件未依第陸節投標之規定辦理者。

(二)資格文件經審查結果有下列情形者:

　　1. 刪除

　　2. 資格文件:

　　　(1) 有第 43 點第 1 項之情形者。

(2) 未依本須知規定檢附廠商資格文件者。

(3) 未提出投標廠商聲明書、聲明書第 1 項至第 10 項未逐項填寫或有 1 項以上填「是」或未加蓋廠商及負責人印章或簽署者。

（三）規格文件審查結果不符合招標文件規定者。

（四）價格文件審查結果未合招標文件規定者：

1.投標書或詳細價目表：

(1) 與本機關提供樣式不符。

(2) 未依規定格式填寫或鍵入。

(3) 使用鉛筆或其他易塗改工具書寫。

(4) 擅改本機關原訂內容。

(5) 採適用最有利標決標之採購，除招標文件規定價格納入協商項目者外，標價超過本機關公告之預算金額者。

2.投標書除前目規定外，有下列情形之一者，仍屬無效標：

(1) 報價未以中文數目字填寫或鍵入。

(2) 書寫或列印模糊不清，難以辨識。

(3) 破損致部分文字缺少。

(4) 未加蓋廠商或負責人印章或簽署，或其印文或簽署不能辨識。

(5) 塗改處未加蓋廠商或負責人之印章或署名。

(6) 未能辨識標價之情形者。

（五）投標文件之有效期已屆且不同意延長者。

（六）有採購法第 50 條第 1 項情形之一者：

1. 未依招標文件之規定投標。

2. 投標文件內容不符合招標文件之規定。

3. 借用或冒用他人名義或證件，或以偽造、變造之文件投標。

4. 偽造或變造投標文件。

5. 不同投標廠商間之投標文件內容有重大異常關聯者。

6. 第 103 條第 1 項不得參加投標或作為決標對象之情形。

7. 其他影響採購公正之違反法令行為。

（七）前款第 5 目所稱「重大異常關聯者」，依採購法主管機關 91 年 11 月 27 日工程企字第 09100516820 號令，其認定為有下列情形之一者：

1. 投標文件內容由同一人或同一廠商繕寫或備具者。

2. 押標金由同一人或同一廠商繳納或申請退還者。

3. 投標標封或通知本機關信函號碼連號，顯係同一人或同一廠商所為者。

4. 廠商地址、電話號碼、傳真機號碼、聯絡人或電子郵件網址相同者。

5. 其他顯係同一人或同一廠商所為之情形者。

（八）招標文件規定應提出分包廠商者，廠商投標文件所提出之分包廠商，於投標日以前已屬採購法第 103 條第 1 項規定期間內不得參加投標或作為決標對象或分包之廠商者。

（九）開標時領標電子憑據書面明細經政府採購領投標系統檢核後，有下列情形之一：

1. 領標電子憑據書面明細編號重複者。

2. 提供之領標電子憑據書面明細非本標案或未檢附領標電

子憑據書面明細，經本機關依採購法第 51 條及其施行
細則第 60 條規定，通知廠商提出說明，仍無法提出本
標案領標電子憑據書面明細者。

五十八、廠商投標文件，原則不予發還，但有下列情形得發還之：

（一）參加投標廠商或合格廠商未達法定家數而流標時，其投標
文件除投標封套（或其影本）本機關必須留存外，其餘部
分得經廠商要求並簽收後領回。

（二）本標案如有採購法第 48 條第 1 項各款情形之一而不予開
標時，投標文件得由廠商簽收後領回。

（三）本標案開標後因故廢標時，其投標文件原則不發還，但得
經廠商要求並簽收後發還其影本，或於影本上加蓋廠商或
負責人印章或簽署由機關留存後，發還其正本。

（四）採一次投標分段開標者，未通過前一階段審標之廠商，其
尚未開標部分之投標文件得由廠商簽收後領回。

第捌節　決標

五十九、本採購決標原則及決標方式：

（一）決標原則：

■逾公告金額十分之一未達公告金額之採購參考最有利標
精神，作業程序依第 65 點規定辦理。

（二）決標方式：

■總價決標。

六十、（刪除）

六十一、同質採購最低標決標原則：

（一）除招標文件另有規定者外，標價以投標書上中文數目字填
寫之總價為準，經審查以合於招標文件規定且在底價（未

訂底價之採購為評審委員會建議之金額或預算金額，下同）以內之最低標價廠商，且無採購法第 58 條「總標價或部分標價偏低，顯不合理，有降低品質，不能誠信履約之虞或其他特殊情形」者，為得標廠商。

（二）合於招標文件規定之廠商標價均超過底價時，除廠商在減價或比減價前有第 49 點及第 70 點視同放棄之情形外，本機關得洽最低標廠商減價一次；減價結果仍超過底價時，得由所有合於招標文件規定之投標廠商比減價格；比減價格不得逾 3 次。經減價或比減價格結果在核定底價以內時，除有最低標廠商之標價偏低，顯不合理之情形外，應即宣布決標予最低標廠商。

（三）最低標廠商優先減價時，應書明減價金額，如逕以書面表示減至底價或評審委員會建議之金額（未訂底價之採購）時，其優先減價應視同無效，續由所有合於招標文件規定之廠商（包括最低標廠商）進行比減價格。比減價格時，若有 2 家以上繼續比減，應書明減價金額，其有逕以書面表示減至底價或評審委員會建議之金額（未訂底價之採購）時，視同放棄當次減價權益，該廠商當次減價應視同無效。

（四）比減價格時，僅餘 1 家廠商繼續減價者，該廠商以書面表示減至底價或評審委員會建議之金額，或照底價或評審委員會建議之金額再減若干數額者，本機關應予接受並決標予該廠商。

（五）合於招標文件規定之廠商僅有 1 家或議價方式辦理，其標價超過底價，經洽該廠商減價，其減價次數不得逾 6 次。

洽減結果廠商書面表示減至底價，或照底價再減若干數額者，本機關應予接受，並決標予該廠商。

（六）最低標價廠商如有 2 家以上之標價相同，而比減價格次數未達 3 次，且在底價以內均得為決標對象時，應由該等廠商再比減 1 次，以低價者決標。比減價後之標價仍相同，由開標主持人按廠商投標書編號順序代為抽籤決定得標廠商。

（七）除有本點第（四）款及第（五）款表示減至底價或照底價再減若干數額之情形外，投標廠商應以中文數目字或阿拉伯數字書面表示減價後之標價金額。

（八）開標主持人於第 1 次比減價格前，應宣布最低標價廠商減價結果，第 2 次或第 3 次比減價格前，應宣布前一次比減價格之最低標價。參加比減價格之廠商未能減至低於開標主持人所宣布之前一次減價或比減價之最低標價，或有第 49 點視同放棄之情形者，本機關不通知其參加下一次之比減價格或協商。

（九）超底價決標：

1. 訂有底價之採購，經比減價格結果，擬決標之最低標價超過核定底價但不逾預算數額，本機關確有緊急情事需決標時，其辦理程序分述如下：

(1) 逾底價之 8%：本機關應即宣布廢標。

(2) 不逾底價之 4%：除經原底價核定人或其授權人員核准逕予決標外，得取其最低標價當場予以保留決標，並經原底價核定人或其授權人員核准後予以決標。

(3) 逾底價之 4% 但不逾底價之 8%：

未達查核金額之採購：除經原底價核定人或其授權人員核准逕予決標外，得取其最低標價當場予以保留決標，並經原底價核定人或其授權人員核准後予以決標。

（十）刪除

（十一）標價偏低且顯不合理之處置：（依政府採購法第 58 條處理總標價低於底價 80% 案件之執行程序處理）

1. 標價偏低之認定，依採購法施行細則第 79 條及第 80 條規定辦理。

2. 開標審查結果，僅有 1 家廠商得爲決標對象，其總標價偏低且顯不合理，依採購法第 58 條規定辦理。

3. 最低標之總標價低於底價之 80%，本機關依採購法主管機關訂頒之「依政府採購法第 58 條處理總標價低於底價 80% 案件之執行程序」規定辦理。（請機關將該執行程序併附於投標須知）

4. 最低標之總標價低於底價之 80%，然未低於「各有效標廠商總標價平均值之 80%」時，本機關得依前揭執行程序項次二照價決標予最低標。前揭「各有效標廠商總標價平均值之 80%」之計算，有效標之標價有明顯差異者，得予剔除，不列入計算。（例如：廠商總標價高於預算金額、標價無法辨識或標價明顯錯誤等）

5. 機關依本程序不決標予最低標廠商後，視情形爲下列之處理：

(1) 次低標廠商標價未超過底價者：以次低標廠商爲

最低標廠商，其仍有標價偏低情形者，適用本款

之作業程序規定。

(2) 次低標廠商標價超過底價者：機關得以合於招標

文件規定之廠商依採購法第 53 條之規定辦理減

價、比減價格，或重行辦理招標。

六十二、（刪除）

六十三、最符合需要決標原則：

　　資格或規格經審查合格之廠商，由本機關通知參加評審。評審

依下列規定辦理：

（一）依招標文件及採購法相關規定進行評審。本機關並應於採

　　購評審小組成立時，一併成立工作小組，協助本採購案評

　　審小組辦理與評審有關之作業。

（二）「評審項目」、「評審標準」依評審須知規定，評定方式詳

　　本點第 5 款。

（三）投標廠商依招標文件規定進行簡報時，應以投標文件之內

　　容為限，不得於簡報時再發放簡報資料，如另外提出變更

　　或補充資料者，該資料不納入評審。簡報詢答過程中，評

　　審小組不得要求廠商提供機關回饋或要求更改投標文件。

（四）評審小組評審時，依招標文件規定，必須由投標廠商進行

　　簡報者，投標廠商未出席簡報及現場問答者，不影響其投

　　標文件之有效性。但評審項目列有簡報評審項目者，該項

　　目以零分計。

（五）評定最有利標之方式，依下列方式之一辦理：

　　■序位法：

　　■價格納入評比，以序位第一，經■機關首長□評審小組

　　過半數之決定者為最有利標。

序位計算方式，係以評選委員各評選項目之分別評分後予以加總，並依加總分數高低轉換爲序位，彙整合計各廠商之序位，以合計值最低者爲序位第一。

（六）刪除

（七）評定方式採序位法者（價格納入評比），評審結果有 2 家以上序位同爲第一，且均得爲決標對象時依下列方式之一決定最符合需要廠商。但綜合評審已達 3 次者，逕行抽籤決定之。

■擇獲得評審小組評定序位第一較多者爲序位第一；仍相同者，抽籤決定之。

（八）刪除

（九）評審結果，應經本機關首長或其授權人員核定後，依規定辦理決標程序。

（十）以總評分法或序位法評定最有利標者，其評審結果如無法依機關首長或評審小組出席人員過半數之決定最有利標時，得依第 54 點規定標示得更改項目之內容採行協商措施，再作綜合評審，綜合評審不得逾 3 次。未採協商措施者，則予以廢標。

六十四、

（一）刪除

（二）序位法採價格納入評分（比），評定結果，有 2 家以上總評分同爲最高、序位同爲第一時，以標價低者優先議價；但廠商報價仍相同時，其評定方式分別準依前點第 7 款之規定辦理。

六十五、逾公告金額十分之一未達公告金額之採購案，參考最有利標者：

（一）參考第 63 點第 5 款之評定方式：序位法，擇符合需要之
廠商依下列方式辦理：

■擇符合需要者依符合需要之序位依序議價，符合需要廠
商家數上限：＿＿＿家。未載明者，爲經評審結果符合
需要之家數。

（二）於完成議價或比價後決標。前款各目議、比價程序依第 61
點規定辦理。

（三）符合需要者總評分最高、價格與總評分之商數最低、或序
位第一之廠商，有 2 家以上相同時，準依第 64 點第 2 款
之規定辦理。

六十六、（刪除）

六十七、（刪除）

六十八、（刪除）

六十九、（刪除）

七十、視同放棄情形指本機關依採購法第 51 條、第 53 條、第 54 條或第
57 條規定辦理時，通知廠商說明、減價、比減價、協商、更改原
報價內容或重新報價，廠商未依通知期限辦理或未到場者。但投
標廠商放棄說明、減價、比減價、協商、更改原報內容或重新報
價，其不影響該廠商爲合於招標文件規定之廠商者，仍得爲決標對
象。

七十一、（刪除）

第玖節　履約保證金

七十二、（刪除）

七十三、履約保證金：

（一）履約保證金以不逾預算金額或預估採購總額之 10% 爲原

則，或以不逾契約金額之 10% 爲原則，規定如下：

■ 投標廠商應繳納履約保證金，額度爲新臺幣○萬元。

（二）保固保證金以不逾預算金額或預估採購總金額之 3% 爲原則，或以不逾契約金額之 3% 爲原則，規定如下：

■ 無需繳納。

（三）刪除

■（四）未達公告金額之採購：

■ 不允許得標廠商提出符合招標文件所定投標廠商資格條件之其他廠商之履約及賠償連帶保證代之。

（五）履約保證金及保固保證金應以得標廠商之名義繳納。

（六）刪除

（七）履約保證金之有效期，除招標文件另有規定者外，財物及勞務採購應較履約期限長 90 日以上，廠商未能依契約規定期限履約或因可歸責於廠商之事由致無法於有效期內完成驗收者，履約保證金之有效期應按遲延期間延長之。

（八）除招標文件另有規定外，履約保證金之繳納期限爲決標次日起 15 日內。

七十四、得標廠商未依規定期限繳納履約保證金，或繳納之額度不足或不合規定程式者，本機關不予受理。但其情形可以補正者，本機關得通知得標廠商限期補正；逾期不補正者，不予受理，並依採購法令及招標文件規定辦理。

七十五、投標廠商得以下列一種以上方式繳納履約保證金：

（一）現金。

（二）金融機構簽發之本票、支票或保付支票。

（三）郵政匯票。

（四）無記名政府公債。

（五）設定質權之金融機構定期存款單。

（六）銀行開發或保兌之不可撤銷擔保信用狀。

（七）銀行書面連帶保證書。

（八）保險公司之連帶保證保險單。

前項第 5 款至第 8 款之保證金格式應符合採購法主管機關所訂之格式。保證金以金融機構簽發之支票、本票、保付支票、郵政匯票繳納者，應為即期並以本機關為受款人。以設定質權之金融機構定期存款單、銀行開發或保兌之不可撤銷擔保信用狀、銀行書面連帶保證、保險公司之連帶保證保險單或其他擔保繳納者，依其性質，應分別記載本機關為質權人、受益人、被保證人或被保險人。

保固保證金除得依第一項方式繳納外，亦得由應給付廠商之契約價金及保留款或未發還之保證金優先抵繳。

七十六、履約保證金之繳納：

（一）現金、金融機構簽發之本票或支票、保付支票、郵政匯票、無記名政府公債：得標廠商以現金繳納者應在招標文件所訂之繳納期限前，逐繳至或電匯入○○銀行 _ 公庫部戶名 _ ○○○○ _ 帳號 xxxxx 帳號，並取具收據聯送本機關核對，以憑換領本機關正式收據；除現金（招標文件另有規定者從其規定）外，得標廠商得逕向本機關出納單位繳納，由本機關發給正式收據。

（二）設定質權之定期存款單：

得標廠商應自行衡酌設定質權之辦理時間，並至少在招標文件所訂之繳納期限前，持中央目的事業主管機關登記核

准之金融機構簽發之定期存款單所附之空白定期存款質權設定申請書，向本機關申請在該申請書上用印，俟本機關蓋妥後，攜帶該申請書逕向該簽發定期存款單之金融機構辦理質權設定，設定完妥後，廠商應在履約保證金繳納期限前將定期存款單、定期存款單設定覆函繳納至本機關，並由本機關發給正式收據。

（三）銀行開發或保兌之不可撤銷擔保信用狀：

得標廠商應自行向銀行申請辦理不可撤銷擔保信用狀，信用狀上應以特別條款註明可分批次求償，得標廠商應在招標文件所訂之繳納期限前將信用狀、空白匯票 4 張以上及匯票承兌申請書 4 張以上繳納至本機關。並由本機關發給正式收據。

（四）銀行書面連帶保證：

得標廠商應自行向銀行申請辦理履約連帶保證金保證書，該保證書應由銀行負責人或代表人簽署，加蓋銀行印信或經理職章後，在招標文件所訂之繳納期限前繳納至本機關，並由本機關發給正式收據。

（五）保險公司之連帶保證保險單：

得標廠商應在招標文件所訂之繳納期限前，與保險公司簽訂履約保證金保單後繳納至本機關。並由本機關發給正式收據。

七十七、得標廠商以銀行之書面連帶保證或開發或保兌之不可撤銷擔保信用狀繳納履約保證金者，本機關得視該銀行之債信、過去履行連帶保證之紀錄等，審核後始予接受。

七十八、本機關同意以連帶保證廠商代之者，其提出連帶保證廠商文件之

期限準用保證金之規定，連帶保證責任不因保證金分次發還而遞減；保證金有不發還之情形者，得標廠商及連帶保證廠商應向本機關補繳該不發還金額中原由連帶保證取代之同比例金額。但依情形已洽由連帶保證廠商履約者，免予補繳。以上二情形應於該連帶保證文件中敘明。

七十九、得標廠商以優良廠商之獎勵優惠（詳第拾壹節）併以其他廠商之履約及賠償連帶保證繳納履約保證金及保固金者：得標廠商得依第拾壹節規定以優良廠商之獎勵優惠扣抵履約保證金及保固金之50%，另以其他廠商之履約及賠償連帶保證扣抵 25%，餘 25% 應依第 76 點之一種以上方式繳納。

八十、（刪除）

八十一、履約保證金之發還詳契約約定。

第拾節　簽訂契約

八十二、除招標文件另有規定者外，得標廠商應於決標次日起 10 日內至本機關辦理資格文件正本核對手續。

八十三、除招標文件另有規定者外，得標廠商應於決標次日起 15 日內，按照本機關所規定之格式及所需文件，與本機關簽訂契約。契約書之製作裝訂由得標廠商為之，其所需費用由得標廠商負擔。

八十四、除招標文件另有規定者外，簽訂契約時詳細價目表、單價分析表或其他相關書表所列各項目之單價，依本機關原列預算單價，以決標總價與預算總價比例調整為原則；有特殊情形或得標廠商認為某項目單價不合理時，得於訂約時由本機關與得標廠商協議調整之。

工程採購之安全衛生費用之競標調整原則：安全衛生經費項下之各項單價，將依本機關原列預算單價以核定底價與詳細價目表

總價之比例調整之，不隨得標廠商標價調整。

八十五、採最低標決標得標廠商於決標後有下列情形之一者，撤銷決標或解除契約：

（一）除招標文件另有規定者外，未於決標次日起 10 日內辦理資格文件正本核對手續者。

（二）核對資格文件正本時，正本不符規定或影本與正本不符者。但於投標後奉目的事業主管機關規定或核准變更內容或延長有效期限者，不在此限。

（三）未於規定期限內繳足履約保證金或拒絕繳交或拒絕提供擔保者。

（四）未於規定期限內至本機關辦理契約簽訂手續，或以任何理由放棄承攬或拒不簽約者。

（五）符合採購法第 50 條第 1 項各款情形之一而為撤銷決標或解除契約者。

有前項情形時，本機關得依下列方式辦理：

（一）重行辦理招標。

（二）以原決標價依決標前各投標廠商標價之順序，自標價低者起，依序洽其他合於招標文件規定之未得標廠商減至該決標價後決標。其無廠商減至該決標價者，得依採購法第 52 條第 1 項第 1 款、第 2 款及招標文件所定決標原則辦理決標。

八十六、採最有利標、準用最有利標或以最有利標精神決標而有前點各款情形之一者，本機關除得重行辦理招標外，並得依下列方式辦理：

（一）適用最有利標決標或以複數決標最有利標競標精神辦理之

　　　採購，得召開評選委員會會議，依招標文件規定重行辦理
　　　評選。

（二）準用最有利標決標之採購，優勝廠商在 2 家以上者，依合
　　　於招標文件之未得標廠商優勝序位，依序以議價方式辦理。

（三）未達公告金額之採購，以最有利標競標精神擇符合需要者
　　　進行議價或比價；符合需要者在 2 家以上時，依合於招標
　　　文件之未得標廠商符合需要序位，依序以議價方式辦理。

第拾壹節　優良廠商之獎勵優惠

八十七、本須知所稱優良廠商之資格爲符合下列情形之一者：

（一）經採購法主管機關或相關中央目的事業主管機關評定爲優
　　　良廠商，並經採購法主管機關認定而於指定之資料庫公告
　　　者。

（二）經本府依規定評爲優良廠商，且於指定之資料庫公告者。

（三）依其他法令評定爲優良廠商，而該法令未明定需於招標文
　　　件規定或於採購法主管機關指定之資料庫公告者，從其規
　　　定。

八十八、優良廠商在獎勵期間內，參加本機關採購時，其押標金、履約保
　　　　證金及保固保證金金額減收 50%，屬依營造業法規評定爲優良
　　　　營造業者，保留款併予減收 50%，繳納或扣留後方爲優良廠商
　　　　者，不溯及適用減收規定。

　　　　獎勵期間依採購法主管機關或各中央目的事業主管機關之主管
　　　　法令規定；無獎勵期間規定者，自公告日起 1 年。屬第 87 點第
　　　　3 款情形且未在採購法主管機關指定之資料庫公告之優良廠商
　　　　者，廠商投標時應檢附相關證明文件，其押標金方適用獎勵；本
　　　　點所訂其他獎勵得於得標後檢具提出辦理。

八十九、優良廠商於獎勵期間承攬之採購案，於獎勵期間依契約規定繳納之履約保證金及扣留之保留款，得依第 88 點規定獎勵，履約期間無招標文件規定應不發還或補繳情形者，獎勵期間屆滿，免補繳減收（扣）之金額。

九十、優良廠商承攬之採購案，驗收合格日在獎勵期間者，保固保證金依第 88 點規定獎勵，保固期間無招標文件規定之應動用或補繳情形者，獎勵期間屆滿，免補繳減收之金額；部分驗收並就該部分起算保固者，亦同。

九十一、允許共同投標案之採購，優良廠商非屬單獨投標者，其押標金、履約保證金、保固保證金及保留款之獎勵優惠方式，應依經公證或認證之共同投標協議書中，記載該優良廠商主辦項目所占契約金額比率乘以減收比率（50%）計算。前項保固保證金之獎勵優惠方式，得依驗收合格後由共同投標廠商各成員提出該優良廠商履約實績占契約價金總額（為訂約總價依歷次契約變更金額、按契約約定實做數量結果金額、物價調整款、減價收受之減少金額等調整結果之金額，於本點執行為結案時之契約價金總額，即結算總價）之比率認定之。

九十二、經採購法主管機關或相關中央目的事業主管機關取消優良廠商資格者，或經各機關依採購法第 102 條第 3 項規定刊登政府採購公報，且尚在採購法第 103 條第 1 項所定期限內者，廠商應就屬減收之金額補繳之。本機關將以最大公共利益及不影響採購進度為原則，與得標廠商協議適當補繳期限。其有依招標文件規定不發還押標金或保證金之情形者，亦同。

九十三、經本府取消優良廠商資格者，準用第 92 點規定。

第拾貳節　廠商之拒絕往來

九十四、本機關發現廠商有下列情形之一者，應將其事實及理由通知廠
　　　　商，並附記如未提出異議者，將刊登政府採購公報，並依採購法
　　　　第 102 條、第 103 條規定辦理對廠商之停權處分：

（一）容許他人借用本人名義或證件參加投標者。

（二）借用或冒用他人名義或證件，或以偽造、變造之文件參加
　　　　投標、訂約或履約者。

（三）擅自減省工料情節重大者。

（四）偽造、變造投標、契約或履約相關文件者。

（五）受停業處分期間仍參加投標者。

（六）犯採購法第 87 條至第 92 條之罪，經第一審為有罪判決者。

（七）得標後無正當理由而不訂約者。

（八）查驗或驗收不合格，情節重大者。

（九）驗收後不履行保固責任者。

（十）因可歸責於廠商之事由，致延誤履約期限，情節重大者。

（十一）違反採購法第 65 條之規定轉包者。

（十二）因可歸責於廠商之事由，致解除或終止契約者。

（十三）破產程序中之廠商。

（十四）歧視婦女、原住民或弱勢團體人士，情節重大者。

　　　　負履約連帶保證之廠商，經本機關通知履行連帶保證責任者，
　　　　適用前項之規定。

第拾參節　其他

九十五、本機關與廠商間之招標、審標、決標之爭議，廠商得依採購法第
　　　　75 條之規定向本機關提出異議，對異議之處理結果不服或本機
　　　　關逾期不處理，得依採購法第 76 條之規定向○○市政府採購申

訴審議委員會提出申訴。

九十六、得標廠商應依採購法第 98 條暨其施行細則規定於履約期間僱用身心障礙者及原住民，僱用不足者應繳納代金，其繳納代金專戶帳號如下：

　　（一）公司設籍於○○市者，繳納代金專戶為○○市身心障礙者就業基金專戶，銀行別：○○銀行市府分行；帳號 xxxxx。餘非設籍於○○市者，請另洽詢所在地直轄市或縣市政府。

　　（二）原住民族就業基金專戶，帳號為「○○銀行營業部（二）xxxx」。

九十七、工程契約總價在新臺幣 500 萬元以上者，得標廠商應依○○市促進原住民就業自治條例第 5 條之規定，以契約中鋼筋工及模板工工資總額之 5% 僱用原住民，若遇有僱用困難時，應敘明原由函請本府勞工局處理或核備。

九十八、工程採購暨技術服務類勞務採購，得標廠商無正當理由者，不得拒絕、妨礙或規避採購法主管機關之調訓。

九十九、本投標須知為契約之一部分。

一○○、檢舉或申訴方式：

　　（一）檢舉受理單位

　　　　1.法務部調查局檢舉電話：（02）29177777、29171111、檢舉信箱：新店郵政 60000 號信箱。

　　　　2.○○市調查處檢舉電話：xxxxxxxx、檢舉信箱：○○市郵政 xxx 號信箱。

　　　　3.○○市政府採購稽核小組聯絡電話：1999 轉 xxxx（外縣市請撥 xxxxxxx 轉 xxxx）、傳真：xxxxxxxx、地址：

○○市○○區○○路○號○樓。

4. 中央採購稽核小組聯絡電話：02-87897548、傳眞：02-87897554、地址：臺北市信義區松仁路 3 號 9 樓。

5. ○○市政府環境保護局政風室聯絡電話：xxxxxx 轉 xxxx、傳眞：xxxxxxxx、地址：○○市○○區○○路○號○樓。

（二）申訴受理單位

○○市政府採購申訴審議委員會聯絡電話：1999 轉 xxxx 或 xxxx（外縣市請撥 xxxxxxxx 轉 xxxx 或 xxxx）、傳眞：xxxxxxxx、地址：○○市○○區○○路○號○樓。

一○一、（刪除）

一○二、（刪除）。

二、**評審須知**：提供資料給有意參與投標的技術服務廠商，以了解本案評審作業之相關規定。

一、採購名稱

「○○污水處理廠污水處理設施整修工程」委託設計及監造服務（以下簡稱本採購）。

二、辦理依據

○○市政府環境保護局（以下簡稱本機關）爲辦理○○污水處理廠污水處理廠污水設施整修工程依據政府採購法、參考最有利標精神以評審方式擇最符合需要者及依機關異質採購最有利標作業須知、機關委託技術服務廠商評選及計費辦法、採購評選委員會組織準則、採購評選委員會審議規則及其他相關規定辦理委託工程設計及監造服務，特制定本須知。

三、需求説明

（一）○○污水處理廠（附設施平面圖）

1. 背景及現況説明：

○○污水處理廠○○年啓用以處理○○垃圾衛生掩埋場垃圾滲出水，設計處理量爲 1000CMD，平面配置圖如附圖 x，處理方式爲生物物化二級處理，處理流程示意圖如附圖 x，處理後放流水納入衛生下水道系統，由於使用年限已久，部分設施辦理整修。

（現場勘查住址：○○市○○區○○街○段○○巷○○號，聯絡人員：○工程員

聯絡電話：xxxxxxxx）

2. 使用需求説明：

(1) 現有貯留池抽水泵浦及抽送至曝氣池管線系統整修換新。

（二）○○污水處理廠（附設施平面圖）

1. 背景及現況説明：

○○污水處理廠位於○○掩埋場東南方，於○○年啓用以處理○○垃圾衛生掩埋場垃圾滲出水，設計處理量爲 1000CMD，平面配置圖如附圖 x，處理方式爲生物物化二級處理，處理流程示意圖如附圖 x，處理後放流水納入衛生下水道系統，由於使用年限已久，部分設施辦理整修。

2. 使用需求説明：

(1) 現有東貯留池鋼架棚整修換新。

(2) 現有東曝氣池鋼架棚整修換新、東西曝氣池曝氣機等設備拆除及樓梯走道整修二樓平台走道四周加設欄杆。

(3) 現有二級沉澱池池體整修、刮泥機換新及整修抽送系統將

污泥抽送至污泥脫水機房污泥貯坑。

(4) 現有化學混凝池池體整修及攪拌機換新。

(5) 現有三級沉澱池池體整修、刮泥機換新及整修抽送系統將污泥抽送至污泥脫水機房污泥貯坑。

(6) 現有加藥系統及管線整修換新。

(7) 現有舊污泥貯坑拆除填平、現有舊砂濾塔拆除。

現場勘查住址：○○市○○區○○路○段○○號，聯絡人員：○工程員

聯絡電話：(xxxxxxxx)

3. 以上整修工程預計施工費用爲○○○○萬○○○○元正。

（三）現地勘查時間：公告期間每週一至週五上午 9 時至 12 時及下午 2 時至 5 時，投標廠商欲勘查現場時，請電洽本機關○工程員 xxxxxxxx 轉知現場配合勘查人員，勘查時請自備測量工具。

（四）依法規如需辦理相關許可，以本機關名義申請之相關執照，約定由得標廠商代爲提出申請，其中屬申辦所需之規費由得標廠商先代爲繳納後，再檢附收據交本機關依程序核付。

四、服務企劃書

投標廠商提送服務企劃書、初步規劃設計圖說及附件內容等將列入契約附件，因此除應依本案契約載明之服務項目研擬外，應依下列規定製作及撰寫：

（一）封面標題統一爲「○○污水處理廠污水處理設施整修工程委託設計及監造服務」。

（二）首頁敘明投標廠商名稱及負責人，並加蓋投標廠商及負責人之印章。

（三）服務企劃書至少應包含以下內容：

1. 計畫概述及作業流程。

2. 基地環境現況及相關法令分析。

3. 整體工作進度及主要工作項目之時程。

4. 服務費用（採固定服務費用者，提供服務費用分析）。

5. 規劃設計理念及構想說明（例如節省能源、保護環境、節約資源、經濟耐用、景觀等）。

6. 相關法令應提計畫書圖項目等。

7. 工程經費概算及主要工程項目之經費分析。

8. 工程監造計畫及品管計畫（含技術服務及重要工程施工項目）。

9. 工作組織及主要工作人員學經歷、專長。

10. 廠商信譽及實績

（四）服務企劃書之格式、裝訂方式依下列方式辦理：

1. 服務企劃書以直式橫書編排，紙張大小採 A4 規格紙張、雙面印刷為原則，紙張大小採 A3 或 A1 規格紙張者，請折頁為 A4 規格，以連續編列頁碼方式，裝訂成 1 冊，內容應明確詳實，其頁數以 75 頁（不含封面、封底、目錄、隔頁紙）為原則，頁數超過或不足時，本採購案之評審委員得酌予扣分。

2. 服務企劃書裝訂 1 式 10 份（提供數量如 1 份以上未達 10 份時，本機關將任取 1 份以黑白影印補足，其內容如有模糊、不易辨識等情事，本機關均不負責，本採購案之評審委員並得酌予扣分）。

五、採購評審小組

組織及任務：

（一）採購評審小組（以下簡稱本小組）置評選委員 5 人，由本機關具相關專門知識之代表組成。

（二）本小組於招標前成立，並於完成評審事宜且無待處理事項後解散之，其任務如下：

1.刪除

2.辦理廠商評審。

3.協助機關解釋與評審標準、評審過程或評審結果有關之事項。

（三）本小組置召集人 1 人，綜理評審事宜；副召集人 1 人，襄助召集人處理評審事宜；均由委員互選之。

（四）評審會議由召集人召集之，並為評審會議主席；召集人未能出席或因故出缺時，由副召集人代理之。召開評審會議時，評審委員應親自出席，不得代理，每次開會應達本委員會全體人數二分之一以上（3 人）出席，始得進行會議。

（五）評審會議之決議，應有本委員會全體人數二分之一以上出席，出席委員過半數之同意行之。

（六）本委員會委員應遵守「採購評選委員會委員須知」及「○○市政府採購評選委員倫理規範」相關規定。

六、評審流程及方式

評審流程及評審方式：

（一）開標審查：

1.資格標開標審查時間詳本案招標公告，開標審查由本機關承辦單位進行，審查合格之投標廠商（以下簡稱受評廠商）始可參加後續階段之評審，相關程序詳如本案投標須知規定。

2.審查結果應通知投標廠商，對審查不合格之廠商應敘明其原因。

（二）本案依最有利標評選辦法第 11 條第 1 項第 3 款採序位法，價格納入評分，各受評廠商採序位方式評審，出席委員就各評選項

目分別評分後予以加總，並依加總分數高低轉換為序位，其後彙整合計各受評廠商之序位，以合計值最低者依序排定優勝序位，且經出席委員過半數評分達80分（含）以上者，經出席委員過半數之決定者為符合需要之優勝廠商。受評廠商僅有1家時亦同。

(三) 評審會議：

1. 時間及地點：由本機關另行通知資格審查合格廠商。

2. 出席人員：評審委員及受評廠商。

3. 列席單位：本機關承辦單位。

4. 會議主題：擇定符合需要者進行議價。

5. 受評廠商應推派代表至本機關通知地點公開抽籤決定評審會議之簡報及答詢順序，但受評廠商未派員到場參加抽籤者，則由本機關代為抽籤決定評審會議之簡報及答詢順序。

6. 受評廠商依簡報順序經3次唱名後未出席者，評分表之「簡報與答詢」乙項以零分計。

7. 受評廠商簡報及答詢時應自行備妥各項輔助資料及設備，簡報及答詢不得更改投標文件內容，若有另外提出變更或補充資料者，該資料不納入評審。簡報時間為20分鐘，時限前5分鐘按鈴1次，結束時按鈴2次並應立即停止簡報；接續由評審委員提問諮詢；再由廠商作綜合答詢，答詢時間以10分鐘為限，時限前2分鐘按鈴1次，結束時按鈴2次並應立即停止答詢。

8. 受評廠商參與簡報及答詢人數至多3人為限（含設備操作人員），且需為主要參與計畫人員。

9. 主要簡報人應由計畫主持人親自為之，如計畫主持人無法親

自簡報時，得由本案設計人代表進行簡報，受評廠商之其他人員需經主席同意始得補充發言。

10. 簡報進行時非簡報廠商應一律退席。

（四）評審方式：

1. 各評審委員評審時獨立為之，依各評審項目配分分別評分，以 100 分為滿分，及格分數 80 分，得分加總之後，依加總分數高低轉換為序位，交由承辦單位人員將出席評審委員評審各受評廠商之序位分別計入評分總表。

2. 承辦單位統計各受評廠商序位時，由本小組監督複核。

3. 本小組依評分總表計算各受評廠商之優勝序位，依出席委員評審之序位，彙整各受評廠商之序位合計值，以最低者依序排定優勝序位，且經出席委員過半數評分達 80 分（含）以上者，經出席委員過半數之決定者為符合需要者，評定結果，有 2 家以上總評分同為最高、序位同為第一或價格與總評分之商數同為最低時，以標價低者優先議價；但廠商報價仍相同時或以固定費用（或費率）給付者，其評定方式擇獲得評審委員評定序位第一較多者為序位第一；仍相同者，抽籤決定之。

4. 評審結果經簽報核定後通知投標廠商。

（五）決（開）標會議：經評審委員依上述程序完成評審作業，其評審結果經簽報機關首長核定後，本機關依核定結果通知投標廠商並依優勝序位依序與符合需要之廠商進行議價。

七、評審準則

評審項目內容及配分

項次	評審項目	主項配分	評審內容	子項配分
1	5年內類似規劃、設計及監造等經驗且持有證明	15	A. 廠商於本案技術服務項目之優良、不良紀錄或事蹟。	5
			B. 已完成案件之相關業績。	5
			C. 尚在履約之契約件數、金額及是否逾期等對本案各階段人力規劃執行之影響。	5
2	工作內容與可行性評估	25	A. 本採購工作之了解程度。	6
			B. 可行性評估及預期效益。	12
			C. 預定規劃設計時程及工程進度。	7
3	整體計畫執行策略	20	A. 初步規劃及規劃設計計畫執行構想。	6
			B. 創新性設計與綠建築設計。	8
			C. 工程監造計畫及品質保證執行構想。	6
4	計畫主持人、主要工作人員之經驗與能力	10	A. 工作團隊組織及規劃、設計、監造人力配置情形。	3
			B. 計畫主持人及主要工作人員之學、經歷、專長、相關代表作品及最近3年服務紀錄（包括優良、不良紀錄或事蹟）。	3
			C. 計畫主持人及主要工作人員在目前機構之服務年資。	4
5	委託服務費用之合理性	20	各階段（規劃、設計及監造）人力配置所需整體委託服務費用之合理性。	20
6	簡報及答詢	10	簡報內容與應答。	10
合計		100		100

6-1 工程契約書的組成

政府採購法第 7 條所稱的工程，指在地面上下新建、增建、改建、修建、拆除構造物與其所屬設備及改變自然環境之行為，包括建築、土木、水利、環境、交通、機械、電氣、化工及其他經主管機關認定之工程，承作工程之廠商通稱為施工廠商或承包商或包商。機關所辦理之工程發包，一般都採最低標方式，這種發包方式會形成低價搶標，對品質對要求較難落實。而「異質採購最低標」的發包方式已日漸被各機關所採用，尤其是較具規模或金額較大或重要性較高的工程，其目的在第一階段的評審作業中，即將劣質的承包商先行汰除，接下來再由剩下較優的承包商進行價格競爭，這種發包方式對品質的要求較有保障。

施工廠商通常亦依循政府採購法相關規定，經由政府採購公報及電子採購網查詢各機關採購訊息，並遵循法定公告之程序參與競標、得標、議約、議價、製作契約書（含填入相關資料）、繳交履約保證金（或由押標金轉抵），雙方用印後即完成簽約程序。之後施工廠商即依照契約書所規定之內容進行履約。當完成所有契約規定之工作項目並經機關驗收及確認後，施工廠商即完成履約工作。而在履約的過程中，施工廠商同樣依照契約書所定之請款方式，辦理階段性請款或一次請款。

工程會依「政府採購法」第 63 條第 1 項之規定，訂定「採購契約要項」（1999 年 5 月 25 日發布、2010 年 12 月 29 日最後修正），作為各級機關訂定各類採購契約之參考，各機關可依採購內容之特性及實際需要，參考「採購契約要項」擇訂於契約中，但若「採購契約要項」敘明應於契約

內訂明者，則應予以納入。該要項第 2 點中臚列：機關及廠商之資料（名稱、地址、電話、聯絡人之姓名及職稱）、契約所用名詞定義、契約所含文件、廠商工作事項或應給付標的、機關辦理事項等共計 40 項。該要項第 3 點亦規定契約文件的內容，包括：(1) 契約本文及其變更或補充，(2) 招標文件及其變更或補充，(3) 投標文件及其變更或補充，(4) 契約附件及其變更或補充，(5) 依契約所提出之履約文件或資料，本項文件不限以「書面」方式呈現，亦得以錄音、錄影、照相、微縮、電子數位資料或樣品等方式呈現之原件或複製品。

　　表 6-1 為某縣政府辦理○○道路拓寬工程之招標文件清單，由於各機關作法稍有不同，有些機關將招標公告的所有文件（除授權書、投標外封套及證件封外），連同開標紀錄、履約保證金收據影本及施工廠商之報價單一併納入工程契約書，有些機關未必如此，本範例之主辦機關則刪減部分文件並新增部分文件（詳如表 6-2 所示），本範例之施工規範請參閱第 3-2 節案例三之內容。

表 6-1　某縣政府○○道路拓寬工程招標文件清單一覽表

採購名稱：「○○道路拓寬工程」		
投標廠商購領文件名稱	**數　量**	**備　註**
01. 價格標標單	1 份	
02. 投標須知	1 份	
03. 切結書	1 份	
04. 同意書（債信查詢）	1 份	
05. 廠商資格審查表	1 份	
06. 投標廠商聲明書	1 份	
07. 委託代理授權書	1 份	

投標廠商購領文件名稱	數　量	備　註
08. 退還押標金申請書	1 份	
09. 工程契約	1 份	
10. 參與公共工程可能涉及之法律責任	1 份	
11. 工程告示牌及竣工銘牌設置要點	1 份	
12. 自主檢查表使用要點	1 份	
13. 混凝土檢測實施要點	1 份	
14. 無幅射污染證明書之開立說明	1 份	
15. 混凝土及瀝青混凝土驗收鑽心取樣送驗作業流程	1 份	
16. 外標封	1 份	
17. 空白標單（EXCEL 及 XML 檔）	1 份	
18. 設計圖說（PDF 檔）	1 份	
19. 施工規範（PDF 檔）	1 份	

表 6-2　某縣政府○○道路拓寬工程契約文件清單一覽表

「○○道路拓寬工程」契約書		
契約文件名稱	數　量	備　註
01. 契約封面	1 份	
02. 工程契約	1 份	
03. 開標及決標紀錄	1 份	
04. 開標紀錄	1 份	
05. 決標公告	1 份	
06. 公開招標公告	1 份	
07. 公開閱覽資料	1 份	
08. 工程預算資料（總表、詳細價目表、單價分析表、資源統計表）	各 1 份	

契約文件名稱	數　量	備　註
09. 工程投標須知	1 份	
10. 施工規範	1 份	
11. 混凝土及瀝青混凝土驗收鑽心取樣送驗作業流程	1 份	
12. 工程告示牌及竣工銘牌設置要點	1 份	
13. 自主檢查表使用要點	1 份	
14. 開工（施工前）放樣指界會勘紀錄表	1 份	
15. 無幅射污染證明書之開立說明	1 份	
16. 工程混凝土抗壓試驗作業要點	1 份	
17. 設計圖	1 份	

6-2 工程契約主要內容

　　機關辦理公共工程標案所用之工程契約，一般亦參酌工程會所發佈之「公共工程契約範本」，針對該標案之特性及特殊需求加以修正、調整或刪除部分條文。本節之內容主要是引述表 6-1 內第 9 項及表 6-2 內第 2 項之工程契約。

壹、契約主體（即立契約人）及抬頭：

　　業　主：○○縣政府　　　　　　　　　　（以下簡稱機關）
　　承包商：○○工程有限公司　　　　　　　（以下簡稱廠商）
　　招標機關（以下簡稱機關）及得標廠商（以下簡稱廠商）雙方同意依政府採購法（以下簡稱採購法）及其主管機關訂定之規定訂定本契約，共同遵守，其條款如下。

貳、契約條文：

第1條　契約文件及效力

（一）契約包括下列文件：

　　1.招標文件及其變更或補充。

　　2.投標文件及其變更或補充。

　　3.決標文件及其變更或補充。

　　4.契約本文、附件及其變更或補充。

　　5.依契約所提出之履約文件或資料。

（二）定義及解釋：

　　1.契約文件，指前款所定資料，包括以書面、錄音、錄影、照相、微縮、電子數位資料或樣品等方式呈現之原件或複製品。

　　2.工程會，指行政院公共工程委員會。

　　3.工程司，指機關以書面指派行使本契約所賦予之工程司之職權者。

　　4.工程司代表，指工程司指定之任何人員，以執行本契約所規定之權責者。其授權範圍需經工程司以書面通知承包商。

　　5.監造單位，指受機關委託執行監造作業之技術服務廠商。

　　6.監造單位／工程司，有監造單位者，為監造單位；無監造單位者，為工程司。

　　7.工程司／機關，有工程司者，為工程司；無工程司者，為機關。

　　8.分包，謂非轉包而將契約之部分由其他廠商代為履行。

　　9.書面，指所有手書、打字及印刷之來往信函及通知，包括電傳、電報及電子信件。機關得依採購法第93條之1允許以電子化方式為之。

　　10.規範，指列入契約之工程規範及規定，含施工規範、施工安

全、衛生、環保、交通維持手冊、技術規範及工程施工期間依
契約規定提出之任何規範與書面規定。

11. 圖說，指機關依契約提供廠商之全部圖樣及其所附資料。另由
廠商提出經機關認可之全部圖樣及其所附資料，包含必要之樣
品及模型，亦屬之。圖說包含（但不限於）設計圖、施工圖、
構造圖、工廠施工製造圖、大樣圖等。

（三）契約所含各種文件之內容如有不一致之處，除另有規定外，依下列
原則處理：

1. 契約條款優於招標文件內之其他文件所附記之條款。但附記之
條款有特別聲明者，不在此限。

2. 招標文件之內容優於投標文件之內容。但投標文件之內容經機
關審定優於招標文件之內容者，不在此限。招標文件如允許廠
商於投標文件內特別聲明，並經機關於審標時接受者，以投標
文件之內容為準。

3. 文件經機關審定之日期較新者優於審定日期較舊者。

4. 大比例尺圖者優於小比例尺圖者。

5. 施工補充說明書優於施工規範。

6. 決標紀錄之內容優於開標或議價紀錄之內容。

7. 同一優先順位之文件，其內容有不一致之處，屬機關文件者，
以對廠商有利者為準；屬廠商文件者，以對機關有利者為準。

8. 招標文件內之標價清單，其品項名稱、規格、數量，優於招標
文件內其他文件之內容。

（四）契約文件之一切規定得互為補充，如仍有不明確之處，應依公平合
理原則解釋之。如有爭議，依採購法之規定處理。

（五）契約文字：

1. 契約文字以中文為準。但下列情形得以外文為準：

   (1) 特殊技術或材料之圖文資料。

   (2) 國際組織、外國政府或其授權機構、公會或商會所出具之文件。

   (3) 其他經機關認定確有必要者。

2. 契約文字有中文譯文，其與外文文意不符者，除資格文件外，以中文為準。其因譯文有誤致生損害者，由提供譯文之一方負責賠償。

3. 契約所稱申請、報告、同意、指示、核准、通知、解釋及其他類似行為所為之意思表示，除契約另有規定或當事人同意外，應以中文（正體字）書面為之。書面之遞交，得以面交簽收、郵寄、傳真或電子資料傳輸至雙方預為約定之人員或處所。

（六）契約所使用之度量衡單位，除另有規定者外，以公制為之。

（七）契約所定事項如有違反法令或無法執行之部分，該部分無效。但除去該部分，契約亦可成立者，不影響其他部分之有效性。該無效之部分，機關及廠商必要時得依契約原定目的變更之。

（八）契約正本 2 份，機關及廠商各執 1 份，並由雙方各依規定貼用印花稅票。副本 8 份，由機關、廠商及相關機關、單位分別執用。副本如有誤繕，以正本為準。

（九）機關應提供 1 份設計圖說及規範之影本予廠商，廠商得視履約之需要自費影印使用。除契約另有規定，如無機關之書面同意，廠商不得提供上開文件，供與契約無關之第三人使用。

（十）廠商應提供 1 份依契約規定製作之文件影本予機關，機關得視履約之需要自費影印使用。除契約另有規定，如無廠商之書面同意，機關不得提供上開文件，供與契約無關之第三人使用。

（十一）廠商應於施工地點，保存 1 份完整契約文件及其修正，以供隨時查閱。廠商應核對全部文件，對任何矛盾或遺漏處，應立即通知工程司／機關。

第 2 條　履約標的及地點

（一）履約標的：○○道路拓寬工程

（二）履約地點：○○縣○○鎮。

第 3 條　契約價金之給付

本工程契約總價計新台幣 ○○○○○○○ 元整。

（一）契約價金之給付，得為下列方式（由機關擇一於招標時載明）：

　　□ 依契約價金總額結算。因契約變更致履約標的項目或數量有增減時，就變更部分予以加減價結算。若有相關項目如稅捐、利潤或管理費等另列一式計價者，應依結算總價與原契約價金總額比例增減之。但契約已訂明不適用比例增減條件者，不在此限。

　　■ 依實際施作或供應之項目及數量結算，以契約中所列履約標的項目及單價，依完成履約實際供應之項目及數量給付。若有相關項目如稅捐、利潤或管理費等另列一式計價者，應依結算總價與原契約價金總額比例增減之。但契約已訂明不適用比例增減條件者，不在此限。

　　□ 部分依契約價金總額結算，部分依實際施作或供應之項目及數量結算。屬於依契約價金總額結算之部分，因契約變更致履約標的項目或數量有增減時，就變更部分予以加減價結算。屬於依實際施作或供應之項目及數量結算之部分，以契約中所列履約標的項目及單價，依完成履約實際供應之項目及數量給付。若有相關項目如稅捐、利潤或管理費等另列一式計價者，應依

結算總價與契約價金總額比例增減之。但契約已訂明不適用比例增減條件者，不在此限。

（二）採契約價金總額結算給付之部分：

1. 工程之個別項目實作數量較契約所定數量增減達 5% 以上時，其逾 5% 之部分，依原契約單價以契約變更增減契約價金。未達 5% 者，契約價金不予增減。

2. 工程之個別項目實作數量較契約所定數量增加達 30% 以上時，其逾 30% 之部分，應以契約變更合理調整契約單價及計算契約價金。

3. 工程之個別項目實作數量較契約所定數量減少達 30% 以上時，依原契約單價計算契約價金顯不合理者，應就顯不合理之部分以契約變更合理調整實作數量部分之契約單價及計算契約價金。

（三）採實際施作或供應之項目及數量結算給付之部分：

1. 工程之個別項目實作數量較契約所定數量增加達 30% 以上時，其逾 30% 之部分，應以契約變更合理調整契約單價及計算契約價金。

2. 工程之個別項目實作數量較契約所定數量減少達 30% 以上時，依原契約單價計算契約價金顯不合理者，應就顯不合理之部分以契約變更合理調整實作數量部分之契約單價及計算契約價金。

第 4 條　契約價金之調整

（一）驗收結果與規定不符，而不妨礙安全及使用需求，亦無減少通常效用或契約預定效用，經機關檢討不必拆換、更換或拆換、更換確有困難，或不必補交者，得於必要時減價收受；減價方式如施工說明書（或施工規範）已定明者，依其規定辦理減價，並處以減價金額 5 倍之違約金，如未明定者依下列方式辦理減價。

　　■ 採減價收受者，按不符項目標的之契約價金 1 倍減價，並處以減價金額 5 倍之違約金。但其屬尺寸不符規定者，減價金額得就尺寸差異部分按契約價金比例計算之；屬工料不符規定者，減價金額得按工料差額計算之。減價及違約金之總額，以該項目之契約價金為限。

（二）契約所附供廠商投標用之工程數量清單，其數量為估計數，除另有規定者外，不應視為廠商完成履約所需供應或施作之實際數量。

（三）採契約價金總額結算給付者，未列入前款清單之項目，其已於契約載明應由廠商施作或供應或為廠商完成履約所必須者，仍應由廠商負責供應或施作，不得據以請求加價。如經機關確認屬漏列且未於其他項目中編列者，應以契約變更增加契約價金。

（四）契約價金，除另有規定外，含廠商及其人員依中華民國法令應繳納之稅捐、規費及強制性保險之保險費。依法令應以機關名義申請之許可或執照，由廠商備具文件代為申請者，其需繳納之規費（含空氣污染防制費）不含於契約價金，由廠商代為繳納後機關覈實支付，但已明列項目而含於契約價金者，不在此限。

（五）中華民國以外其他國家或地區之稅捐、規費或關稅，由廠商負擔。

（六）廠商履約遇有下列政府行為之一，致履約費用增加或減少者，契約價金得予調整：

　　1. 政府法令之新增或變更。

　　2. 稅捐或規費之新增或變更。

　　3. 政府公告、公定或管制價格或費率之變更。

（七）前款情形，屬中華民國政府所為，致履約成本增加者，其所增加之必要費用，由機關負擔；致履約成本減少者，其所減少之部分，得自契約價金中扣除。屬其他國家政府所為，致履約成本增加或減少

者，契約價金不予調整。

（八）廠商為履約需進口自用機具、設備或材料者，其進口及復運出口所需手續及費用，由廠商負責。

（九）契約規定廠商履約標的應經第三人檢驗者，其檢驗所需費用，除另有規定者外，由廠商負擔。

（十）契約履約期間，有下列情形之一（且非可歸責於廠商），致增加廠商履約成本者，廠商為完成契約標的所需增加之必要費用，由機關負擔。但屬第 13 條第 7 款情形、廠商逾期履約，或發生保險契約承保範圍之事故所致損失（害）之自負額部分，由廠商負擔：

1. 戰爭、封鎖、革命、叛亂、內亂、暴動或動員。

2. 民眾非理性之聚眾抗爭。

3. 核子反應、核子輻射或放射性污染。

4. 善盡管理責任之廠商不可預見且無法合理防範之自然力作用（例如但不限於山崩、地震、海嘯等）。

5. 機關要求全部或部分暫停執行（停工）。

6. 機關提供之地質鑽探或地質資料，與實際情形有重大差異。

7. 因機關使用或占用本工程任何部分，但契約另有規定者不在此限。

8. 其他可歸責於機關之情形。

第 5 條　契約價金之給付條件

（一）契約依下列規定辦理付款：

1. □預付款（由機關視個案情形於招標時勾選；未勾選者，表示無預付款）：

（1）契約預付款為契約價金總額＿＿＿＿％（由機關於招標時載明；查核金額以上者，預付款額度不逾30%），其付款條件如下：

　　　　　　　　　　　　　　　　　（由機關於招標時載明）

(2) 預付款於雙方簽定契約，廠商辦妥履約各項保證，並提供預付款還款保證，經機關核可後於＿＿＿日（由機關於招標時載明）內撥付。

(3) 預付款應於銀行開立專戶，專用於本採購，機關得隨時查核其使用情形。

(4) 預付款之扣回方式，應自估驗金額達契約價金總額 20% 起至 80% 止，隨估驗計價逐期依計價比例扣回。

2. 估驗款（由機關視個案情形於招標時勾選；未勾選者，表示無估驗款）：

(1) 廠商自開工日起，每月得申請估驗計價 1 次，並依工程會訂定之「公共工程估驗付款作業程序」提出必要文件，以供估驗。機關於 30 工作天（含技術服務廠商之審查時間）內完成審核程序後，通知廠商提出請款單據，並於接到廠商請款單據後 30 工作天內付款。如需廠商澄清或補正資料者，機關應盡可能一次通知澄清或補正，不得故意分次辦理。其審核及付款時限，自資料澄清或補正之次日重新起算，但審核時限為第 1 次審核時限之一半，不足 1 工作天者，以 1 工作天計；機關並應先就無爭議且可單獨計價之部分辦理付款。

(2) 竣工後估驗：確定竣工後，如有尚未辦理估驗項目，廠商得依工程會訂定之「公共工程估驗付款作業程序」提出必要文件，辦理末期估驗計價。未納入估驗者，併尾款給付。機關於 30 工作天（含技術服務廠商之審查時間）內完成審核程序後，通知廠商提出請款單據，並於接到廠商請款單據後 30 工作天內付款。如需廠商澄清或補正資料者，機關應盡可能

一次通知澄清或補正，不得故意分次辦理。其審核及付款時限，自資料澄清或補正之次日重新起算，但審核時限為第 1 次審核時限之一半，不足 1 工作天者，以 1 工作天計；機關並應先就無爭議且可單獨計價之部分辦理付款。

(3) 估驗以完成施工者為限，如另有規定其半成品或進場材料得以估驗計價者，從其規定。該項估驗款每期均應扣除 5% 作為保留款（有預付款之扣回時一併扣除）。

半成品或進場材料得以估驗計價之情形（由機關於招標時載明；未載明者無）：

☐ 鋼構項目：

鋼材運至加工處所，得就該項目單價之＿＿＿％（由機關於招標時載明；未載明者，為 20%）先行估驗計價；加工、假組立完成後，得就該項目單價之＿＿＿％（由機關於招標時載明；未載明者，為 30%）先行估驗計價。估驗計價前，需經監造單位／工程司檢驗合格，確定屬本工程使用。已估驗計價之鋼構項目由廠商負責保管，不得以任何理由要求加價。

☐ 其他項目：＿＿＿＿＿＿＿＿＿＿。

(4) 查核金額以上之工程，於初驗合格且無逾期情形時，廠商得以書面請求機關退還已扣留保留款總額之 50%。辦理部分驗收或分段查驗供驗收之用者，亦同。

(5) 經雙方書面確定之契約變更，其新增項目或數量尚未經議價程序議定單價者，得依機關核定此一項目之預算單價，以 80 % 估驗計價給付估驗款。

(6) 如有剩餘土石方需運離工地，除屬土方交換、工區土方平衡

或機關認定之特殊因素者外，廠商估驗計價應檢附下列資料（未勾選者，無需檢附）：

☐ 經機關建議或核定之土資場之遠端監控輸出影像紀錄光碟片。

☐ 符合機關規定格式（例如日期時間、車號、車輛經緯度、行車速度等，由機關於招標時載明）之土石方運輸車輛行車紀錄與軌跡圖光碟片。

■ 其他剩餘土石方運送處理證明文件。

(7) 於履約過程中，如因可歸責於廠商之事由，而有施工查核結果列為丙等、發生重大勞安或環保事故之情形，或發現廠商違反勞安、環保規定或經機關通知應改正事項遲未改善且情節重大者，機關得將估驗計價保留款提高為原規定之 3 倍，至上開情形改善處理完成為止，但不溯及已完成估驗計價者。

3. 驗收後付款：除契約另有規定外，於驗收合格，廠商繳納保固保證金後，機關應於接到廠商提出請款單據後 30 工作天內結付尾款。如需廠商澄清或補正資料者，機關應盡可能一次通知澄清或補正，不得故意分次辦理。其審核及付款時限，自資料澄清或補正之次日重新起算，但審核時限為第 1 次審核時限之一半，不足 1 工作天者，以 1 工作天計

4. 廠商履約有下列情形之一者，機關得暫停給付估驗計價款至情形消滅為止：

(1) 履約實際進度因可歸責於廠商之事由，落後預定進度達 10%（含 10%）以上，且經機關通知限期改善未積極改善者。但廠商如提報趕工計畫經機關核可並據以實施後，其進度落後情形經機關認定已有改善者，機關得恢復核發估驗計價款；

如因廠商實施趕工計畫，造成機關管理費用等之增加，該費用由廠商負擔。

(2) 履約有瑕疵經書面通知改正而逾期未改正者。

(3) 未履行契約應辦事項，經通知仍延不履行者。

(4) 廠商履約人員不適任，經通知更換仍延不辦理者。

(5) 廠商有施工品質不良或其他違反公共工程施工品質管理作業要點之情事者。

(6) 其他違反法令或違約情形。

5. 物價指數調整：

(1) 物價調整方式：（由機關於下列 3 選項中擇一勾選；未勾選者，依選項 A 方式調整）

　□ **選項A：**依□行政院主計處；□ 台北市政府；□ 高雄市政府；

　　□ 其他＿＿＿＿（由機關擇一勾選；未勾選者，為行政院主計處）發布之「營造工程物價總指數」漲跌幅調整：

工程進行期間，如遇物價波動時，就總指數漲跌幅超過＿＿＿＿％（由機關於招標時載明；未載明者，為 2.5%）之部分，於估驗完成後調整工程款。

　□ **選項B：**依□行政院主計處；□ 臺北市政府；□ 高雄市政府；

　　□ 其他＿＿＿＿（由機關擇一勾選；未勾選者，為行政院主計處）發布之營造工程物價指數之個別項目、中分類項目及總指數漲跌幅，依下列順序調整：（擇此選項者，需於下列 1 或 2 指定 1 項以上之個別項目或中分類項目）

　①工程進行期間，如遇物價波動時，依＿＿＿＿個別項目（例如水泥、預拌混凝土、鋼筋等，由機關於招標時載明；未載明者，不依個別項目指數漲跌幅調整）指數，就此等項目

漲跌幅超過＿＿＿％（由機關於招標時載明；未載明者，為10%）之部分，於估驗完成後調整工程款。

② 工程進行期間，如遇物價波動時，依＿＿＿中分類項目（例如金屬製品類、砂石及級配類、瀝青及其製品類等，由機關於招標時載明；未載明者，不依中分類指數漲跌幅調整）指數，就此等項目漲跌幅超過＿＿＿％（由機關於招標時載明；未載明者，為5%）之部分，於估驗完成後調整工程款。前述中分類項目內含有已依1計算物價調整款者，依「營造工程物價指數不含1個別項目之中分類指數」之漲跌幅計算物價調整款。

③ 工程進行期間，如遇物價波動時，依「營造工程物價總指數」，就漲跌幅超過＿＿＿％（由機關於招標時載明；未載明者，為2.5%）之部分，於估驗完成後調整工程款。已依1、2計算物價調整款者，依「營造工程物價指數不含1個別項目及2中分類項目之總指數」之漲跌幅計算物價調整款。

■ **選項C**：本工程無編列物價調整指數準備金不依物價指數變動情形調整工程款。

(2) 物價指數基期更換時，換基當月起實際施作之數量，自動適用新基期指數核算工程調整款，原依舊基期指數調整之工程款不予追溯核算。每月公布之物價指數修正時，處理原則亦同。

(3) 契約內進口製品或非屬臺灣地區營造工程物價指數表內之工程項目，其物價調整方式如下：＿＿＿＿＿＿＿（由機關視個案特性及實際需要，於招標時載明；未載明者，無物價調

整方式）。

(4) 廠商於投標時提出「投標標價不適用招標文件所定物價指數調整條款聲明書」者，履約期間不論營建物價各種指數漲跌變動情形之大小，廠商標價不適用招標文件所定物價指數調整條款，指數上漲時不依物價指數調整金額；指數下跌時，機關亦不依物價指數扣減其物價調整金額；行政院如有訂頒物價指數調整措施，亦不適用。

6. 契約價金依物價指數調整者：

(1) 調整公式：_____（由機關於招標時載明；未載明者，依工程會 97 年 7 月 1 日發布之「機關已訂約施工中工程因應營建物價變動之物價調整補貼原則計算範例」及 98 年 4 月 7 日發布之「機關已訂約工程因應營建物價下跌之物價指數門檻調整處理原則計算範例」，公開於工程會全球資訊網＞政府採購＞工程款物價指數調整）。

(2) 廠商應提出調整數據及佐證資料。

(3) 規費、規劃費、設計費、土地及權利費用、法律費用、管理費（品質管理費、安全維護費、安全衛生管理費……）、保險費、利潤、利息、稅雜費、訓練費、檢（試）驗費、審查費、土地及房屋租金、文書作業費、調查費、協調費、製圖費、攝影費、已支付之預付款、自政府疏濬砂石計畫優先取得之砂石、假設工程項目、機關收入項目及其他_____（由機關於招標時載明）不予調整。

(4) 逐月就已施作部分按□當月□前 1 月□前 2 月（由機關於招標時載明；未載明者為當月）指數計算物價調整款。逾履約期限（含分期施作期限）之部分，應以實際施作當月指數與契

約規定履約期限當月指數二者較低者為調整依據。但逾期履約係非可歸責於廠商者，依上開選項方式逐月計算物價調整款；如屬物價指數下跌而需扣減工程款者，廠商得選擇以契約原訂履約期程所對應之物價指數計算扣減之金額，但該期間之物價指數上漲者，不得據以轉變為需由機關給付物價調整款，且選擇後不得變更，亦不得僅選擇適用部分履約期程。

(5) 累計給付逾新臺幣 10 萬元之物價調整款，由機關刊登物價調整款公告。

(6) 其他：＿＿＿＿＿＿＿＿。

7. 契約價金總額曾經減價而確定，其所組成之各單項價格得依約定方式調整；未約定調整方式者，視同就各單項價格依同一減價比率調整。投標文件中報價之分項價格合計數額與總價不同者，亦同。但廠商報價之安全衛生經費項目編列金額低於機關所訂底價之同項金額者，該安全衛生經費項目不隨之調低。

8. 廠商計價領款之印章，除另有規定外，以廠商於投標文件所蓋之章為之。

9. 廠商應依身心障礙者權益保障法、原住民族工作權保障法及政府採購法規定僱用身心障礙者及原住民。僱用不足者，應依規定分別向所在地之直轄市或縣（市）勞工主管機關設立之身心障礙者就業基金及原住民族中央主管機關設立之原住民族綜合發展基金之就業基金，定期繳納差額補助費及代金；並不得僱用外籍勞工取代僱用不足額部分。招標機關應將國內員工總人數逾 100 人之廠商資料公開於政府採購資訊公告系統，以供勞工及原住民族主管機關查核差額補助費及代金繳納情形，招標機關不另辦理查核。

10. 契約價金總額，除另有規定外，爲完成契約所需全部材料、人工、機具、設備、交通運輸、水、電、油料、燃料及施工所必須之費用。

11. 如機關對工程之任何部分需要辦理量測或計量時，得通知廠商指派適合之工程人員到場協同辦理，並將量測或計量結果作成紀錄。除非契約另有規定，量測或計量結果應記錄淨值。如廠商未能指派適合之工程人員到場時，不影響機關辦理量測或計量之進行及其結果。

12. 因非可歸責於廠商之事由，機關有延遲付款之情形，廠商投訴對象：

    (1) 行政院公共工程委員會採購申訴審議委員會，電話：（02）87897530、87897523。郵遞區號：11010　地址：臺北市信義區松仁路 3 號 9 樓（中油大樓）。

    (2) 行政院公共工程委員會中央採購稽核小組，電話：（02）87897548，傳眞：（02）87897554。郵遞區號：11010　地址：臺北市信義區松仁路 3 號 9 樓（中油大樓）。

    (3) ○○縣政府採購稽核小組，電話：xxxxxxx，傳眞：xxxxxxx。郵遞區號：xxx　地址：○○市縣府路○○號。

    (4) 法務部調查局，檢舉電話：（02）29177777，檢舉信箱：新店郵政 60000 號信箱。郵遞區號：23149　地址：新北市新店區中華路 74 號。

    (5) 調查局○○縣調查站，檢舉電話：xxxxxxx，檢舉信箱：○○郵政 xxxxxx 號信箱。郵遞區號：xxx　地址：○○市府前路○號。

    (6) ○○縣政府政風處，檢舉電話：xxxxxxx 郵遞區號：xxx

地址：○○市縣府路○○號。

（二）廠商請領契約價金時應提出統一發票，無統一發票者應提出收據。

（三）廠商履約有逾期違約金、損害賠償、採購標的損壞或短缺、不實行為、未完全履約、不符契約規定、溢領價金或減少履約事項等情形時，機關得自應付價金中扣抵；其有不足者，得通知廠商給付或自保證金扣抵。

（四）履約範圍包括代辦訓練操作或維護人員者，其費用除廠商本身所需者外，有關受訓人員之旅費及生活費用，由機關自訂標準支給，不包括在契約價金內。

（五）分包契約依採購法第 67 條第 2 項報備於機關，並經廠商就分包部分設定權利質權予分包廠商者，該分包契約所載付款條件應符合前列各款規定（採購法第 98 條之規定除外），或與機關另行議定。

（六）廠商延誤履約進度案件，如施工進度已達 75% 以上，機關得經評估後，同意廠商及分包廠商共同申請採監督付款方式，由分包廠商繼續施工，其作業程序包括廠商與分包廠商之協議書內容、監督付款之付款程序及監督付款停辦時機等，悉依行政院頒公共工程廠商延誤履約進度處理要點規定辦理。

第 6 條　稅捐

（一）以新臺幣報價之項目，除招標文件另有規定外，應含稅，包括營業稅。由自然人投標者，不含營業稅，但仍包括其必要之稅捐。

（二）廠商為進口施工或測試設備、臨時設施、於我國境內製造財物所需設備或材料、換新或補充前已進口之設備或材料等所生關稅、貨物稅及營業稅等稅捐、規費，由廠商負擔。

（三）進口財物或臨時設施，其於中華民國以外之任何稅捐、規費或關稅，由廠商負擔。

（四）廠商應於機關所在地以開立大額憑證繳款書方式繳納本契約應納之印花稅。

第 7 條　履約期限

（一）履約期限（由機關於招標時載明）：

　1. 工程之施工：

　　□ 應於＿＿＿年＿＿＿月＿＿＿日以前竣工。

　　■ 應於（□決標日□機關簽約日■機關通知日）起 7 日內開工，並於開工之日起 300 日內竣工。預計竣工日期為＿＿＿年＿＿＿月＿＿＿日。

　2. 本契約所稱日（天）數，係以■日曆天□工作天計算：

　　(1) 以日曆天計算者，所有日數均應計入。

　　(2) 以工作天計算者，下列放假日均應不計入：

　　　① 星期六（補行上班日除外）及星期日。但與 2 至 6 放假日相互重疊者，不得重複計算。

　　　② 中華民國開國紀念日（1 月 1 日）、和平紀念日（2 月 28 日）、兒童節（4 月 4 日，放假日依「紀念日及節日實施辦法」規定）、勞動節（5 月 1 日）、國慶日（10 月 10 日）。

　　　③ 勞動節之補假（依行政院勞工委員會規定）；軍人節（9 月 3 日）之放假及補假（依國防部規定，但以國軍之工程為限）。

　　　④ 農曆除夕及補假、春節及補假、民族掃墓節、端午節、中秋節。

　　　⑤ 行政院人事行政總處公布之調整放假日。

　　　⑥ 全國性選舉投票日及行政院所屬中央各業務主管機關公告放假者。

3. 免計工作天之日，以不得施工為原則。廠商如欲施作，應先徵得機關書面同意，該日數□應；□免計入工期（由機關於招標時勾選，未勾選者，免計入工期）。

4. 其他：無。

（二）契約如需辦理變更，其工程項目或數量有增減時，工期由雙方視實際需要議定增減之。

（三）工程延期：

1. 契約履約期間，有下列情形之一（且非可歸責於廠商），致影響進度網圖要徑作業之進行，而需展延工期者，廠商應於事故發生或消滅後 14 日內通知機關，並於 60 日內檢具事證，以書面向監造單位／工程司申請展延工期。監造單位／工程司得審酌其情形後，報請機關以書面同意延長履約期限，不計算逾期違約金。其事由未逾半日者，以半日計；逾半日未達 1 日者，以 1 日計。

(1) 發生第 17 條第 5 款不可抗力或不可歸責契約當事人之事故。

(2) 因天候影響無法施工。

(3) 機關要求全部或部分停工。

(4) 因辦理變更設計或增加工程數量或項目。

(5) 機關應辦事項未及時辦妥。

(6) 由機關自辦或機關之其他廠商之延誤而影響履約進度者。

(7) 機關提供之地質鑽探或地質資料，與實際情形有重大差異。

(8) 因傳染病或政府之行為，致發生不可預見之人員或貨物之短缺。

(9) 因機關使用或占用本工程任何部分，但契約另有規定者，不在此限。

(10) 其他非可歸責於廠商之情形，經機關認定者。

2. 前目事故之發生，致契約全部或部分必須停工時，廠商應於停工原因消滅後立即復工。其停工及復工，廠商應儘速向機關提出書面報告。

3. 第 1 目停工之展延工期，除另有規定外，機關得依廠商報經機關核備之預定進度表之要徑核定之。

（四）履約期間自指定之日起算者，應將當日算入。履約期間自指定之日後起算者，當日不計入。

第 8 條　材料機具及設備

（一）契約所需工程材料、機具、設備、工作場地設備等，除契約另有規定外，概由廠商自備。

（二）前款工作場地設備，指廠商為契約施工之場地或施工地點以外專為契約材料加工之場所之設備，包括施工管理、工人住宿、材料儲放等房舍及其附屬設施。該等房舍設施，應具備滿足生活與工作環境所必要之條件。

（三）廠商自備之材料、機具、設備，其品質應符合契約之規定，進入施工場所後由廠商負責保管。非經機關書面許可，不得擅自運離。

（四）由機關供應之材料、機具、設備，廠商應提出預定進場日期。因可歸責於機關之原因，不能於預定日期進場者，應預先書面通知廠商；致廠商未能依時履約者，廠商得依第 7 條第 3 款規定，申請延長履約期限；因此增加之必要費用，由機關負擔。

（五）廠商領用或租借機關之材料、機具、設備，應憑證蓋章並由機關檢驗人員核轉。已領用或已租借之材料、機具、設備，需妥善保管運用維護；用畢（餘）歸還時，應清理整修至符合規定或機關認可之程度，於規定之合理期限內運交機關指定處所放置。其未辦理

者，得視同廠商未完成履約。

（六）廠商對所領用或租借自機關之材料、機具、設備，有浪費、遺失、被竊或非自然消耗之毀損，無法返還或修理復原者，得經機關書面同意以相同者或同等品返還，或折合現金賠償。

第9條　施工管理

（一）廠商應按預定施工進度，僱用足夠且具備適當技能的員工，並將所需材料、機具、設備等運至工地，如期完成契約約定之各項工作。施工期間，所有廠商員工之管理、給養、福利、衛生與安全等，及所有施工機具、設備及材料之維護與保管，均由廠商負責。

（二）廠商及分包廠商員工均應遵守有關法令規定，包括施工地點當地政府、各目的事業主管機關訂定之規定，並接受機關對有關工作事項之指示。如有不照指示辦理，阻礙或影響工作進行，或其他非法、不當情事者，機關得隨時要求廠商更換員工，廠商不得拒絕。該等員工如有任何糾紛或違法行為，概由廠商負完全責任，如遇有傷亡或意外情事，亦應由廠商自行處理，與機關無涉。

（三）適用營造業法之廠商應依營造業法規定設置專任工程人員、工地主任及技術士。依營造業法第31條第5項規定，工地主任應加入全國營造業工地主任公會。工地施工期間工地主任應專駐於工地。查核金額以上工程之工地主任應專任，不得跨越標案，且施工時應在工地執行職務，如有違反規定得處每日（兼職期間）新台幣1,000元之罰款外，機關得通知廠商於7日內更換並調離工地。

（四）施工計畫與報表：

1.廠商應於開工前，擬定施工順序及預定進度表等，並就主要施工部分敘明施工方法，繪製施工相關圖說，送請監造單位／工程司審定。監造單位或機關為協調相關工程之配合，得指示廠

商作必要之修正。

2. 對於汛期施工有致災風險之工程，廠商應於提報之施工計畫內納入相關防災內容；其內容除機關及監造單位另有規定外，重點如下：

(1) 充分考量汛期颱風、豪雨對工地可能造成之影響，合理安排施工順序及進度，並妥擬緊急應變及防災措施。

(2) 訂定汛期工地防災自主檢查表，並確實辦理檢查。

(3) 凡涉及河川堤防之破堤或有水患之虞者，應納入防洪、破堤有關之工作項目及作業規定。

3. 預定進度表之格式及細節，應標示施工詳圖送審日期、主要器材設備訂購與進場之日期、各項工作之起始日期、各類別工人調派配置日期及人數等，並標示契約之施工要徑，俾供後續契約變更時檢核工期之依據。廠商在擬定前述工期時，應考量施工當地天候對契約之影響。預定進度表，經機關修正或核定者，不因此免除廠商對契約竣工期限所應負之全部責任。

4. 廠商應繪製勞工安全衛生相關設施之施工詳圖。機關應確實依廠商實際施作之數量辦理估驗。

5. 廠商於契約施工期間，應按機關同意之格式，每日填寫施工日誌，並每月送請監造單位／工程司核備。

（五）工作安全與衛生：依附錄 1 辦理。

（六）配合施工：

與契約工程有關之其他工程，經機關交由其他廠商承包時，廠商有與其他廠商互相協調配合之義務，以使該等工作得以順利進行，如因配合施工致增加不可預知之必要費用，得以契約變更增加契約價金。因工作不能協調配合，致生錯誤、延誤工期或意外

事故，其可歸責於廠商者，由廠商負責並賠償。如有任一廠商因此受損者，應於事故發生後儘速書面通知機關，由機關邀集雙方協調解決。其經協調仍無法達成協議者，由相關廠商依民事程序解決。

（七）工程保管：

1. 履約標的未經驗收移交接管單位接收前，所有已完成之工程及到場之材料、機具、設備，包括機關供給及廠商自備者，均由廠商負責保管。如有損壞缺少，概由廠商負責賠償。其經機關驗收付款者，所有權屬機關，禁止轉讓、抵押或任意更換、拆換。

2. 工程未經驗收前，機關因需要使用時，廠商不得拒絕。但應由雙方會同使用單位協商認定權利與義務。使用期間因非可歸責於廠商之事由，致遺失或損壞者，應由機關負責。

（八）廠商之工地管理：依附錄2辦理。

（九）廠商履約時於工地發現化石、錢幣、有價文物、古蹟、具有考古或地質研究價值之構造或物品、具有商業價值而未列入契約價金估算之砂石或其他有價物，應通知機關處理，廠商不得占為已有。

（十）各項設施或設備，依法令規定需由專業技術人員安裝、施工或檢驗者，廠商應依規定辦理。

（十一）轉包及分包：

1. 廠商不得將契約轉包。廠商亦不得以不具備履行契約分包事項能力、未依法登記或設立，或依採購法第103條規定不得作為參加投標或作為決標對象或分包廠商之廠商為分包廠商。

2. 廠商擬分包之項目及分包廠商，機關得予審查。

3. 廠商對於分包廠商履約之部分，仍應負完全責任。分包契約

報備於機關者，亦同。

4. 分包廠商不得將分包契約轉包。其有違反者，廠商應更換分包廠商。

5. 廠商違反不得轉包之規定時，機關得解除契約、終止契約或沒收保證金，並得要求損害賠償。

6. 轉包廠商與廠商對機關負連帶履行及賠償責任。再轉包者，亦同。

（十二）廠商及分包廠商履約，不得有下列情形：僱用依法不得從事其工作之人員（含非法外勞）、供應不法來源之財物、使用非法車輛或工具、提供不實證明、非法棄置土石、廢棄物或其他不法或不當行為。

（十三）廠商及分包廠商履約時，均不得僱用外籍勞工。除工程執行中經行政院勞工委員會各區就業服務中心或就業服務站確認無法招募足額本國勞工，始得依現行規定申請外籍勞工。但其與契約所定本國勞工之人力成本價金差額，應予扣回。違法僱用外籍勞工者，機關除通知目的事業主管機關依「就業服務法」規定處罰外，情節重大者，並得與廠商終止或解除契約。其因此造成損害者，並得向廠商請求損害賠償。

（十四）採購標的之進出口、供應、興建或使用涉及政府規定之許可證、執照或其他許可文件者，依文件核發對象，由機關或廠商分別負責取得。但屬應由機關取得者，機關得通知廠商代為取得，費用詳第4條。屬外國政府或其授權機構核發之文件者，由廠商負責取得，並由機關提供必要之協助。如因未能取得上開文件，致造成契約當事人一方之損害，應由造成損害原因之他方負責賠償。

（十五）廠商應依契約文件標示之參考原點、路線、坡度及高程，負責辦

理工程之放樣，如發現錯誤或矛盾處，應即向監造單位／工程司反應，並予澄清，以確保本工程各部分位置、高程、尺寸及路線之正確性，並對其工地作業及施工方法之適當性、可靠性及安全性負完全責任。

（十六）廠商之工地作業有發生意外事件之虞時，廠商應立即採取防範措施。發生意外時，應立即採取搶救，並依勞工安全衛生法等規定實施調查、分析及作成紀錄，且於取得必要之許可後，為復原、重建等措施，另應對機關與第三人之損害進行賠償。

（十七）機關於廠商履約中，若可預見其履約瑕疵，或其有其他違反契約之情事者，得通知廠商限期改善。

（十八）廠商不於前款期限內，依照改善或履行者，機關得採行下列措施：

1. 自行或使第三人改善或繼續其工作，其費用由廠商負擔。

2. 終止或解除契約，並得請求損害賠償。

3. 通知廠商暫停履約。

（十九）機關提供之履約場所，各得標廠商有共同使用之需要者，廠商應依與其他廠商協議或機關協調之結果共用場所。

（二十）機關提供或將其所有之財物供廠商加工、改善或維修，其需將標的運出機關場所者，該財物之滅失、減損或遭侵占時，廠商應負賠償責任。機關並得視實際需要規定廠商繳納與標的等值或一定金額之保證金＿＿＿＿＿＿＿＿（由機關視需要於招標時載明）。

（廿一）契約使用之土地，由機關於開工前提供，其地界由機關指定。如因機關未及時提供土地，致廠商未能依時履約者，廠商得依第 7 條第 3 款規定，申請延長履約期限；因此增加之必要費用，由機關負擔。該土地之使用如有任何糾紛，除因可歸責於廠商所致者

外，由機關負責；其地上（下）物的清除，除另有規定外，由機關負責處理。

（廿二）本工程使用預拌混凝土之情形如下：（由機關於招標時載明）

■ 廠商使用之預拌混凝土，應為「領有工廠登記證」之預拌混凝土廠供應。

□ 符合公共工程性質特殊者，或工地附近適當運距內無足夠合法預拌混凝土廠，或其產品無法滿足工程之需求者，廠商得經機關同意後，依「公共工程工地型預拌混凝土設備設置及拆除管理要點」規定辦理。其處理方式如下：

1. 工地型預拌混凝土設備設置生產前，應依勞工安全衛生法、環境保護法、空氣污染防制法、水污染防治法、噪音管制法等相關法令，取得各該主管機關許可。

2. 工程所需材料應以合法且未超載車輛運送。

3. 工程竣工後，預拌混凝土設備之拆除，應列入驗收項目；未拆除時，列入驗收缺點限期改善，逾期之日數，依第 17 條遲延履約規定計算逾期違約金。

4. 工程竣工後，預拌混凝土設備拆除完畢前，不得支付尾款。

5. 屆期未拆除完畢者，機關得強制拆除並由廠商支付拆除費用，或由工程尾款中扣除，並視其情形依採購法第 101 條規定處理。

6. 廠商應出具切結書；其內容應包括下列各款：

   (1) 專供該工程預拌混凝土材料，不得對外營業。

   (2) 工程竣工後驗收前或契約終止（解除）後 1 個月內，該預拌混凝土設備必須拆除完畢並恢復原狀。

   (3) 因該預拌混凝土設備之設置造成之污染、損鄰等可歸責之

事故，悉由該設置廠商負完全責任。

□ 本工程處離島地區，且境內無符合「工廠管理輔導法」之預拌混凝土廠，其處理方式如下：＿＿＿＿＿＿＿＿＿＿＿＿＿＿＿＿＿＿＿＿＿＿。

■ 預拌混凝土廠或「公共工程工地型預拌混凝土設備」之品質控管方式，依工程會所訂「公共工程施工綱要規範」（完整版）第 03050 章「混凝土基本材料及施工一般要求」第 1.5.2 款「拌合廠規模、設備及品質控制等資料」辦理。

(廿三) 營建土石方之處理：

□ 廠商應運送＿＿＿＿＿＿＿＿或向＿＿＿＿＿＿＿＿借土（機關於招標文件中擇一建議之合法土資場或借土區），或於不影響履約、不重複計價、不提高契約價金及扣除節省費用價差之前提下，自覓符合契約及相關法規要求之合法土資場或借土區，依契約變更程序經機關同意後辦理（廠商如於投標文件中建議其他合法土資場或借土區，並經機關審查同意者，亦可）。

□ 由機關另案招標，契約價金不含營建土石方處理費用；誤列為履約項目者，該部分金額不予給付。

(廿四) 基於合理的備標成本及等標期，廠商應被認為已取得了履約所需之全部必要資料，包含（但不限於）法令、天候條件及機關負責提供之現場數據（例如機關提供之地質鑽探或地表下地質資料）等，並於投標前已完成該資料之檢查與審核。

(廿五) 工作協調及工程會議：依附錄 3 辦理。

(廿六) 其他：＿＿＿＿＿＿＿＿＿＿＿＿＿（由機關擇需要者於招標時載明）。

第 10 條　監造作業

（一）契約履約期間，機關得視案件性質及實際需要指派工程司駐場，代表機關監督廠商履行契約各項應辦事項。如機關委託技術服務廠商執行監造作業時，機關應通知廠商，技術服務廠商變更時亦同。該技術服務廠商之職權依機關之授權內容，並由機關書面通知廠商。

（二）工程司所指派之代表，其對廠商之指示與監督行為，效力同工程司。工程司對其代表之指派及變更，應通知廠商。

（三）工程司之職權如下（機關可視需要調整）：

　　1. 契約之解釋。

　　2. 工程設計、品質或數量變更之審核。

　　3. 廠商所提施工計畫、施工詳圖、品質計畫及預定進度表等之審核及管制。

　　4. 工程及材料機具設備之檢（試）驗。

　　5. 廠商請款之審核簽證。

　　6. 於機關所賦職權範圍內對廠商申請事項之處理。

　　7. 契約與相關工程之配合協調事項。

　　8. 其他經機關授權並以書面通知廠商之事項。

（四）廠商依契約提送機關一切之申請、報告、請款及請示事項，除另有規定外，均需送經監造單位／工程司核轉。廠商依法令規定提送政府主管機關之有關申請及報告事項，除另有規定外，均應先照會監造單位／工程司。監造單位／工程司在其職權範圍內所作之決定，廠商如有異議時，應於接獲該項決定之日起 10 日內以書面向機關表示，否則視同接受。

（五）監造單位／工程司代表機關處理下列非廠商責任之有關契約之協調事項：

1. 工地周邊公共事務之協調事項。

2. 工程範圍內地上（下）物拆遷作業協調事項。

3. 機關供給材料或機具之供應協調事項。

4. 機關交辦之其他事項。

第 11 條　工程品管

（一）廠商應對契約之內容充分了解，並切實執行。如有疑義，應於履行前向機關提出澄清，否則應依照機關之解釋辦理。

（二）廠商自備材料、機具、設備在進場前，應依個案實際需要，將有關資料及可提供之樣品，先送監造單位／工程司審查同意。如需辦理檢（試）驗之項目，得為下列方式（由機關擇一於招標時載明），且檢（試）驗合格後始得進場：

□ 檢（試）驗由機關辦理：廠商會同監造單位／工程司取樣後，送往機關指定之檢（試）驗單位辦理檢（試）驗，檢（試）驗費用由機關支付，不納入契約價金。

■ 檢（試）驗由廠商依機關指定程序辦理：廠商會同監造單位／工程司取樣後，送往機關指定之檢（試）驗單位辦理檢（試）驗，檢（試）驗費用納入契約價金，由機關以實支實付方式支付。

□ 檢（試）驗由廠商辦理：監造單位／工程司會同廠商取樣後，送經監造單位／工程司提報並經機關審查核定之檢（試）驗單位辦理檢（試）驗，並由監造單位／工程司指定檢（試）驗報告寄送地點，檢（試）驗費用由廠商負擔。

因機關需求而就同一標的作 2 次以上檢（試）驗者，其所生費用，結果合格者由機關負擔；不合格者由廠商負擔。該等材料、機具、設備進場時，廠商仍應通知監造單位／工程司或其代表人作現場檢驗。其有關資料、樣品、取樣、檢（試）驗等之處理，同上述

進場前之處理方式。

（三）廠商於施工中，應依照施工有關規範，對施工品質，嚴予控制。隱蔽部分之施工項目，應事先通知監造單位／工程司派員現場監督進行。

（四）廠商品質管理作業：依附錄 4 辦理。

（五）依採購法第 70 條規定對重點項目訂定之檢查程序及檢驗標準（由機關於招標時載明）：＿＿＿＿＿＿＿＿＿＿＿＿＿＿＿＿＿＿＿＿＿＿＿＿＿＿＿＿＿。

（六）工程查驗：

1. 契約施工期間，廠商應依規定辦理自主檢查；監造單位／工程司應按規範規定查驗工程品質，廠商應予必要之配合，並派員協助。但監造單位／工程司之工程查驗並不免除廠商依契約應負之責任。

2. 監造單位／工程司如發現廠商工作品質不符合契約規定，或有不當措施將危及工程之安全時，得通知廠商限期改善、改正或將不符規定之部分拆除重做。廠商逾期未辦妥時，機關得要求廠商部分或全部停工，至廠商辦妥並經監造單位／工程司審查及機關書面同意後方可復工。廠商不得為此要求展延工期或補償。如主管機關或上級機關之工程施工查核小組發現上開施工品質及施工進度之缺失，而廠商未於期限內改善完成且未經該查核小組同意延長改善期限者，機關得通知廠商撤換工地負責人及品管人員或安全衛生管理人員。

3. 契約施工期間，廠商應按規定之階段報請監造單位／工程司查驗，監造單位／工程司發現廠商未按規定階段報請查驗，而擅自繼續次一階段工作時，機關得要求廠商將未經查驗及擅自施

工部分拆除重做，其一切損失概由廠商自行負擔。但監造單位／工程司應指派專責查驗人員隨時辦理廠商申請之查驗工作，不得無故遲延。

4. 本工程如有任何事後無法檢驗之隱蔽部分，廠商應在事前報請監造單位／工程司查驗，監造單位／工程司不得無故遲延。爲維持工作正常進行，監造單位／工程司得會同有關機關先行查驗或檢驗該隱蔽部分，並記錄存證。

5. 因監造單位／工程司遲延辦理查驗，致廠商未能依時履約者，廠商得依第 7 條第 3 款，申請延長履約期限；因此增加之必要費用，由機關負擔。

6. 廠商爲配合監造單位／工程司在工程進行中隨時進行工程查驗之需要，應妥爲提供必要之設備與器材。如有不足，經監造單位／工程司通知後，廠商應立即補足。

7. 契約如有任何部分需報請政府主管機關查驗時，應由廠商提出申請，並按照規定負擔有關費用。

8. 工程施工中之查驗，應遵守營造業法第 41 條第 1 項規定。（適用於營造業者之廠商）。

（七）廠商應免費提供機關依契約辦理查驗、測試、檢驗、初驗及驗收所必須之儀器、機具、設備、人工及資料。但契約另有規定者，不在此限。契約規定以外之查驗、測試或檢驗，其結果不符合契約規定者，由廠商負擔所生之費用；結果符合者，由機關負擔費用。

（八）機關提供設備或材料供廠商履約者，廠商應於收受時作必要之檢查，以確定其符合履約需要，並作成紀錄。設備或材料經廠商收受後，其滅失或損害，由廠商負責。

（九）有關其他工程品管未盡事宜，契約施工期間，廠商應遵照公共工程

施工品質管理作業要點辦理。

（十）對於依採購法第 70 條規定設立之工程施工查核小組查核結果，廠商品質缺失懲罰性違約金之基準如下：

1. 懲罰性違約金金額，應依查核小組查核之品質缺失扣點數計算之。

   (1) 巨額採購以上之工程採購案，每點扣款新台幣 8,000 元。

   (2) 查核金額以上未達巨額採購之工程採購案，每點扣款新台幣 4,000 元。

   (3) 1,000 萬元以上未達查核金額之工程採購案，每點扣款新台幣 2,000 元。

   (4) 未達 1,000 萬元之工程採購案，每點扣款新台幣 1,000 元整。

2. 查核結果，成績爲丙等且可歸責於廠商者，除依「工程施工查核小組作業辦法」規定辦理外，其品質缺失懲罰性違約金金額，應依前目計算之金額加計本工程品管費用之 1%。

3. 品質缺失懲罰性違約金之支付，機關應自應付價金中扣抵；其有不足者，得通知廠商繳納或自保證金扣抵。

4. 品質缺失懲罰性違約金之總額，以契約價金總額之 20% 爲上限。

第 12 條　災害處理

（一）本條所稱災害，指因下列天災或不可抗力所生之事故：

1. 山崩、地震、海嘯、火山爆發、颱風、豪雨、冰雹、水災、土石流、土崩、地層滑動、雷擊或其他天然災害。

2. 核生化事故或放射性污染，達法規認定災害標準或經政府主管機關認定者。

3. 其他經機關認定確屬不可抗力者。

（二）驗收前遇颱風、地震、豪雨、洪水等不可抗力災害時，廠商應在災

害發生後，按保險單規定向保險公司申請賠償，並儘速通知機關派員會勘。其經會勘屬實，並確認廠商已善盡防範之責者，廠商得依第7條第3款規定，申請延長履約期限。其屬本契約所載承保範圍以外者，依下列情形辦理：

1. 廠商已完成之工作項目本身受損時，除已完成部分仍按契約單價計價外，修復或需重做部分由雙方協議，但機關供給之材料，仍得由機關核實供給之。

2. 廠商自備施工用機具設備之損失，由廠商自行負責。

第13條 保險

（一）廠商應依本案契約條件、施工環境及可能之履約狀況，自行評估並辦理下列保險（由機關擇定後於招標時載明，視需要勾選），其屬自然人者，應自行投保人身意外險。其費用由廠商自行估算，並包含於契約標價清單（詳細價目表）之「廠商利潤、管理、保險」內。因契約變更加保所需費用，亦含在契約變更書之「廠商利潤、管理、保險」內，機關不另行給付。

　■ 營造綜合保險。

　□ 安裝工程綜合保險。

　□ 營建機具綜合保險。

　□ 貨物運輸保險。

　□ 其他 _____

（二）廠商依前款辦理之營造綜合保險或安裝工程綜合保險，其內容如下：

1. 承保範圍：

　(1) 營造或安裝工程財物損失險；

　(2) 第三人意外責任險；

(3) 修復本工程所需之拆除清理費用；

(4) 機關提供之施工機具設備。

2. 保險標的：○○道路拓寬工程。

3. 被保險人：以機關及其技術服務廠商、施工廠商及全部分包廠商為共同被保險人。

4. 保險金額及自負額規定：

(1) 營造或安裝工程財物損失險：保險金額為契約總價及供給材料費（以機關預算書內所列金額為準）自負額規定如下：

① 每一事故「天災自負額」不得高於當次損失金額之百分之二十，但最少不低於：

■ 營造或安裝工程財物損失險保險金額之百分之一。（適用保險金額在五億元以下者）

□ 五百萬元。（適用保險金額在五億元至二十億元之間）

□ 其他：＿＿＿＿＿＿＿＿＿＿＿＿＿＿＿＿＿＿＿＿＿。

②「非天災自負額」不得高於〔十萬〕元。

(2) 第三人意外責任險：

① 每一個人體傷或死亡保險金額不低於〔一千萬〕元，自負額不得高於〔五千〕元。

② 每一事故體傷或死亡保險金額不低於〔二千萬〕元，自負額不得高於〔十萬〕元。

③ 每一事故財物損害保險金額不低於〔一千萬〕元，自負額不得高於〔十萬〕元。

④ 保險期間內最高賠償限額不低於〔三千萬〕元。

5. 保險期間：廠商應自開工日起，至驗收合格、點交予機關日止加計 3 個月（由廠商依本契約相關作業期限自行預估），如因工期

延長，廠商應主動辦理延長保險期限，保費由廠商負擔。因機關要求之變更設計而增加者，則依照本契約原訂保險金額比例增加，保費由廠商負擔。

6. 受益人：機關（不包含責任保險）。

7. 未經機關同意之任何保險契約之變更或終止，無效。但有利於機關者，不在此限。

8. 附加條款及附加保險（由機關視工程性質，於招標時載明勾選）：

　□ 罷工、暴動、民眾騷擾附加條款。

　□ 交互責任附加條款。

　□ 擴大保固保證保險。

　□ 鄰近財物附加條款。

　■ 受益人附加條款。

　■ 保險金額彈性（自動增加）附加條款。

　■ 四十八小時勘查災損附加條款。

　■ 雇主意外責任保險。

　■ 定作人同意附加條款。

　□ 設計者風險附加條款。

　■ 已啟用、接管或驗收工程附加條款。

　□ 第三人建築物龜裂、倒塌責任附加保險。

　□ 定作人建築物龜裂、倒塌責任附加條款。

　□ 預約式保險單附加條款。

　□ 其他＿＿＿＿＿＿＿。

9. 其他：＿＿＿＿＿＿＿＿＿＿＿＿＿＿＿＿＿＿＿

（三）廠商依前款第 8 款辦理之雇主意外責任險附加保險，其內容如下（由機關視保險性質擇定或調整後列入招標文件）：

1. 保險人所負之賠償責任：■不扣除社會保險之給付部分；□以超過社會保險之給付部分為限。

2. 保險金額：

    (1) 每一個人體傷或死亡保險金額不低於〔二千萬〕元。

    (2) 每一事故體傷或死亡保險金額不低於〔二千萬〕；每一事故體傷保險金額之廠商自負額不得高於〔五千〕元，每一事故死亡保險金額之廠商自負額不得高於〔十萬〕元。

    (3) 保險期間內最高賠償限額不低於〔三千萬〕元。

（四）廠商依第 8 款辦理之第三人建築物龜裂、倒塌責任附加保險，其內容如下（由機關視工程性質擇定或調整後列入招標文件）（以下括弧內之保險金額，爰請機關斟酌實際採購金額另訂之）：

□ 龜裂責任

1. 每一事故賠償限額不低於〔　〕元，自負額不得高於總損失之百分之〔二十〕，但最少不低於〔　〕元。

2. 保險期間內最高賠償限額不低於〔　〕元。

□ 倒塌責任

1. 每一事故賠償限額不低於〔　〕元，自負額不得高於總損失之百分之〔二十〕，但最少不低於〔　〕元。

2. 保險期間內最高賠償限額不低於〔　〕元。

（五）廠商未依本契約規定辦理保險者，不得辦理估驗計價給付工程款；已完工未投保者，「廠商利潤、管理、保險費」該項不予給付，並懲以前項金額之違約金。

（六）保險單正本 1 份及繳費收據副本 1 份，應於辦理第一次估驗計價給付工程估驗款前送機關核備，但最遲不得逾開工後一個月。

（七）廠商辦理之貨物運輸保險，包括設備器材運抵機關指定場所之內

陸貨物運輸保險，保險範圍包括地震、雷擊、搶劫、偷竊、未送達、漏失、破損、短缺、戰爭、罷工及暴動等事項所生之損害。

（八）保險單或保險契約規定之不保事項，其風險及可能之賠償由廠商負擔。但符合第4條第10款規定由機關負擔必要費用之情形（屬機關承擔之風險），不在此限。

（九）廠商向保險人索賠所費時間，不得據以請求延長履約期限。

（十）廠商未依本契約規定辦理保險，致保險範圍不足或未能自保險人獲得足額理賠者，其損失或損害賠償，由廠商負擔。

（十一）依法非屬保險人可承保之保險範圍，或非因保費因素卻於國內無保險人願承保，且有保險公會書面佐證者，依第1條第7款辦理。

（十二）廠商辦理之營建機具綜合保險之保險金額應為新品重置價格。

（十三）廠商應依中華民國法規為其員工及車輛投保勞工保險、全民健康保險及汽機車第三人責任險。其依法屬免投勞工保險者，得以其他商業保險代之。

（十四）本工程如中途交保證人接辦時，應重新辦理投保，投保費用由該保證人自行負擔。

（十五）發生災害賠償時，一切協調及要求理賠等事宜及不足費用，均應由廠商或接辦保證人自行負責及負擔，不得要求機關補貼。

（十六）本工程如受災必須保險公司勘查部分，應於勘查後即予復工，不得以保險公司賠償手續未齊或其他理由停工。

第14條　保證金

（一）保證金之發還情形如下（由機關擇定後於招標時載明）：

　　□ 預付款還款保證，依廠商已履約部分所占進度之比率遞減。

　　□ 預付款還款保證，依廠商已履約部分所占契約金額之比率遞減。

　　□ 預付款還款保證，依預付款已扣回金額遞減。

□ 預付款還款保證，於驗收合格後一次發還。

■ 履約保證金於履約驗收合格且無待解決事項後 30 日內發還。有
　分段或部分驗收情形者，得按比例分次發還。

■ 履約保證金於工程進度達 25%、50%、75% 及驗收合格後，各
　發還 25%。（機關得視案件性質及實際需要於招標時載明，尚不
　以 4 次為限；惟查核金額以上之工程採購，不得少於 4 次）

□ 履約保證金於履約驗收合格且無待解決事項後 30 日內發還＿＿
　＿＿%（由機關於招標時載明）。其餘之部分於＿＿＿＿＿＿（由機
　關於招標時載明）且無待解決事項後 30 日內發還。

■ 廠商於履約標的完成驗收付款前應繳納保固保證金。

■ 保固保證金於保固期滿且無待解決事項後 30 日內一次發還。

□ 保固保證金於完成以下保固事項或階段：＿＿＿＿＿＿（由機關
　於招標時載明；未載明者，為非結構物或結構物之保固期滿），
　且無待解決事項後 30 日內按比例分次發還。保固期在 1 年以上
　者，按年比例分次發還。

■ 差額保證金之發還，同履約保證金。

□ 植栽工程涉及養護期、保活期，需約定保證金者，發還方式（含
　分階段）為：＿＿＿＿＿＿（由機關於招標時載明）。

□ 其他：＿＿＿＿＿＿＿＿＿＿＿＿＿＿＿＿＿＿＿＿

（二）因不可歸責於廠商之事由，致全部終止或解除契約，或暫停履約逾
　　　6 個月（由機關於招標時載明；未載明者，為 6 個月）者，履約保
　　　證金應提前發還。但屬暫停履約者，於暫停原因消滅後應重新繳納
　　　履約保證金。因可歸責於機關之事由而暫停履約，其需延長履約保
　　　證金有效期之合理必要費用，由機關負擔。

（三）廠商所繳納之履約保證金及其孳息得部分或全部不予發還之情形：

1. 有採購法第 50 條第 1 項第 3 款至第 5 款情形之一，依同條第 2 項前段得追償損失者，與追償金額相等之保證金。

2. 違反採購法第 65 條規定轉包者，全部保證金。

3. 擅自減省工料，其減省工料及所造成損失之金額，自待付契約價金扣抵仍有不足者，與該不足金額相等之保證金。

4. 因可歸責於廠商之事由，致部分終止或解除契約者，依該部分所占契約金額比率計算之保證金；全部終止或解除契約者，全部保證金。

5. 查驗或驗收不合格，且未於通知期限內依規定辦理，其不合格部分及所造成損失、額外費用或懲罰性違約金之金額，自待付契約價金扣抵仍有不足者，與該不足金額相等之保證金。

6. 未依契約規定期限或機關同意之延長期限履行契約之一部或全部，其逾期違約金之金額，自待付契約價金扣抵仍有不足者，與該不足金額相等之保證金。

7. 需返還已支領之契約價金而未返還者，與未返還金額相等之保證金。

8. 未依契約規定延長保證金之有效期者，其應延長之保證金。

9. 其他因可歸責於廠商之事由，致機關遭受損害，其應由廠商賠償而未賠償者，與應賠償金額相等之保證金。

（四）前款不予發還之履約保證金，於依契約規定分次發還之情形，得為尚未發還者；不予發還之孳息，為不予發還之履約保證金於繳納後所生者。

（五）廠商如有第 3 款所定 2 目以上情形者，其不發還之履約保證金及其孳息應分別適用之。但其合計金額逾履約保證金總金額者，以總金額為限。

（六）保固保證金及其孳息不予發還之情形，準用第3款至第5款之規定。

（七）廠商未依契約規定履約或契約經終止或解除者，機關得就預付款還款保證尚未遞減之部分加計年息＿＿＿％（由機關於招標時合理訂定，如未填寫，則依民法第203條規定，年息為5%）之利息，隨時要求返還或折抵機關尚待支付廠商之價金。

（八）保證金以定期存款單、連帶保證書、連帶保證保險單或擔保信用狀繳納者，其繳納文件之格式依採購法之主管機關於「押標金保證金暨其他擔保作業辦法」所訂定者為準。

（九）保證金之發還，依下列原則處理：

1. 以現金、郵政匯票或票據繳納者，以現金或記載原繳納人為受款人之禁止背書轉讓即期支票發還。

2. 以無記名政府公債繳納者，發還原繳納人。

3. 以設定質權之金融機構定期存款單繳納者，以質權消滅通知書通知該質權設定之金融機構。

4. 以銀行開發或保兌之不可撤銷擔保信用狀繳納者，發還開狀銀行、通知銀行或保兌銀行。但銀行不要求發還或已屆期失效者，得免發還。

5. 以銀行之書面連帶保證或保險公司之連帶保證保險單繳納者，發還連帶保證之銀行或保險公司或繳納之廠商。但銀行或保險公司不要求發還或已屆期失效者，得免發還。

（十）保證書狀有效期之延長：

廠商未依契約規定期限履約或因可歸責於廠商之事由，致有無法於保證書、保險單或信用狀有效期內完成履約之虞，或機關無法於保證書、保險單或信用狀有效期內完成驗收者，該保證書、保險單或信用狀之有效期應按遲延期間延長之。廠商未依機關之通

知予以延長者，機關將於有效期屆滿前就該保證書、保險單或信用狀之金額請求給付並暫予保管。其所生費用由廠商負擔。其需返還而有費用或匯率損失者，亦同。

（十一）履約保證金或保固保證金以其他廠商之履約及賠償連帶保證代之或減收者，連帶保證廠商之連帶保證責任，不因分次發還保證金而遞減。該連帶保證廠商同時作為各機關採購契約之連帶保證廠商者，以 2 契約為限。

（十二）連帶保證廠商非經機關許可，不得自行申請退保。其經機關查核，中途失其保證能力者，由機關通知廠商限期覓保更換，原連帶保證廠商應俟換保手續完成經機關認可後，始能解除其保證責任。

（十三）機關依契約規定認定有不發還廠商保證金之情形者，依其情形可由連帶保證廠商履約而免補繳者，應先洽該廠商履約。否則，得標廠商及連帶保證廠商應於 5 日內向機關補繳該不發還金額中原由連帶保證代之或減收之金額。

（十四）廠商為優良廠商而減收履約保證金、保固保證金者，其有不發還保證金之情形者，廠商應就不發還金額中屬減收之金額補繳之。

（十五）於履約過程中，如因可歸責於廠商之事由，而有施工查核結果列為丙等、發生重大勞安或環保事故之情形，機關得不按原定進度發還履約保證金，至上開情形改善處理完成為止，並於改善處理完成後 30 日內一次發還上開延後發還之履約保證金。已發生扣抵履約保證金之情形者（例如第 5 條第 3 款），發還扣抵後之金額。

（十六）契約價金總額於履約期間增減累計金額達新臺幣 100 萬元者（或機關於招標時載明之其他金額），履約保證金之金額應依契約價金總額增減比率調整之，由機關通知廠商補足或退還。

第 15 條　驗收

（一）廠商履約所供應或完成之標的，應符合契約規定，無減少或減失價值或不適於通常或約定使用之瑕疵，且為新品。

（二）驗收程序（由機關擇需要者於招標時載明）：

■ 廠商應於履約標的預定竣工日前或竣工當日，將竣工日期書面通知監造單位／工程司及機關，該通知需檢附工程竣工圖表。監造單位／工程司應於收到該通知（含工程竣工圖表）之日起 7 日內會同廠商，依據契約、圖說或貨樣核對竣工之項目及數量，以確定是否竣工；廠商未依通知派代表參加者，仍得予確定。機關持有設計圖電子檔者，廠商依其提送竣工圖期程，需使用該電子檔者，應適時向機關申請提供該電子檔；機關如遲未提供，廠商得定相當期限催告，以應及時提出工程竣工圖之需。

□ 工程竣工後，有初驗程序者，機關應於收受監造單位／工程司送審之全部資料之日起 30 日內辦理初驗，並作成初驗紀錄。初驗合格後，機關應於 20 日內辦理驗收，並作成驗收紀錄。廠商未依機關通知派代表參加初驗或驗收者，除法令另有規定外（例如營造業法第 41 條），不影響初驗或驗收之進行及其結果。

■ 工程竣工後，無初驗程序者，機關應於接獲廠商通知備驗或可得驗收之程序完成後 30 日內辦理驗收，並作成驗收紀錄。廠商未依機關通知派代表參加驗收者，除法令另有規定外（例如營造業法第 41 條），不影響驗收之進行及其結果。如因可歸責於機關之事由，延誤辦理驗收，該延誤期間不計逾期違約金；廠商因此增加之必要費用，由機關負擔。

（三）查驗或驗收有試車、試運轉或試用測試程序者，其內容：

廠商應就履約標的於工程範圍內、初驗、驗收時辦理試車、試運

轉或試用測試程序，以作爲查驗或驗收之用。試車、試運轉或試用所需費用，由廠商負擔。但另有規定者，不在此限。

（四）查驗或驗收人對隱蔽部分拆驗或化驗者，其拆除、修復或化驗所生費用，拆驗或化驗結果與契約規定不符者，該費用由廠商負擔；與規定相符者，該費用由機關負擔。契約規定以外之查驗、測試或檢驗，亦同。

（五）查驗、測試或檢驗結果不符合契約規定者，機關得予拒絕，廠商應於限期內免費改善、拆除、重作、退貨或換貨，機關得重行查驗、測試或檢驗。且不得因機關辦理查驗、測試或檢驗，而免除其依契約所應履行或承擔之義務或責任，及費用之負擔。

（六）機關就廠商履約標的爲查驗、測試或檢驗之權利，不受該標的曾通過其他查驗、測試或檢驗之限制。

（七）廠商應對施工期間損壞或遷移之機關設施或公共設施予以修復或回復，並填具竣工報告，經機關確認竣工後，始得辦理初驗或驗收。廠商應將現場堆置的施工機具、器材、廢棄物及非契約所應有之設施全部運離或清除，方可認定驗收合格。

（八）工程部分完工後，有部分先行使用之必要或已履約之部分有減損減失之虞者，應先就該部分辦理驗收或分段查驗供驗收之用，並就辦理部分驗收者支付價金及起算保固期。可採部分驗收方式者，優先採部分驗收；因時程或個案特性，採部分驗收有困難者，可採分段查驗供驗收之用。分段查驗之事項與範圍，應確認查驗之標的符合契約規定，並由參與查驗人員作成書面紀錄。供機關先行使用部分之操作維護所需費用，除契約另有規定外，由機關負擔。

（九）工程驗收合格後，廠商應依照機關指定的接管單位辦理點交。其因非可歸責於廠商的事由，接管單位有異議或藉故拒絕、拖延時，機

關應負責處理，並在驗收合格後 60 日內處理完畢，否則應由機關自行接管。如機關逾期不處理或不自行接管者，視同廠商已完成點交程序，對本工程的保管不再負責，機關不得以尚未點交作為拒絕結付尾款的理由。若建築工程需取得目的事業主管機關之使用執照或其他類似文件時，其因可歸責於機關之事由以致延誤時，機關應先行辦理驗收付款。

（十）廠商履約結果經機關初驗或驗收有瑕疵者，機關得要求廠商（改正期限由主驗人定之）改善、拆除、重作、退貨或換貨（以下簡稱改正）。

（十一）廠商不於前款期限內改正、拒絕改正或其瑕疵不能改正，機關得採行下列措施之一：

　　　1. 自行或使第三人改正，並得向廠商請求償還改正必要之費用。

　　　2. 終止或解除契約或減少契約價金。

（十二）因可歸責於廠商之事由，致履約有瑕疵者，機關除依前 2 款規定辦理外，並得請求損害賠償。

第 15 條之 1　操作、維護資料及訓練

□ 廠商應依本條規定履約：

（一）資料內容：

　　　1. 中文操作與維護資料：

　　　　（1）製造商之操作與維護手冊。

　　　　（2）完整說明各項產品及其操作步驟與維護（修）方式、規定。

　　　　（3）示意圖及建議備用零件表。

　　　　（4）其他：＿＿＿＿＿＿。

　　　2. 上述資料應包括下列內容：

　　　　（1）契約名稱與編號；

(2) 主題（例如土建、機械、電氣、輸送設備……）；

(3) 目錄；

(4) 最接近本工程之維修廠商名稱、地址、電話；

(5) 廠商、供應商、安裝商之名稱、地址、電話；

(6) 最接近本工程之零件供應商名稱、地址、電話；

(7) 預計接管單位將開始承接維護責任之日期；

(8) 系統及組件之說明；

(9) 例行維護作業程序及時程表；

(10) 操作、維護（修）所需之機具、儀器及備品數量；

(11) 以下資料由機關視個案特性勾選：

　　□ 操作前之檢查或檢驗表

　　□ 設備之啟動、操作、停機作業程序

　　□ 操作後之檢查或關機表

　　□ 一般狀況、特殊狀況及緊急狀況之處置說明

　　□ 經核可之測試資料

　　□ 製造商之零件明細表、零件型號、施工圖

　　□ 與未來維護（修）有關之圖解（分解圖）、電（線）路圖

　　□ 製造商原廠備品明細表及建議價格

　　□ 可編譯（Compilable）之原始程式移轉規定

　　□ 軟體版權之授權規定

　　□ 其他：＿＿＿＿＿＿。

(12) 索引。

3. 保固期間操作與維護資料之更新，應以書面提送。各項更新資料，包括定期服務報告，均應註明契約名稱及編號。

4. 教育訓練計畫應包括下列內容：

(1) 設備及布置説明；

(2) 各類設備之功能介紹；

(3) 各項設備使用説明；

(4) 設備規格；

(5) 各項設備之操作步驟；

(6) 操作維護項目及程序解説；

(7) 故障檢查程序及排除説明；

(8) 講師資格；

(9) 訓練時數。

(10) 其他：_____。

5. 廠商需依機關需求時程提供完整中文教育訓練課程及手冊，使機關或接管單位指派人員了解各項設備之操作及維護（修）。

（二）資料送審：

1. 操作與維護資料格式樣本、教育訓練計畫及內容大綱草稿，應於竣工前____天（由機關於招標時載明；未載明者，為60天），提出1份送審；並於竣工前____天（由機關於招標時載明；未載明者，為30天），提出1份正式格式之完整資料送審。製造商可證明其現成之手冊資料，足以符合本條之各項規定者，不在此限。

2. 廠商需於竣工前____天（由機關於招標時載明；未載明者，為15天），提出____份（由機關於招標時載明；未載明者，為5份）經機關核可之操作與維護資料及教育訓練計畫。

3. 廠商應於竣工前提供最新之操作與維護（修）手冊、圖説、定期服務資料及其他與設備相關之資料____份（由機關於招標時載明；未載明者，為5份），使接管單位有足夠能力進行操作及維

護（修）工作。

第 16 條　保固

（一）保固期之認定：

1. 起算日：

(1) 全部完工辦理驗收者，自驗收結果符合契約規定之日起算。

(2) 有部分先行使用之必要或已履約之部分有減損滅失之虞，辦理部分驗收者，自部分驗收結果符合契約規定之日起算。

(3) 因可歸責於機關之事由，逾第 15 條第 2 款規定之期限遲未能完成驗收者，自契約標的足資認定符合契約規定之日起算。

2. 期間：由乙方保固 3 年（如部分設備或材料於設計圖說中明定較長之保固期，則依較長保固期為原則）。

（二）本條所稱瑕疵，包括損裂、坍塌、損壞、功能或效益不符合契約規定等。但屬第 17 條第 5 款所載不可抗力或不可歸責於廠商之事由所致者，不在此限。

（三）保固期內發現之瑕疵，應由廠商於機關指定之合理期限內負責免費無條件改正。逾期不為改正者，機關得逕為處理，所需費用由廠商負擔，或動用保固保證金逕為處理，不足時向廠商追償。但屬故意破壞、不當使用、正常零附件損耗或其他非可歸責於廠商之事由所致瑕疵者，由機關負擔改正費用。

（四）為釐清發生瑕疵之原因或其責任歸屬，機關得委託公正之第三人進行檢驗或調查工作，其結果如證明瑕疵係因可歸責於廠商之事由所致，廠商應負擔檢驗或調查工作所需之費用。

（五）瑕疵改正後 30 日內，如機關認為可能影響本工程任何部分之功能與效益者，得要求廠商依契約原訂測試程序進行測試。該瑕疵係因可歸責於廠商之事由所致者，廠商應負擔進行測試所需之費用。

（六）保固期內，採購標的因可歸責於廠商之事由造成之瑕疵致全部工程無法使用時，該無法使用之期間不計入保固期；致部分工程無法使用者，該部分工程無法使用之期間不計入保固期，並由機關通知廠商。

（七）機關得於保固期間及期滿前，通知廠商派員會同勘查保固事項。

（八）保固期滿且無待決事項後 30 日內，機關應簽發一份保固期滿通知書予廠商，載明廠商完成保固責任之日期。除該通知書所稱之保固合格事實外，任何文件均不得證明廠商已完成本工程之保固工作。

（九）廠商應於接獲保固期滿通知書後 30 日內，將留置於本工程現場之設備、材料、殘物、垃圾或臨時設施，清運完畢。逾期未清運者，機關得逕為變賣並遷出現場。扣除機關一切處理費用後有剩餘者，機關應將該差額給付廠商；如有不足者，得通知廠商繳納或自保固保證金扣抵。

第 17 條　遲延履約

（一）逾期違約金，以日為單位，廠商如未依照契約規定期限竣工，應按逾期日數，每日依契約價金總額 1‰ 計算逾期違約金。

1. 廠商如未依照契約所定履約期限竣工，自該期限之次日起算逾期日數。但未完成履約之部分不影響其他已完成部分之使用者，按未完成履約部分之契約價金，每日依其 3‰ 計算逾期違約金。

2. 初驗或驗收有瑕疵，經機關通知廠商限期改正，自契約所定履約期限之次日起算逾期日數，但扣除以下日數：

(1) 履約期限之次日起，至機關決定限期改正前歸屬於機關之作業日數。

(2) 契約或主驗人指定之限期改正日數。

（二）採部分驗收者，得就該部分之金額計算逾期違約金。

（三）逾期違約金之支付，機關得自應付價金中扣抵；其有不足者，得通知廠商繳納或自保證金扣抵。

（四）逾期違約金為損害賠償額預定性違約金，其總額（含逾期未改正之違約金）以契約價金總額之 20% 為上限，且不計入第 18 條第 8 款之賠償責任上限金額內。

（五）因下列天災或事變等不可抗力或不可歸責於契約當事人之事由，致未能依時履約者，廠商得依第 7 條第 3 款規定，申請延長履約期限；不能履約者，得免除契約責任：

1. 戰爭、封鎖、革命、叛亂、內亂、暴動或動員。

2. 山崩、地震、海嘯、火山爆發、颱風、豪雨、冰雹、惡劣天候、水災、土石流、土崩、地層滑動、雷擊或其他天然災害。

3. 墜機、沉船、交通中斷或道路、港口冰封。

4. 罷工、勞資糾紛或民眾非理性之聚眾抗爭。

5. 毒氣、瘟疫、火災或爆炸。

6. 履約標的遭破壞、竊盜、搶奪、強盜或海盜。

7. 履約人員遭殺害、傷害、擄人勒贖或不法拘禁。

8. 水、能源或原料中斷或管制供應。

9. 核子反應、核子輻射或放射性污染。

10. 非因廠商不法行為所致之政府或機關依法令下達停工、徵用、沒入、拆毀或禁運命令者。

11. 政府法令之新增或變更。

12. 我國或外國政府之行為。

13. 其他經機關認定確屬不可抗力者。

（六）前款不可抗力或不可歸責事由發生或結束後，其屬可繼續履約之情

形者，應繼續履約，並採行必要措施以降低其所造成之不利影響或損害。

（七）廠商履約有遲延者，在遲延中，對於因不可抗力而生之損害，亦應負責。但經廠商證明縱不遲延履約，而仍不免發生損害者，不在此限。

（八）契約訂有分段進度及最後履約期限，且均訂有逾期違約金者，屬分段完工使用或移交之情形，其逾期違約金之計算原則如下：

1. 未逾分段進度但逾最後履約期限者，扣除已分段完工使用或移交部分之金額，計算逾最後履約期限之違約金。

2. 逾分段進度但未逾最後履約期限者，計算逾分段進度之違約金。

3. 逾分段進度且逾最後履約期限者，分別計算違約金。但逾最後履約期限之違約金，應扣除已分段完工使用或移交部分之金額計算之。

4. 分段完工期限與其他採購契約之進行有關者，逾分段進度，得個別計算違約金，不受前款但書限制。

（九）契約訂有分段進度及最後履約期限，且均訂有逾期違約金者，屬全部完工後使用或移交之情形，其逾期違約金之計算原則如下：

1. 未逾分段進度但逾最後履約期限者，計算逾最後履約期限之違約金。

2. 逾分段進度但未逾最後履約期限，其有逾分段進度已收取之違約金者，於未逾最後履約期限後發還。

3. 逾分段進度且逾最後履約期限，其有逾分段進度已收取之違約金者，於計算逾最後履約期限之違約金時應予扣抵。

4. 分段完工期限與其他採購契約之進行有關者，逾分段進度，得計算違約金，不受第 2 目及第 3 目之限制。

（十）廠商未遵守法令致生履約事故者，由廠商負責。因而遲延履約者，不得據以免責。

（十一）因可歸責於廠商之事由致延誤履約進度，情節重大者之認定，除招標文件另有規定外，並適用採購法施行細則第 111 條規定。

（十二）機關如以正式公函要求廠商於期限內應辦事項，如未於指定期限內完成，則每逾期一日扣罰新台幣 1,000 元整。

（十三）應向主管單位申請勘查或開工未辦妥致使機關受損，其所損失之金額由廠商負擔，並處相同金額之罰款。

第 18 條　權利及責任

（一）廠商應擔保第三人就履約標的，對於機關不得主張任何權利。

（二）廠商履約，其有侵害第三人合法權益時，應由廠商負責處理並承擔一切法律責任。

（三）廠商履約結果涉及智慧財產權者：（由機關於招標時載明）

■ 機關有權永久無償利用該著作財產權。

□ 機關取得部分權利（內容由機關於招標時載明）。

■ 機關取得全部權利。

□ 機關取得授權（內容由機關於招標時載明）。

□ 廠商因履行契約所完成之著作，其著作財產權之全部於著作完成之同時讓與機關，廠商放棄行使著作人格權。廠商保證對其人員因履行契約所完成之著作，與其人員約定以廠商為著作人，享有著作財產權及著作人格權。

□ 其他：_____（內容由機關於招標時載明）。

（四）除另有規定外，廠商如在契約使用專利品，或專利性施工方法，或涉及著作權時，其有關之專利及著作權益，概由廠商依照有關法令規定處理，其費用亦由廠商負擔。

（五）機關及廠商應採取必要之措施，以保障他方免於因契約之履行而遭第三人請求損害賠償。其有致第三人損害者，應由造成損害原因之一方負責賠償。

（六）機關對於廠商、分包廠商及其人員因履約所致之人體傷亡或財物損失，不負賠償責任。對於人體傷亡或財物損失之風險，廠商應投保必要之保險。

（七）廠商依契約規定應履行之責任，不因機關對於廠商履約事項之審查、認可或核准行為而減少或免除。

（八）因可歸責於廠商之事由，致機關遭受損害者，廠商應負賠償責任，□機關同意廠商無需對「所失利益」負賠償責任；機關應負之賠償責任，亦不包含廠商所失利益（由機關於招標時勾選；未勾選者，依民法規定）。除第 17 條規定之逾期違約金外，賠償金額以■契約價金總額；□＿＿＿＿＿＿＿（由機關視案件特性與需求於招標時載明，未載明者，為契約價金總額）為上限。但法令另有規定，或廠商故意隱瞞工作瑕疵、故意或重大過失行為或對第三人發生侵權行為，對機關所造成之損害賠償，不受賠償金額上限之限制。

（九）履約及賠償連帶保證廠商應保證得標廠商依契約履行義務，如有不能履約情事，即續負履行義務，並就機關因此所生損害，負連帶賠償責任。

（十）履約及賠償連帶保證廠商經機關通知代得標廠商履行義務者，有關廠商之一切權利，包括尚待履約部分之契約價金，一併移轉由該保證廠商概括承受，本契約並繼續有效。得標廠商之保證金及已履約而尚未支付之契約價金，如無不支付或不發還之情形，得依原契約規定支付或發還該得標廠商。

（十一）廠商與其連帶保證廠商如有債權或債務等糾紛，應自行協調或循

法律途徑解決。

（十二）契約文件要求廠商提送之各項文件，廠商應依其特性及權責，請所屬相關人員於該等文件上簽名或用印。如有偽造文書情事，由出具文件之廠商及其簽名人員負刑事及民事上所有責任。

（十三）廠商接受機關或機關委託之機構之人員指示辦理與履約有關之事項前，應先確認該人員係有權代表人，且所指示辦理之事項未逾越或未違反契約規定。廠商接受無權代表人之指示或逾越或違反契約規定之指示，不得用以拘束機關或減少、變更廠商應負之契約責任，機關亦不對此等指示之後果負任何責任。

（十四）契約內容有需保密者，廠商未經機關書面同意，不得將契約內容洩漏予與履約無關之第三人。

（十五）廠商履約期間所知悉之機關機密或任何不公開之文書、圖畫、消息、物品或其他資訊，均應保密，不得洩漏。

（十六）契約之一方未請求他方依契約履約者，不得視為或構成一方放棄請求他方依契約履約之權利。

第 19 條　連帶保證

（一）廠商如有履約進度落後達 20% 等情形，經機關評估並通知由連帶保證廠商履行連帶保證責任。

（二）機關通知連帶保證廠商履約時，得考量公共利益及連帶保證廠商申請之動員進場施工時間，重新核定工期。連帶保證廠商如有異議，應循契約所定之履約爭議處理機制解決。

（三）連帶保證廠商接辦後，應就下列事項釐清或確認，並以書面提報機關同意：

1. 各項工作銜接之安排。

2. 原分包廠商後續事宜之處理。

3. 工程預付款扣回方式。

4. 已施作未請領工程款廠商是否同意由其請領；同意者，其證明文件。

5. 工程款請領發票之開立及撥付方式。

6. 其他應澄清或確認之事項。

第 20 條　契約變更及轉讓

（一）機關於必要時得於契約所約定之範圍內通知廠商變更契約（含新增項目），廠商於接獲通知後，除雙方另有協議外，應於 30 日內向機關提出契約標的、價金、履約期限、付款期程或其他契約內容需變更之相關文件。契約價金之變更，其底價依採購法第 46 條第 1 項之規定。

（二）廠商於機關接受其所提出需變更之相關文件前，不得自行變更契約。除機關另有請求者外，廠商不得因前款之通知而遲延其履約期限。

（三）機關於接受廠商所提出需變更之事項前即請求廠商先行施作或供應，應先與廠商書面合意估驗付款及完成契約變更之期限，其後未依合意之期限辦理或僅部分辦理者，廠商因此增加之必要費用及合理利潤，由機關負擔。

（四）如因可歸責於機關之事由辦理契約變更，需廢棄或不使用部分已完成之工程或已到場之合格材料者，除雙方另有協議外，機關得辦理部分驗收或結算後，支付該部分價金。但已進場材料以實際施工進度需要並經檢驗合格者為限，因廠商保管不當致影響品質之部分，不予計給。

（五）契約約定之採購標的，其有下列情形之一者，廠商得敘明理由，檢附規格、功能、效益及價格比較表，徵得機關書面同意後，以其

他規格、功能及效益相同或較優者代之。但不得據以增加契約價金。其因而減省廠商履約費用者，應自契約價金中扣除：

1. 契約原標示之廠牌或型號不再製造或供應。

2. 契約原標示之分包廠商不再營業或拒絕供應。

3. 較契約原標示者更優或對機關更有利。

4. 契約所定技術規格違反採購法第 26 條規定。

（六）廠商提出前款第 1 目、第 2 目或第 4 目契約變更之文件，其審查及核定期程，除雙方另有協議外，為該書面請求送達之次日起 30 日內。但必須補正資料者，以補正資料送達之次日起 30 日內為之。因可歸責於機關之事由逾期未核定者，得依第 7 條第 3 款申請延長履約期限。

（七）廠商依前款請求契約變更，應自行衡酌預定施工時程，考量檢（查、試）驗所需時間及機關受理申請審查及核定期程後再行適時提出，並於接獲機關書面同意後，始得依同意變更情形施作。除因機關逾期未核定外，不得以資料送審為由，提出延長履約期限之申請。

（八）廠商得提出替代方案之相關規定（含獎勵措施）：廠商得視現況需求提出替代方案，並經監造單位／工程司審核可行後報請機關同意。

（九）契約之變更，非經機關及廠商雙方合意，作成書面紀錄，並簽名或蓋章者，無效。

（十）廠商不得將契約之部分或全部轉讓予他人。但因公司分割或其他類似情形致有轉讓必要，經機關書面同意轉讓者，不在此限。

廠商依公司法、企業併購法分割，受讓契約之公司（以受讓營業者為限），其資格條件應符合原招標文件規定，且應提出下列文件

之一：

1. 原訂約廠商分割後存續者，其同意負連帶履行本契約責任之文件；

2. 原訂約廠商分割後消滅者，受讓契約公司以外之其他受讓原訂約廠商營業之既存及新設公司同意負連帶履行本契約責任之文件。

第 21 條　契約終止解除及暫停執行

（一）廠商履約有下列情形之一者，機關得以書面通知廠商終止契約或解除契約之部分或全部，且不補償廠商因此所生之損失：

1. 有採購法第 50 條第 2 項前段規定之情形者。

2. 有採購法第 59 條規定得終止或解除契約之情形者。

3. 違反不得轉包之規定者。

4. 廠商或其人員犯採購法第 87 條至第 92 條規定之罪，經判決有罪確定者。

5. 因可歸責於廠商之事由，致延誤履約期限，情節重大者。

6. 偽造或變造契約或履約相關文件，經查明屬實者。

7. 擅自減省工料情節重大者。

8. 無正當理由而不履行契約者。

9. 查驗或驗收不合格，且未於通知期限內依規定辦理者。

10. 有破產或其他重大情事，致無法繼續履約者。

11. 廠商未依契約規定履約，自接獲機關書面通知次日起 10 日內或書面通知所載較長期限內，仍未改正者。

12. 違反環境保護或勞工安全衛生等有關法令，情節重大者。

13. 違反法令或其他契約規定之情形，情節重大者。

（二）機關未依前款規定通知廠商終止或解除契約者，廠商仍應依契約規

定繼續履約。

(三) 廠商因第 1 款情形接獲機關終止或解除契約通知後，應即將該部分工程停工，負責遣散工人，將有關之機具設備及到場合格器材等就地點交機關使用；對於已施作完成之工作項目及數量，應會同監造單位／工程司辦理結算，並拍照存證，廠商不會同辦理時，機關得逕行辦理結算；必要時，得洽請公正、專業之鑑定機構協助辦理。廠商並應負責維護工程至機關接管為止，如有損壞或短缺概由廠商負責。機具設備器材至機關不再需用時，機關得通知廠商限期拆走，如廠商逾限未照辦，機關得將之予以變賣並遷出工地，將變賣所得扣除一切必須費用及賠償金額後退還廠商，而不負責任何損害或損失。

(四) 契約經依第 1 款規定或因可歸責於廠商之事由致終止或解除者，機關得自通知廠商終止或解除契約日起，扣發廠商應得之工程款，包括尚未領取之工程估驗款、全部保留款等，並不發還廠商之履約保證金。至本契約經機關自行或洽請其他廠商完成後，如扣除機關為完成本契約所支付之一切費用及所受損害後有剩餘者，機關應將該差額給付廠商；無洽其他廠商完成之必要者，亦同。如有不足者，廠商及其連帶保證人應將該項差額賠償機關。

(五) 契約因政策變更，廠商依契約繼續履行反而不符公共利益者，機關得報經上級機關核准，終止或解除部分或全部契約，並與廠商協議補償廠商因此所生之損失。但不包含所失利益。

(六) 依前款規定終止契約者，廠商於接獲機關通知前已完成且可使用之履約標的，依契約價金給付；僅部分完成尚未能使用之履約標的，機關得擇下列方式之一洽廠商為之：

1.繼續予以完成，依契約價金給付。

2.停止製造、供應或施作。但給付廠商已發生之製造、供應或施作費用及合理之利潤。

（七）非因政策變更且非可歸責於廠商事由（例如但不限於不可抗力之事由所致）而有終止或解除契約必要者，準用前2款及第14款規定。

（八）廠商未依契約規定履約者，機關得隨時通知廠商部分或全部暫停執行，至情況改正後方准恢復履約。廠商不得就暫停執行請求延長履約期限或增加契約價金。

（九）廠商不得對機關人員或受機關委託之人員給予期約、賄賂、佣金、比例金、仲介費、後謝金、回扣、餽贈、招待或其他不正利益。分包廠商亦同。違反規定者，機關得終止或解除契約，或將溢價及利益自契約價款中扣除。

（十）因可歸責於機關之情形，機關通知廠商部分或全部暫停執行（停工）：

1.致廠商未能依時履約者，廠商得依第7條第3款規定，申請延長履約期限。

2.暫停執行期間累計逾3個月者，機關應先支付已依機關指示由機關取得所有權之設備。

3.暫停執行期間持續逾6個月或累計逾12個月者，契約之一方得通知他方終止或解除契約。

（十一）履行契約需機關之行為始能完成，而機關不為其行為時，廠商得定相當期限催告機關為之。機關不於前述期限內為其行為者，廠商得通知機關終止或解除契約。

（十二）因契約規定不可抗力之事由，致全部工程暫停執行，暫停執行期間持續逾3月或累計逾6月者，契約之一方得通知他方終止或解除契約。

（十三）廠商依契約規定通知機關終止或解除部分或全部契約後，應即將該部分工程停工，負責遣散工人，撤離機具設備，並將已獲得支付費用之所有物品移交機關使用；對於已施作完成之工作項目及數量，應會同監造單位／工程司辦理結算，並拍照存證。廠商應依監造單位／工程司之指示，負責實施維護人員、財產或工程安全之工作，至機關接管為止，其所需增加之必要費用，由機關負擔。機關應儘快依結算結果付款；如無第 14 條第 3 款情形，應發還保證金。

（十四）依第 5 款、第 7 款、第 13 款終止或解除部分或全部契約者，廠商應即將該部分工程停工，負責遣散工人，撤離機具設備，並將已獲得支付費用之所有物品移交機關使用；對於已施作完成之工作項目及數量，應會同監造單位／工程司辦理結算，並拍照存證。廠商應依監造單位／工程司之指示，負責實施維護人員、財產或工程安全之工作，至機關接管為止，其所需增加之必要費用，由機關負擔。機關應儘快依結算結果付款；如無第 14 條第 3 款情形，應發還保證金。

（十四）本契約終止時，自終止之日起，雙方之權利義務即消滅。契約解除時，溯及契約生效日消滅。雙方並互負保密義務。

第 22 條 爭議處理

（一）機關與廠商因履約而生爭議者，應依法令及契約規定，考量公共利益及公平合理，本誠信和諧，盡力協調解決之。其未能達成協議者，得以下列方式處理之：

1. 提起民事訴訟，並以■機關；□本工程所在地之地方法院為第一審管轄法院。

2. 依採購法第 85 條之 1 規定向採購申訴審議委員會申請調解。工

程採購經採購申訴審議委員會提出調解建議或調解方案，因機關不同意致調解不成立者，廠商提付仲裁，機關不得拒絕。

3. 經契約雙方同意並訂立仲裁協議後，依本契約約定及仲裁法規定提付仲裁。

4. 依採購法第 102 條規定提出異議、申訴。

5. 依其他法律申（聲）請調解。

6. 依契約或雙方合意之其他方式處理。

（二）依前款第 2 目後段或第 3 目提付仲裁者，約定如下：

1. 由契約雙方協議擇定仲裁機構。如未能獲致協議，屬前款第 2 目後段情形者，由廠商指定仲裁機構；屬前款第 3 目情形者，由機關指定仲裁機構。上開仲裁機構，除契約雙方另有協議外，應為合法設立之國內仲裁機構。

2. 仲裁人之選定：

(1) 當事人雙方應於一方收受他方提付仲裁之通知之次日起 14 日內，各自從指定之仲裁機構之仲裁人名冊或其他具有仲裁人資格者，分別提出 10 位以上（含本數）之名單，交予對方。

(2) 當事人之一方應於收受他方提出名單之次日起 14 日內，自該名單內選出 1 位仲裁人，作為他方選定之仲裁人。

(3) 當事人之一方未依 (1) 提出名單者，他方得從指定之仲裁機構之仲裁人名冊或其他具有仲裁人資格者，逕行代為選定 1 位仲裁人。

(4) 當事人之一方未依 (2) 自名單內選出仲裁人，作為他方選定之仲裁人者，他方得聲請□法院；■指定之仲裁機構代為自該名單內選定 1 位仲裁人。

3. 主任仲裁人之選定：

(1) 二位仲裁人經選定之次日起 30 日內，由□雙方共推；■雙方選定之仲裁人共推第三仲裁人為主任仲裁人。

(2) 未能依 (1) 共推主任仲裁人者，當事人得聲請□法院；■指定之仲裁機構為之選定。

4. 以■機關所在地；□本工程所在地；□其他：＿＿＿＿＿＿＿為仲裁地。

5. 除契約雙方另有協議外，仲裁程序應公開之，仲裁判斷書雙方均得公開，並同意仲裁機構公開於其網站。

6. 仲裁程序應使用■國語及中文正體字；□其他語文：＿＿＿＿＿＿

7. 機關□同意；■不同意仲裁庭適用衡平原則為判斷。

8. 仲裁判斷書應記載事實及理由。

（三）依採購法規定受理調解或申訴之機關名稱：行政院公共工程委員會採購申訴審議委員會；地址：台北市信義區松仁路三號九樓；電話：（02）87897500。

（四）履約爭議發生後，履約事項之處理原則如下：

1. 與爭議無關或不受影響之部分應繼續履約。但經機關同意無需履約者不在此限。

2. 廠商因爭議而暫停履約，其經爭議處理結果被認定無理由者，不得就暫停履約之部分要求延長履約期限或免除契約責任。

（五）本契約以中華民國法律為準據法。

第 23 條　其他

（一）廠商對於履約所僱用之人員，不得有歧視婦女、原住民或弱勢團體人士之情事。

（二）廠商履約時不得僱用機關之人員或受機關委託辦理契約事項之機構

之人員。

（三）廠商授權之代表應通曉中文或機關同意之其他語文。未通曉者，廠商應備翻譯人員。

（四）機關與廠商間之履約事項，其涉及國際運輸或信用狀等事項，契約未予載明者，依國際貿易慣例。

（五）機關及廠商於履約期間應分別指定授權代表，為履約期間雙方協調與契約有關事項之代表人。

（六）機關、廠商、監造單位及專案管理單位之權責分工，依本契約「公共工程施工階段契約約定權責分工表」辦理。

（七）廠商如發現契約所定技術規格違反採購法第 26 條規定，或有犯採購法第 88 條之罪嫌者，可向招標機關書面反映或向檢調機關檢舉。

（八）依據「政治獻金法」第 7 條第 1 項第 2 款規定，與政府機關（構）有巨額採購契約，且於履約期間之廠商，不得捐贈政治獻金。

（九）本契約未載明之事項，依採購法及民法等相關法令。

（十）廠商應避免使用不明事業廢棄物做為瀝青混凝土之級配料，並應進行輻射偵測，若有輻射異常道路之再發生，應由廠商負全部處理責任。

（十一）廠商應責成其砂石、廢土、建材分包廠商不得有使用併裝車或超載等行車違規行為。但工程位於工程車無法進出工地或進出有危險之虞者，報請工程主辦單位核准者不在此限。

（十二）禁止併裝車及超載車輛進出工地，其有違反者，廠商應負違約責任，並由機關辦理違約扣款，其處罰內容如下：併裝車違規，每次處罰鍰新台幣三千六佰元；車輛超載，每次處罰鍰新台幣一萬元。

（十三）依營造業管理規則第四十三條規定，於工程查驗、估驗或品質

評鑑時得要求廠商之專任工程人員到場說明，並於相關文件簽名，否則不予查驗。

（十四）廠商無正當理由者，不得拒絕、妨礙或規避公共工程委員會之調訓。

（十五）廠商應於得標後之最短時間內，依法向檢查機構申請審查，其所需時程及費用已含於契約工期及總價內，不另給付。

（十六）本工程如因乙方設置欠缺或施工不良損害人民生命、身體或財產，致使國家負責損害賠償責任時，「機關對廠商有求償權」。

參、契約附錄

附錄1　工作安全與衛生

1. 契約施工期間，廠商應遵照勞工安全衛生法及其施行細則、勞工安全衛生設施規則、營造安全衛生設施標準、勞動檢查法及其施行細則、危險性工作場所審查暨檢查辦法、勞動基準法及其施行細則、道路交通標誌標線號誌設置規則等有關規定確實辦理，並隨時注意工地安全及災害之防範。如因廠商疏忽或過失而發生任何意外事故，均由廠商負一切責任。

2. 凡工程施工場所，除另有規定外，應於施工基地四周設置圍牆（籬），鷹架外部應加防護網圍護，以防止物料向下飛散或墜落，並應設置行人安全走廊及消防設備。

3. 高度在2公尺以上之工作場所，勞工作業有墜落之虞者，應依營造安全衛生設施標準規定，訂定墜落災害防止計畫（得併入施工計畫或安全衛生管理計畫內），採取適當墜落災害防止設施。

4. 廠商應依行政院勞工委員會訂頒之「加強公共工程勞工安全衛生管理作業要點」第7點，建立職業安全衛生管理系統，實施安全衛生自主管理，並提報安全衛生管理計畫。

5. 假設工程之組立及拆除

5.1 廠商就高度 5 公尺以上之施工架、開挖深度在 1.5 公尺以上之擋土支撐及模板支撐等假設工程之組立及拆除，施工前應由專任工程人員或專業技師等妥為設計，並繪製相關設施之施工詳圖等項目，納入施工計畫或安全衛生管理計畫據以施行。

5.2 施工架構築完成使用前、開挖及灌漿前，廠商應通知機關查驗施工架、擋土支撐及模板支撐是否按圖施工。如不符規定，機關得要求廠商部分或全部停工，至廠商辦妥並經監造單位／工程司審查及機關核定認可後方可復工。

5.3 前述各項假設工程組立及拆除時，廠商應指定作業主管在現場辦理營造安全衛生設施標準規定之事項。

6. 廠商應辦理之提升勞工安全衛生事項

6.1 計畫：施工計畫書應包括勞工安全衛生相關法規規定事項，並落實執行。對依法應經危險性工作場所審查者，非經審查合格，不得使勞工在該場所作業。

6.2 設施（由機關依工程規模及性質於招標時敘明）：

■20 公尺以下高處作業，宜使用於工作台即可操作之高空工作車或搭設施工架等方式作業，不得以移動式起重機加裝搭乘設備搭載人員作業。

■無固定護欄或圍籬之臨時道路施工場所，應依核定之交通維持計畫辦理，除設置適當交通號誌、標誌、標示或柵欄外，於勞工作業時，另應指派交通引導人員在場指揮交通，以防止車輛突入等災害事故。

■移動式起重機應具備 1 機 3 證（移動式起重機檢查合格證、操作人員及從事吊掛作業人員之安衛訓練結業證書），除操作人員

外，應至少隨車指派起重吊掛作業人員1人（可兼任指揮人員）。

■ 工作場所邊緣及開口所設置之護欄，應符合營造安全衛生設施標準第20條固定後之強度能抵抗75公斤之荷重無顯著變形及各類材質尺寸之規定。惟特殊設計之工作架台、工作車等護欄，經安全檢核無虞者不在此限。

■ 施工架斜籬搭設、直井或人孔局限空間作業、吊裝台吊運等特殊高處作業，應一併使用背負式安全帶及捲揚式防墜器。

■ 開挖深度超過1.5公尺者，均應設置擋土支撐或開挖緩坡；但地質特殊，提出替代方案經監造單位／工程司、機關同意者，得依替代方案施作。

■ 廠商所使用之鋼管施工架（含單管施工架及框式施工架），需符合中華民國國家標準CNS 4750 A2067，及設置防止墜落災害設施。

□ 其他：＿＿＿＿＿＿＿＿＿＿＿。

6.3 管理

6.3.1 全程依勞工安全衛生相關法規規定辦理，並督導分包商依規定施作。

6.3.2 進駐工地人員，應依其作業性質分別施以從事工作及預防災變所必要之安全衛生教育訓練。

6.3.3 依規定設置勞工安全衛生協議組織及訂定緊急應變處置計畫。

6.3.4 開工前登錄勞工安全衛生人員資料，報請監造單位／工程司審查，經機關核定後，由機關依規定報請檢查機構備查；人員異動或工程變更時，亦同。

6.3.5 勞工安全衛生專任人員於施工時，應在工地執行職務。

6.3.6 於廠商施工日誌填報出工人數，記載當日發生之職業傷病及虛驚事故資料，並依法投保勞工保險。

6.4 自動檢查重點

6.4.1 擬訂自動檢查計畫，落實執行。

6.4.2 相關執行表單、紀錄，妥爲保存，以備查核。

6.5 其他提升勞工安全衛生相關事項：＿＿＿＿＿＿（由機關依工程規模及性質於招標時敘明）。

7. 勞工安全衛生人員未確實執行職務，或未實際常駐工地執行業務，或工程施工品質查核爲丙等者，機關得通知廠商於 7 日內撤換其勞安人員。

8. 勞工安全衛生人員如有非法兼任其他工地職務之情事，除依相關法令辦理外，另處每日（兼職期間）新台幣 1,000 元之罰款。

9. 勞工安全衛生設施之保養維修

9.1 廠商應執行之勞工安全衛生設施保養維修事項如下：＿＿＿＿＿＿（由機關於招標時載明）。

9.2 機關對同一公共工程，依不同標的分別辦理採購時，得指定廠商負責主辦勞工安全衛生設施之保養維修，所需費用由相關廠商共同分攤。

10. 同一工作場所有多項工程同時進行時，全工作場所之安全衛生管理，依行政院勞工委員會訂頒之「加強公共工程勞工安全衛生管理作業要點」第 10 點辦理。

11. 契約施工期間如發生緊急事故，影響工地內外人員生命財產安全時，廠商得逕行採取必要之適當措施，以防止生命財產之損失，並應在事故發生後 24 小時內向監造單位／工程司報告。事故發生時，如監造單位／工程司在工地有所指示時，廠商應照辦。

12. 廠商有下列情事之一者，機關得視其情節輕重予以警告、依第 11 條第 10 款處理、依第 5 條第 1 款第 5 目暫停給付估驗計價款，或依第 21 條第 1 款終止或解除契約：

12.1 有重大潛在危害未立即全部或部分停工，或未依機關通知期限完成改善。

12.2 重複違反同一重大缺失項目。

12.3 不符法令規定，或未依核備之施工計畫書執行，經機關通知限期改正，屆期仍未改正。

13. 因廠商施工場所依設計圖說規定應有之安全衛生設施欠缺或不良，致發生重大職業災害，經勞動檢查機構通知停工，並經機關認定屬查驗不合格情節重大者，為採購法第 101 條第 1 項第 8 款之情形之一。

附錄 2　工地管理

1. 契約施工期間，廠商應指派適當之代表人為工地負責人，代表廠商駐在工地，督導施工，管理其員工及器材，並負責一切廠商應辦理事項。廠商應於開工前，將其工地負責人之姓名、學經歷等資料，報請機關查核；變更時亦同。機關如認為廠商工地負責人不稱職時，得要求廠商更換，廠商不得拒絕。依法應設置工地主任者，該工地主任即為工地負責人。

2. 門禁管制

   2.1 工作場所人員及車輛機械出入口處應設管制人員，嚴禁以下人員及機具進入工地：

      2.1.1 非法外籍勞工。

      2.1.2 未投保勞工保險之勞工（其依法屬免投勞工保險者，得以其他商業保險代之）。

      2.1.3 未具合格證之移動式起重機、車輛機械及操作人員。

   2.2 工作場所人員非有適當之防護具（例如安全帽），不得讓其出入。

3. 工地環境清潔與維護

   3.1 契約施工期間，廠商應切實遵守水污染防治法及其施行細則、空氣

污染防制法、噪音管制法、廢棄物清理法及營建剩餘土石方處理方案等法令規定，隨時負責工地環境保護。

3.2 契約施工期間，廠商應隨時清除工地內暨工地周邊道路一切廢料、垃圾、非必要或檢驗不合格之材料、鷹架、工具及其他設備，以確保工地安全及工作地區環境之整潔，其所需費用概由廠商負責。

3.3 工地周圍排水溝，因契約施工所生損壞或沉積砂石、積廢土或施工產生之廢棄物，廠商應隨時修復及清理，並於完成時，拍照留存紀錄，必要時並邀集當地管理單位現勘確認。其因延誤修復及清理，致生危害環境衛生或公共安全事件者，概由廠商負完全責任。

4. 交通維持及安全管制措施：

4.1 廠商施工時，不得妨礙交通。因施工需要暫時影響交通時，需有適當臨時交通路線及公共安全設施，並事先提出因應計畫送請監造單位／工程司核准。監造單位／工程司如另有指示者，廠商應即照辦。

4.2 廠商施工如需占用都市道路範圍，廠商應依規定擬訂交通維持計畫，併同施工計畫，送請機關核轉當地政府交通主管機關核准後，始得施工。該項交通維持計畫之格式，應依當地政府交通主管機關之規定辦理，並維持工區周邊路面平整，加強行人動線安全防護措施及導引牌設置，同時視需要於重要路口派員協助疏導交通。

4.3 交通維持及安全管制措施應確實依核准之交通維持計畫及圖樣、數量佈設並據以估驗計價。

5. 廠商為執行施工管理之事務，其指派之工地負責人，應全權代表廠商駐場，率同其員工處理下列事項：

5.1 工地管理事項

5.1.1 工地範圍內之部署及配置。

5.1.2 工人、材料、機具、設備、門禁及施工裝備之管理。

5.1.3 已施工完成定作物之管理。

5.1.4 公共安全之維護。

5.1.5 工地突發事故之處理。

5.2 工程推動事項

5.2.1 開工之準備。

5.2.2 交通維持計畫之研擬、申報。

5.2.3 材料、機具、設備檢（試）驗之申請、協調。

5.2.4 施工計畫及預定進度表之研擬、申報。

5.2.5 施工前之準備及施工完成後之查驗。

5.2.6 向機關提出施工動態（開工、停工、復工、竣工）書面報告。

5.2.7 向機關填送施工日誌及定期工程進度表。

5.2.8 協調相關廠商研商施工配合事項。

5.2.9 會同監造單位／工程司勘研契約變更計畫。

5.2.10 依照監造單位／工程司之指示提出施工大樣圖資料。

5.2.11 施工品管有關事項。

5.2.12 施工瑕疵之改正、改善。

5.2.13 天然災害之防範。

5.2.14 施工棄土之處理。

5.2.15 工地災害或災變發生後之善後處理。

5.2.16 其他施工作業屬廠商應辦事項者。

5.3 工地環境維護事項：

5.3.1 施工場地及受施工影響地區排水系統設施之維護及改善。

5.3.2 工地圍籬之設置及維護。

5.3.3 工地內外環境清潔及污染防治。

5.3.4 工地施工噪音之防治。

5.3.5　工地周邊地區交通之維護及疏導事項。

5.3.6　其他有關當地交通及環保目的事業主管機關規定應辦事項。

5.4　工地周邊協調事項：

5.4.1　加強工地周邊地區的警告標誌與宣導。

5.4.2　與工地周邊地區鄰里辦公處暨社區加強聯繫。

5.4.3　定時提供施工進度及有關之資訊。

5.5　其他應辦事項。

6. 施工所需臨時用地，除另有規定外，由廠商自理。廠商應規範其人員、設備僅得於該臨時用地或機關提供之土地內施工，並避免其人員、設備進入鄰地。

7. 廠商及其砂石、廢土、廢棄物、建材等分包廠商不得有使用非法車輛、違約棄置或超載行為。其有違反者，廠商應負違約責任；情節重大者，依採購法第 101 條第 1 項第 3 款規定處理。

■ 工程告示牌設置（請參考行政院公共工程委員會工程管字第一○一○○二九四九八○號函修正第八點、附表、圖一至三製作）。

7.1　廠商應於開工前將工程告示牌相關施工圖說報機關審查核可後設置。

7.2　工程告示牌之位置、規格、型式、材質、色彩、字型等，應考量工程特性、周遭環境及地方民情設置，其規格為：長 300 公分，寬 170 公分。

7.3　工程告示牌之內容

7.3.1　工程名稱、主辦機關、監造單位、施工廠商、工地主任（負責人）姓名與電話、施工起迄時間、重要公告事項、全民督工電話及網址等相關通報專線。

7.3.2　查核金額以上之工程，應增列專任工程人員、品質管理人員、勞工安全衛生人員姓名及電話，及工程透視圖或平面位

置圖等。

7.3.3 巨額之工程，應再增列設計單位、工程概要及工程效益等。

附錄 3　工作協調及工程會議

1. 概要

說明執行本契約有關工作協調及工程會議之規定。

2. 工作範圍

2.1 與下列單位進行工作協調：

(1) 機關提供之履約場所內之其他得標廠商。

(2) 管線單位。

(3) 分包廠商。

2.2 工程會議應包括但不限於：

(1) 施工前會議。

(2) 進度會議。

2.3 會議前準備工作：

(1) 會議議程。

(2) 安排會議地點。

(3) 會議通知需於開會前 4 天發出。

(4) 安排開會所需之資料，文具及設備。

2.4 會議後工作：

(1) 製作會議紀錄，包括所有重要事項及決議。

(2) 會議後 7 天內將會議紀錄送達所有與會人員，及與會議紀錄有關之單位。

3. 會議

3.1 廠商應要求其分包廠商指派具職權代表該分包廠商作出決定之人員出席會議。

3.2 施工前會議

3.2.1 由機關在開工前召開施工協調會議。

3.2.2 選定開會地點。

3.2.3 與會人員：

(1) 機關代表。

(2) 機關委託之技術服務廠商代表。

(3) 廠商之工地負責人員、專任工程人員、工地主任、品管人員及安全衛生管理人員。

(4) 主要分包廠商人員。

(5) 其他應參加之分包廠商人員。

3.2.4 會議議程項目：

(1) 依契約內容釐清各單位在各階段之權責，並說明權責劃分規定。

(2) 講解設計理念及施工要求、施工標準等規定。說明各項施工作業之規範規定、機具操作、人員管理、物料使用及相關注意事項。

(3) 重要施工項目，由廠商人員負責指導施工人員相關作業程序並於工地現場製作樣品（如鋼筋加工、模板組立、管線、裝修等）及相關施工項目缺失照片看板，以作爲施工人員規範及借鏡。

(4) 提供本工程之主要分包廠商或其他得標廠商資料。

(5) 討論總工程進度表。

(6) 主要工程項目進行順序及預定完工時間。

(7) 主要機具進場時間及優先順序。

(8) 工程協調工作之流程及有關負責人員。

(9) 解說相關之手續及處理之規定。例如提出施工及設計上之問題、問題決定後之執行、送審圖説、契約變更、請款及付款辦法等。

(10) 工程文件及圖説之傳遞方式。

(11) 所有完工資料存檔的程序。

(12) 工地使用之規定。例如施工所及材料儲存區之位置。

(13) 工地設備的使用及控制。

(14) 臨時水電。

(15) 工地安全及急救之處理方法。

(16) 工地保全規定。

3.3 進度會議

3.3.1 安排固定時間開會。

3.3.2 依工程進度及狀況，視需要召開臨時會議。

3.3.3 選定會議地點（以固定地點爲原則）。

3.3.4 與會人員：

(1) 機關代表。

(2) 機關委託之技術服務廠商代表。

(3) 廠商工地負責人員。

(4) 配合議程應出席之分包廠商人員。

3.3.5 會議議程項目：

(1) 檢討並確認前次會議紀錄。

(2) 檢討前次議定之工作進度。

(3) 提出工地觀察報告及問題項目。

(4) 檢討施工進度之問題。

(5) 材料製作及運送時間之審核。

(6) 改進所有問題之方法。

(7) 修正施工進度表。

(8) 計畫未來工作之程序及時間。

(9) 施工進度之協調。

(10) 檢討送審圖說之流程，核准時間及優先順序。

(11) 檢討工地工務需求解釋紀錄之流程，核准時間及優先順序。

(12) 施工品質之審核。

(13) 檢討變更設計對施工進度及完工日期之影響。

(14) 其他任何事項。

附錄 4　品質管理作業

1. 需檢（試）驗之項目

1.1 下列檢驗項目，應由符合 CNS 17025（ISO/IEC 17025）規定之實驗室辦理，並出具印有依標準法授權之實驗室認證機構之認可標誌之檢驗報告：（由機關依工程規模及性質，擇需要者於招標時勾選）

1.1.1 水泥混凝土

■ 混凝土圓柱試體抗壓強度試驗。

■ 混凝土鑽心試體抗壓強度試驗。

□ 水硬性水泥墁料抗壓強度試驗。

□ 水泥混凝土粗細粒料篩分析（適用於廠商自主檢查且作爲估驗或驗收依據者。由監造單位／工程司會同廠商於拌合廠用以檢核是否符合配合設計規範者，得不適用）。

□ 水泥混凝土粗細粒料比重及吸水率試驗。

1.1.2 瀝青混凝土

■ 瀝青鋪面混合料壓實試體之厚度或高度試驗。

■ 瀝青混凝土之粒料篩分析試驗（適用於廠商自主檢查且作爲

估驗或驗收依據者。由監造單位／工程司會同廠商於拌合廠用以檢核是否符合配合設計規範者，得不適用）。

■熱拌瀝青混合料之瀝青含量試驗。

■瀝青混合料壓實試體之比重及密度試驗（飽和面乾法）。

■瀝青混凝土壓實度試驗。

1.1.3 金屬材料

■鋼筋混凝土用鋼筋試驗。

□鋼筋續接器試驗。

1.1.4 土壤

■土壤分類及夯實度試驗。

■土壤工地密度試驗。

■土壤 R 值試驗（室外及室內）

1.1.5 高壓混凝土地磚或普通磚

□高壓混凝土地磚試驗（至少含 CNS 13295 之 6.1 外觀檢查、6.2 尺度及許可差量測、6.3 抗壓強度試驗及 6.4 吸水率試驗等 4 項）

□普通磚試驗。

1.2 其他需辦理檢（試）驗之項目為：

■鍍鋅含量試驗（路燈燈桿、格柵板（溝寬 60））

■光源室防水防塵等級（IP 碼）測試

■預力材料試驗（鋼絞管、套管、端錨）

■標線玻璃珠含量試驗

■平整度試驗

2. 自主檢查與監造檢查（驗）

2.1 廠商於各項工程項目施工前，應將其施工方法、施工步驟及施工中

之檢（試）驗作業等計畫，先洽請監造單位／工程司同意，並在施工前會同監造單位／工程司完成準備作業之檢查工作無誤後，始得進入施工程序。

2.2 廠商應於品質計畫之材料及施工檢驗程序，明定各項重要施工作業（含假設工程）及材料設備檢驗之自主檢查之查驗點（應涵蓋監造單位明定之檢驗停留點）。另應於施工計畫（或安全衛生管理計畫）之施工程序，明定安全衛生查驗點。

2.3 廠商應確實執行上開查驗點之自主檢查，並留下紀錄備查。

2.4 有關監造單位監造檢驗停留點（含安全衛生事項），需經監造單位派員會同辦理施工抽查及材料抽驗合格後，方得繼續下一階段施工，並作為估驗計價之付款依據。如擅自進行下階段施工，應依契約敲除重作並追究施工廠商責任。

2.5 施工後，廠商應會同監造單位／工程司或其代表人對施工之品質進行檢驗。

3. 品質管制

3.1 品質計畫

　3.1.1 公告金額以上之工程，廠商應提報以下品質計畫，送機關核准後確實執行：

　　(1) 於決標日之次日起 10 日內內提報整體品質計畫。

　　(2) 於分項工程施工前 10 日內提報分項品質計畫，需提報之分項工程如下：依施工規範及契約辦理。

　3.1.2 查核金額以上之工程，品質計畫之內容包括：

　　(1) 管理責任。

　　(2) 施工要領。

　　(3) 品質管理標準。

(4) 材料及施工檢驗程序。

(5) 自主檢查表。

(6) 不合格品之管制。

(7) 矯正與預防措施。

(8) 內部品質稽核。

(9) 文件紀錄管理系統。

(10) 設備功能運轉檢測程序及標準（無機電設備者免）。

(11) 其他：（由機關於招標時載明）。

3.1.3 新臺幣 1,000 萬元以上未達查核金額之工程，品質計畫之內容包括：

(1) 品質管理標準。

(2) 自主檢查表。

(3) 材料及施工檢驗程序。

(4) 文件紀錄管理系統。

(5) 其他：（由機關於招標時載明）。

3.1.4 公告金額以上未達新臺幣 1,000 萬元之工程，品質計畫之內容包括：

(1) 自主檢查表。

(2) 材料及施工檢驗程序。

(3) 文件紀錄管理系統。

(4) 其他：（由機關於招標時載明）。

3.1.5 分項工程品質計畫之內容包括：（機關未於 3.1.1 載明分項工程項目者，無需提報）

(1) 施工要領。

(2) 品質管理標準。

(3) 材料及施工檢驗程序。

(4) 自主檢查表。

(5) 其他：（由機關於招標時載明）。

3.2 新臺幣 2 千萬元以上之工程，品管人員之設置規定

3.2.1 人數應有 1 人（新臺幣二千萬元以上，未達巨額採購之工程，至少 1 人。巨額採購之工程，至少 2 人）。

3.2.2 基本資格為：應接受工程會或其委託訓練機構辦理之公共工程品質管理訓練課程，並取得結業證書；取得前開結業證書逾 4 年者，應再取得最近 4 年內之回訓證明，始得擔任品管人員。

3.2.3 其他資格為：無

3.2.4 核金額以上之工程，品管人員應專職，不得跨越其他標案，且施工時應在工地執行職務；新臺幣 2 千萬元以上未達查核金額之工程，品管人員得同時擔任其他法規允許之職務，但不得跨越其他標案，且施工時應在工地執行職務。如有違反規定得處每日（兼職期間）新台幣 1,000 元之罰款外，機關得通知廠商於 7 日內更換並調離工地。

3.2.5 廠商應於開工前，將品管人員之登錄表報監造單位／工程司審查並經機關核定後，由機關填報於行政院公共工程委員會資訊網路系統備查；品管人員異動或工程竣工時，亦同。

3.3 品管人員工作重點

3.3.1 依據工程契約、設計圖說、規範、相關技術法規及參考品質計畫製作綱要等，訂定品質計畫，據以推動實施。

3.3.2 執行內部品質稽核，如稽核自主檢查表之檢查項目、檢查結果是否詳實記錄等。

3.3.3 品管統計分析、矯正與預防措施之提出及追蹤改善。

3.3.4 品質文件、紀錄之管理。

3.3.5 其他提升工程品質事宜。

3.4 品管人員有未實際於工地執行品管工作，或未能確實執行品管工作，或工程經施工品質查核為丙等，可歸責於品管人員者，由機關通知廠商於 7 日內更換並調離工地。

3.5 公告金額以上且適用營造業法規定之工程，營造廠商專任工程人員工作重點如下：

3.5.1 督察品管人員及現場施工人員，落實執行品質計畫，並填具督察紀錄表。

3.5.2 依據營造業法第 35 條規定，辦理相關工作，如督導按圖施工、解決施工技術問題；估驗、查驗工程時到場說明，並於工程估驗、查驗文件簽名或蓋章等。

3.5.3 依據工程施工查核小組作業辦法規定於工程查核時，到場說明。

3.5.4 未依上開各款規定辦理之處理規定：（由機關於招標時載明）。

4. 廠商其他應辦事項

■ 廠商應於施工前及施工中定期召開施工講習會或檢討會，說明各項施工作業之規範規定、機具操作、人員管理、物料使用及相關注意事項。

□ 於開工前將重要施工項目，於工地現場製作樣品。

肆、契約簽署

　　立合約人：甲　方：

　　　　　　　代 表 人

　　　　　　　縣　　長 ○○○

　　　　　　乙　方：（商　號）○○工程有限公司

（負責人）○○○

（地　址）○○縣○○市○○路○○號

監約人：

中　華　民　國 ○○ 年 ○○ 月 ○○ 日訂立

對保覆章　　　　　　對保人

6-3 工程契約書其他附件

為使讀者更進一步了解機關辦理工程標案之最低標招標作業相關細節，本節增列本工程範例之投標須知，供讀者參考。而異質採購最低標第一階段的評審作業，類似於技術服務標案之評審作業，請讀者自行參閱第5-3節所介紹的評審須知內容。

第一條　採購名稱：○○道路拓寬工程

第二條　採購地點：○○縣○○鎮

第三條　採購範圍：詳如附圖說及標單所載範圍。

第四條　依採購法第 40 條代辦採購者，洽辦機關名稱及地址（非屬此等
　　　　採購者免填）：

第五條　廠商資格及應備文件

一、凡政府登記合格之廠商，並具備合格証件，無不良記錄者（詳政府採
　　購法第一百零三條規定）。

二、廠商應附具之資格證明文件（影本）包含：

　　乙級以上營造業：

1. 營造業登記證。

2. 當年度公會會員證。

3. 承攬工程手冊。

4. 納稅證明文件（營業稅繳款書收據聯或主管稽徵機關核章之最近一期期營業人銷售額與稅額申報書收執聯。廠商不及提出最近一期證明者，得以前一期之納稅證明代之。新設立且未屆第一期營業稅繳納期限者，得以營業稅主管稽徵機關核發之核准設立登記公函代之；經核定使用統一發票者，應一併檢附申領統一發票購票證相關文件。營業稅或所得稅之納稅證明，得以與上開最近一期或前一期證明相同期間內主管稽徵機關核發之無違章欠稅之查復表代之）。

三、廠商應提出票據交換機構於截止投標日之前半年內所出具之非拒絕往來戶或最近三年內無退票紀錄證明或金融機構或徵信機構出具之信用證明，且應符合下列規定：

1. 查詢日期，應為截止收件日前半年以內。

2. 票據交換所或其委託金融機構出具之第一類或第二類票據信用資料查覆單。

3. 查覆單上應載明之內容如下：

   A. 資料來源為票據交換機構。

   B. 非拒絕往來戶或最近三年內無退票紀錄。

   C. 資料查詢日期。

   D. 廠商名稱。

4. 查覆單經塗改或無「查覆單位」及「該單位有權人員」、「經辦員」蓋章者無效，請投標廠商務必確認上開三圖章。

四、廠商應提出所聘任之專任技師證書（影本）、品管工程師證書（影本，

行政院公共工程委員會委託訓練機構所核發，如前開結業證書逾四年者，並應檢附最近四年內之回訓證明。

五、本投標須知所附之投標廠商聲明書中第一項至第十項答「是」者，不得參加投標；其投標者，不得作為決標對象；該聲明書未依規定填寫、裝封、遞送者，不得作為決標對象。

六、除招標文件另有允許投標廠商應符合資格之一部分得以分包廠商就其分包部分具有者替代外，投標廠商之全部或部分資格不得以分包廠商就其分包部分具有者替代。

第六條　業主提供之招標文件

投標人申購之招標文件，包括下列各項，應詳細核對，如有遺漏，應即請本府補足。

1. 投標須知　　　　　2. 授權書

3. 投標廠商聲明書　　4. 廠商資格審查表

5. 工程合約樣本　　　6. 標單

7. 估價單（含總表、詳細價目表、單價分析表、資源統計表）

8. 切結書、同意書、退還押標金申請書

9. 施工規範（電子檔）　10. 外標封

11. PCCES 電子檔（1000 萬元以上工程應附）

第七條　投標所需文件之裝封

投標應備文件包括下列各項，投標前應逐一填妥簽章，密封後投標，封套外部需書明投標廠商名稱、住址、採購案號或招標標的。

一、押標金。

二、標單及估價單（含總表、詳細價目表、單價分析表、資源統計表）。

三、各種表件及資料（應為正本，影本無效）：

1. 投標廠商聲明書。

四、各種證件影印本。

 1.各該業登記證、工程手冊

 2.當年度公會會員證。

 3.所聘任之專任技師證書、品管工程師證書（行政院公共工程委員會委託訓練機構所核發，如前開結業證書逾四年者，並應檢附最近四年內之回訓證明）。

 4.最近一期之營業稅繳款書收據聯或主管稽徵機關核章之最近一期營業人銷售額與稅額申報書收執聯。廠商不及提出最近一期證明者，得以前一期之納稅證明代之。新設立且未屆第一期營業稅繳納期限者，得以營業稅主管稽徵機關核發之核准設立登記公函代之；經核定使用統一發票者，應一併檢附申領統一發票購票證相關文件。營業稅或所得稅之納稅證明，得以與上開最近一期或前一期證明相同期間內主管稽徵機關核發之無違章欠稅之查復表代之。

 5.票據交換機構於截止投標日之前半年內所出具之非拒絕往來戶或最近三年內無退票紀錄證明或金融機構或徵信機構出具之信用證明。

 6.投標廠商如係以電子領標方式，領得招標文件者，請另附領標電子憑據書面明細，如未繳交者，請廠商提出說明。廠商可利用電子領投標系統中「檢驗電子憑據」之功能列印「領標電子憑據書面明細」。

五、上述投標文件應記載詳盡，保持完整，並加蓋印章後，放入外標封內。

第八條　投標文件填寫

 所有指定填寫之處，不得使用鉛筆，均應以鋼筆、原子筆或打字填寫正確無誤。標單內標價總額之中文大寫及阿拉伯數字不相符時，均應以中

文大寫爲準，如未按規定填寫者，該標單應視爲不合格標。

一、授權書：

投標人如需委託其全權代理人辦理投標事務，則必須填具「授權書」一份。

二、投標廠商聲明書：

投標人需填具「投標廠商聲明書」一份，並自行負責所聲明之事項。未依規定填寫，爲不合格標；其內容若有虛假，經查證確實，亦不得作爲決標對象。

三、估價單及工程價格：

工程價格均以新台幣爲準，投標人應按最近市場工料價格正確填寫估價單，以支付合約規定之各項負擔，爲適時完成與保固該項工程所需之各項費用。

四、投標文件簽章：

1. 投標人設爲個人廠商，應由該廠商法定負責人在投標文件上蓋章。
2. 投標人設爲公司組織之廠商，則應用公司及負責人之印章。

五、塗擦與更改：

投標文件需用本府所發表格填寫，若填寫錯誤需更改時，則更改處應由負責人蓋章。

六、投標文件送達：

投標廠商所投之標函應密封後投標。惟屬一次投標分段開標者，各階段之投標文件應分別密封後，再以大封套合併裝封。外封套外部需書明投標廠商名稱、地址及採購案號或招標標的。投標文件需於投標截止期限前，以郵遞或專人寄（送）達方式送達招標機關於招標文件所指定之場所。違反規定者，取消該投標資格，經送（寄）達本府之投標文件，除招標文件另有規定者外，不得以任何理由請求發還、作

廢、撤銷或更改。

第九條　不得參加投標或作為決標對象或分包廠商之限制

　　廠商有下列情形之一者，除招標文件另有規定者外，不得參加投標，除第八款情形外，並不得為分包對象。

一、提供本標的規劃設計服務之廠商，於依該規劃、設計結果辦理之採購。

二、代擬本標的招標文件之廠商，於依該招標文件辦理之採購。

三、經依政府採購法第一百零三條刊登於政府採購公報，且在不得參加投標之期限內者。

四、廠商投標文件所標示之分包廠商，於截止投標或截止收件期限前係屬政府採購法第一百零三條第一項規定期間內之廠商者。

五、廠商之負責人或合夥人同時為承辦本工程規劃、設計、施工或供應之專案管理廠商負責人或合夥人。

六、廠商與承辦本工程規劃、設計、施工或供應之專案管理廠商同時為關係企業或同一其他廠商之關係企業。

七、廠商或其負責人與本府（或採購機關）首長或補助機關首長或受補助之法人或團體負責人，或委託機關首長或受託法人或團體負責人，或洽辦機關首長，涉及本人或配偶或三親等以內之血親或姻親，或同財共居之親屬之利益者。

八、政黨及與其具關係企業關係之廠商。

九、提供本標的審標服務之廠商，於該服務有關之採購。

十、提供專案管理服務之廠商，於該服務有關之採購。

十一、因履行本府（或採購機關）契約而知悉其他廠商無法知悉或應秘密之資訊之廠商，於使用該等資訊有利於該廠商得標之採購。

十二、廠商之營業項目不符合公司法或商業登記法規定，無法於得標後作

為簽約廠商，合法履行契約。

十三、採購案如係以選擇性招標或限制性招標辦理，或係以公開招標辦理但投標廠商未達三家之情形，廠商之得標價款會有採購法第五十九條第一項所稱高於廠商於同樣市場條件之相同工程、財物或勞務之最低價格之情形。

十四、廠商已有或將有採購法第五十九條第二項所稱支付他人佣金、比例金、仲介費或其利益為條件，促成採購契約之簽訂之情形。

　　□ 前項第 1 款及第 2 款之情形，於無利益衝突或無不公平競爭之虞，經機關同意者（本項未勾選者，表示機關不同意），得不適用於後續辦理之採購。前揭無利益衝突或無不公平競爭之虞之情形，於第 1 款規定係指前階段規劃或設計服務之成果一併於招標文件公開，且經機關認為參與前階段作業之廠商無競爭優勢者。本府（或採購機關）於決標或簽約後始發現第一項各款之情形，則得依政府採購法第五十條第二項或第五十九條第三項規定辦理。

第十條　無效投標文件之認定

　　廠商投標有下列情形之一者，其投標文件即視為不合規定之無效標；於開標後發現者，則不決標於該廠商。

一、未繳納押標金或未依繳納規定辦理者。

二、押標金繳納收據聯所填列招標機關名稱與本府名稱不符或低於規定金額，或繳納押標金之廠商名稱與投標文件上之名稱不符者。但不符合原因若係本府（或採購機關）造成者，則不在此限。

三、未用本府所發之工程標單及詳細表（含總表、詳細價目表、單價分析表、資源統計表）。

四、廠商於標單上之報價高於採購金額、公告之預算金額者。

五、工程標單及估價單（含總表、詳細價目表、單價分析表、資源統計表）不依規定式樣填寫或附有任何條件者。

六、工程標單總價未用中文大寫填寫或使用鉛筆或其他易塗改之書寫工具書寫或所填寫字跡模糊不清，難以辨認，或塗改而未蓋印章，或其印文不能辨認者。

七、工程標單及估價單（含總表、詳細價目表、單價分析表、資源統計表）破損致部分文字缺少者。

八、工程標單及估價單（含總表、詳細價目表、單價分析表、資源統計表）未加蓋廠商及負責人印章或難以辨認者。

九、投標文件未按第七～九條之規定辦理者【除第七條第四、第六外】。

十、未依第五條規定檢附資格文件者。

十一、投標廠商聲明書未提出；第一至第十項未填妥或內容有誤或未加蓋廠商及負責人印章者。

十二、同一廠商投寄二份以上投標文件者，或廠商與其分支機構，或其二以上之分支機構，就同一採購分別投標者。

十三、投標廠商投標文件所標示之分包廠商，於截止投標或截止收件前係屬政府採購法第一百零三條第一項規定期間內不得參加投標或作為決標對象或分包之廠商者。

十四、有政府採購法第五十條第一項各款情形之一者。

第十一條　投標文件有效期限

自投標時起至開標後 30 日止（由業務單位於招標時載明）。如機關無法於前開有效期內決標，得於必要時洽請廠商延長投標文件之有效期。

第十二條　廠商提出疑義之期限

廠商對招標文件內容如有疑義應於等標期之四分之一期限前以書面提出（不足一日者以一日計），該期限自公告日之次日起算，另本府釋疑之

期限將不逾截止收件日前一日。

第十三條　廠商提出異議之期限

一、若認為本採購案有違反法令，致損害廠商權利或利益者，得於下列期限內，以書面向本府提出異議：

　　1. 對招標文件規定提出異議者，為自公告或邀標之次日起等標期之四之一，其尾數不足一日者，以一日計。但不得少於十日。

　　2. 對招標文件規定之釋疑、後續說明、變更或補充提出異議者，為接獲本府通知或公告之次日起十日內。

　　3. 對採購之過程、結果提出異議者，為接獲本府通知或公告之次日起十日。其過程或結果未經通知或公告者，為知悉或可得而知悉之次日起十日。但至遲不得逾決標日之次日起十五日。

　　4. 本府自收受異議之次日起十五日內即行適當之處理，並將處理結果以書面通知提出異議之廠商。其處理結果涉及變更或補充招標文件內容者，將另行公告，並視需要延長等標期。

二、廠商依第一項規定以書面向本府提出異議者，應以中文書面載明有關事項（詳政府採購法規定），由廠商之負責人或其代理人簽名或蓋章，提出於本府。其附有外文資料者，應就異議有之部分備具中文譯文。本府得視需要通知廠商檢具其他部分之中文譯本。

三、廠商對於公告金額以上採購異議之處理結果不服，或招標機關逾所定期限不為處理者，得於收受異議處理結果或期限屆滿之次日起十五日內，以書面向行政院公共工程委員會所設之採購申訴審議委員會申訴。

第十四條　開標

一、本採購依採購公告所定時間在本縣發包中心開標室公開舉行，投標廠商可不在場（不到場者以放棄減價權論），如遇特殊情形，得當場宣

布延期開標。

二、辦理第一次公開招標時，投標廠商有三家以上廠商符合下列情形，即應依所定時間開標，審查結果，合於招標文件規定之廠商在一家以上者，仍得決標；投標廠商不滿三家時得當場宣布流標並另行招標，開標時發現投標廠商有串通圍標之嫌疑者，除當場宣布廢標外，若查有確證將依法辦理。

1. 投標文件已書面密封。

2. 外封套上載明廠商名稱地址。

3. 投標文件已於截止期限前寄（送）達本府指定之場所。

4. 無政府採購法第五十條第一項規定不予開標之情形。

5. 無政府採購法施行細則第三十八條第一項規定不得參加投標之情形。

6. 同一廠商只投寄一份投標文件，廠商與其分支機構或其二以上之分支機構未就本標的分別投標者。

三、第一次開標，因未滿三家而流標或廢標者，第二次以後之招標之等標期得予縮短，並得不受前項三家廠商之限制。

第十五條　決標

一、各標以總價或單價相比，在底價以內之最低標價為得標原則，並以所報標單大寫為準。

二、合於招標文件規定之投標廠商之最低標價超過底價時，得洽該最低標廠商減價一次；但廠商有視同放棄或未到場之情形者，即喪失該次減價之權利，減價結果仍超過底價時，得由所有合於招標文件規定之投標廠商在原位不得任意移動或交談下，重新比減價格，比減價格不得逾三次。

三、兩家以上廠商標價相同且均在底價以內，應由該等廠商比減價格一

次，以低價者決標。比減後之價格仍相同者，由主持人按廠商標單編號抽籤決定之。但比減價格次數已達前款規定之三次者，逕行抽籤決定之。

四、經減價或比減價格結果在核定底價以內時，除有最低標廠商之標價偏低，顯不合理之情形外，應即宣布決標予該最低標廠商。

五、前項辦理結果，最低標價仍超過底價而不逾預算數額，但確有緊急情事需決標時，應經原底價核定人或其授權人員核准，且不得超過底價百分之八。（但查核金額以上之採購，超過底價百分之四者，應依規定保留最低價，俟報經上級機關核准後通知保留標之廠商得標承辦。）

六、最低標廠商之總標價低於底價百分之八十者，本府將「依政府採購法第五十八條處理總標價低於底價百分之八十案件之執行程序」辦理。

七、合於招標文件規定之廠商僅有一家或採議價方式辦理時，其標價超過底價時，經洽該廠商減價，其減價次數不得逾三次。廠商書面表示減至底價，或照底價再減若干數額者，本府應予接受並決標予該廠商；比減價格時，僅餘一家廠商書面表示減價者，亦同。

第十六條　資格確認

一、得標之廠商在決標當日起一星期內，應將投標須知第七條第 4 項規定之各項證件正本送請承辦單位核對，如未辦理或送核對證件有偽造情形，取消其得標資格，並沒收投標時所繳之押標金，押標金已返還者並得追繳之。

二、若原得標廠商經前項而喪失其得標資格，本府得徵詢決標時自標價低者起，依序洽其他合於招標文件規定之未得標廠商依原決標價承做或重新辦理招標。

第十七條　簽約

除招標文件另有規定者外，得標廠商應於得標後經通知次日起第 10 日內與採購機關簽訂合約。得標廠商應於簽約後，依合約之規定，將本採

購案投保工程營造綜合保險單副本備函送業主核備後方完成簽約。

合約正本2份及副本8份，應由得標者裝訂之，不另給價。工程合約、投標須知、工期核算要點、抗壓作業要點等相關附件由業務單位提供乙份。

第十八條　拒絕簽約之處理

一、得標人若於規定期限內（得標後經通知次日起10日內）非本府之因素而未簽約或拒絕簽約，或不提交履約保證金及差額保證金時，勢必妨礙本採購之施工計劃，致本府遭受損失，本府得取消其得標資格，並沒收其投標時所繳之押標金。

二、廠商得標後不簽約承攬，本府除沒收廠商所繳之押標金外，另將不為承攬之事實登記於承攬工程手冊內，並將其事實及理由通知廠商，如未提出異議者，將刊登政府採購公報。

三、本府得徵詢決標時自標價低者起，依序其他合於招標文件規定之未得標廠商依原決標價承做或重新辦理招標。

第十九條　各項保證金：

一、押標金：

（一）本採購之押標金金額詳招標公告，投標廠商應以現金繳納（應於截止投標期前繳納至本府指定之臺灣銀行○○分行第xxxxx號「○○縣政府押標金專戶」）、金融機構所簽發之本票、支票、保付支票、郵政匯票（抬頭應書名：「○○縣政府」後並予劃線）、無記名政府公債、設定質權（本府為質權人）之金融機構定期存款單、銀行開發或保兌之不可撤銷擔保信用狀（本府為受益人）繳納，或取具銀行之書面連帶保證（本府為被保險人）、保險公司之連帶保證保險單（本府為被保險人）為之；並應符合「押標金保證金暨其他擔保作業辦法」規定之格式，否

則無效。另廠商若持未參加票據交換之金融機構付款支票（即該支票右上方無交換章），繳交押標金時，需加收新台幣壹佰元之代收票據手續費。

（二）上述押標金之方式，擇一放入標封內（以現金繳納者應附繳納憑證）。凡未按規定繳納押標金者，其所投之標即被視爲無效，開標後未得標者，當場無息退還（現金繳納者七日內，得標者於完成簽約手續後無息發還）。

（三）押標金採用方式涉及有效期時，應定於開標日後三十日以上。

（四）廠商有下列情形之一者，其所繳納之押標金及其孳息，不予發還，其已發還者並予追繳：

1. 以僞造、變造之文件投標。

2. 投標廠商另行借用他人名義或證件投標。

3. 冒用他人名義或證件投標。

4. 在報價有效期間內撤回其報價。

5. 開標後應得標者不接受決標或拒不簽約。

6. 得標後未於規定期限內，繳足保證金或提供擔保。

7. 押標金轉換爲保證金。

8. 其他經主管機關認定有影響採購公正之違反法令行爲者。

二、履約保證金：

（一）得標人於決標次日起第 10 日內（查核金額 14 日內），應按決標總價百分之十金額，以現金（應於規定期限前繳納至本府）、金融機構本票、支票、保付支票、郵政匯票（抬頭應爲採購機關並予劃線）、無記名政府公債、設定質權（採購機關爲質權人）之銀行定期存款單、銀行開發或保兌之不可撤銷擔保信用狀（採購機關爲受益人）繳納，或取具銀行之書面連帶保證（採

購機關為被保險人)、保險公司之連帶保證保險單(採購機關為被保險人)等方式,擇一為之,提交採購機關作為履約保證金,以保證切實履行並完成合約採購及此後可能修改之合約中之一切採購工程。

(二) 履約保證金採用方式涉及有效期限時,應較契約規定之最後施工、供應或安裝期限長九十日,廠商未能依契約規定期限履約或因可歸責於廠商之事由致無法於前項有效期內完成驗收者,履約保證金之有效期應按遲延期間延長之。

(三) 履約保證金應以得標廠商之名義繳納。

(四) 廠商以其原繳納之押標金轉為履約保證金者,押標金額如超出履約保證金金額,超出之部分無息發還得標之廠商。

(五) 廠商有下列情形之一者,其所繳納之履約保證金及其孳息,不予發還:

1. 有採購法第五十條第一項第三款至第五款情形之一,依同條第二項前段得追償損失者,與追償金額相等之保證金。

2. 違反採購法第六十五條規定轉包者,全部保證金。

3. 擅自減省工料,其減省工料及所造成損失之金額,自待付契約價金扣抵仍有不足者,與該不足金額相等之保證金。

4. 因可歸責於廠商之事由,致部分終止或解除契約者,依該部分所占契約金額比率計算之保證金;全部終止或解除契約者,全部保證金。

5. 查驗或驗收不合格,且未於通知期間內依規定辦理,其不合格部分及所造成之損失、額外費用或懲罰性違約金之金額,自待付契約價金扣抵仍有不足者,與該不足金額相等之保證金。

6. 未依契約規定期限或機關同意之延長期限履行契約之一部或全部，其逾期違約金之金額，自待付契約價金扣低仍有不足者，與該不足金額相等之保證金。

7. 需返還已支領之契約價金而未返還者，與未返還金額相等之保證金。

8. 未依契約規定延長保證金之有效期者，其應延長之保證金。

9. 其他應可歸責於廠商之事由，致機關遭受損害，其應由廠商賠償而未賠償者，與應賠償金額相等之保證金。

三、差額保證金：

1. 最低標廠商之總標價低於底價百分之八十者，應依行政院公共工程委員會所頒布之「依政府採購法第五十八條處理標價低於底價百分之八十案件之執行程序」辦理，其應繳納差額保證金者，應自本府通知之日起七日內提出差額保證金作為擔保，其擔保金額為總標價與底價百分之八十之差額，或為總標價與政府採購法第五十四條評審委員建議金額之百分之八十之差額。

2. 差額保證金之採用方式、有效期限、內容、發還及不發還等事項，適用履約保證金之規定。

四、保固保證金（公告金額以上適用）：

（一）得標廠商於保固標的完成驗收付款前，應繳交本採購總造價之百分之一，作為採購保固保證金。

（二）除特殊材料或責任施工之項目另有規定者外，應自正式驗收合格之日起，保固 x 年（由業務單位於招標時載明），於採購保固無誤後無息發還採購保固保證金。

（三）保固保證金及其孳息有下列情形者，不予發還：

1. 違反採購法第六十五條規定轉包者，全部保證金。

2. 擅自減省工料，其減省工料及所造成損失之金額，自待付契約價金抵扣仍有不足者，與該不足金額相等之保證金。

3. 因可歸責於廠商之事由，致部分終止或解除契約者，依該部分所占契約金額比率計算之保證金；全部終止或解除契約者，全部保證金。

4. 查驗或驗收不合格，且未於通知期間內依規定辦理，其不合格部分及所造成之損失、額外費用或懲罰性違約金之金額，自待付契約價金扣抵仍有不足者，與該不足金額相等之保證金。

5. 未依契約規定期限或機關同意之延長期限履行契約之一部或全部，其逾期違約金之金額，自待付契約價金扣低仍有不足者，與該不足金額相等之保證金。

6. 需返還已支領之契約價金而未返還者，與未返還金額相等之保證金。

7. 未依契約規定延長保證金之有效期者，其應延長之保證金。

8. 其他應可歸責於廠商之事由，致機關遭受損害，其應由廠商賠償而未賠償者，與應賠償金額相等之保證金。

五、上述各項廠商提供為本府接受之金融機構之書面保證及辦理質權設定之定期存款單，其有效期應較契約規定之保固期限長九十日，均應加註拋棄行使抵銷權。

第二十條　採購期限

詳採購公告，得標廠商應於採購期限內竣工，非經本府核准不得延長，逾期按工程合約有關逾期責任之規定辦理。

第二十一條　工地勘查

投標人在投標前，應自行前往工地勘查，了解四周環境工地特性，諸如各項現有建築、輸水、輸電、道路、排灌等設施及地質、河川、洪水、

地上水、地下水、地勢與施工估價有關資料。若草率從事，致有錯誤估算，應自行負責，不得藉詞請求補償或變更。

第二十二條　付款辦法

詳採購合約。

第二十三條　人力不可抗拒之原因

法令之變更或政府政策之改變致不能履行合約時，本府可終止或解除部分或全部契約，並補償廠商因此所生之損失。(政府採購法第六十四條)。

第二十四條　竣工資料及圖説合訂本

工程完工經驗收合格後，得標廠商需製作竣工資料及圖説合訂本(包括驗收證明書、驗收紀錄、結算明細表及竣工圖等) x 份及精裝本竣工圖説本。

第二十五條　工地進度錄影(採購承包金額在新台幣五千萬以上者辦理)

承包廠商依施工進度拍攝並沖印印製(含剪接、配音)本採購開工、施工過程至竣工之 VHS 彩色錄影帶一套。錄影帶放映時間不得短於三十分鐘。不另給價。此項彩色錄影帶，應提送業主收存存檔。

第二十六條　不良廠商刊登公報

凡參加投標廠商，有發生下列情形之一者，本府即將事實及理由通知該廠商，若未依採購法第一○二條等規定提出異議者，則予以刊登政府採購公報：

一、容許他人借用本人名義或證件參加投標者。

二、借用或冒用他人名義或證件，或以偽造、變造之文件參加投標、訂約或履約者。

三、擅自減省工料情節重大者。

四、受停業處分期間仍參加投標者。

五、犯採購法八十七條至九十二條之罪，經第一審爲有罪判決者。

六、偽造、變造投標、契約或履約相關文件者。

七、得標後無正當理由而不訂約者。

八、查驗或驗收不合格，情節重大者。

九、驗收後不履行保固責任者。

十、因可歸責於廠商之事由，致延誤履約期限，情節重大者

十一、違反採購法第六十五條之規定轉包者。

十二、因可歸責於廠商之事由，致解除或終止契約者。

十三、破產程序中之廠商。

十四、歧視婦女、原住民或弱勢團體人士，情節重大者。

　　廠商之履約連帶保證廠商經機關通知履行連帶保證責任者，適用前項之規定。

第二十七條　　爭議處理

一、廠商與本府（或採購機關）間之招標、審標、決標之爭議，得依政府採購法及相關規定向本府（或採購機關）提出異議或協議，並得依政府採購法第 76 條或第 85 條之 1 規定，向行政院公共工程委員會採購申訴審議委員會（台北市松仁路 3 號 9 樓，電話 02-87897530，傳真：02-89797514）提出申訴或履約爭議調解。

二、廠商對於機關違反採購法令且有重大異常行為者，得向中央採購稽核小組（地址：台北市松仁路 3 號 9 樓，電話 02-87897548，傳真：02-87897554）、○○縣政府採購稽核小組（地址：○○市縣府路○○號，電話：xxxxxxx，傳真：xxxxxxx）、法務部調查局（地址：新店郵政第 60000 號信箱，電話：02-29177777，傳真：02-29188888）或○○縣調查站（地址：○○市○○路○○號、郵政第 xxxxx 號信箱，電話：xxxxxxx）提出檢舉或陳情，其餘各處站組檢舉電話請洽詢法務部調查局或其網站。

三、法務部廉政署受理檢舉電話：0800-286-586；檢舉信箱：台北郵政14-153 號信箱；傳真檢舉專線：（02）2562-1156；電子郵件檢舉信箱：gechief-p@mail.moj.gov.tw；24 小時檢舉中心地址：臺北市中山區松江路 318 號 5 樓。

第二十八條　條文之不適用

本投標須知凡經本府刪除加蓋校對章者，即為不適用於本標採購之條款。

第二十九條　其他

一、郵購招標文件請自行考量郵遞時程；不論投標或得標與否，招標文件費概不退還，若本案因故取消招標、不予開標或特殊情形者，已購買招標文件之廠商可持原招標文件及收據向本府換取新招標文件。

二、本投標須知所定得標廠商正本核對、繳交保證金及簽訂契約等期限日，以當日下班時間為其截止時間，如期限日為例假日，以其例假日之次日代之，期限日為辦公日，而該日因故停止辦公，以其次一辦公日之同一時間代之。

三、本案採購用地尚未完全取得，開工日應以機關通知日起計算（詳工程契約第 7 條規定），請欲投標之廠商自行評估。

第三十條　本須知未載明之事項，依政府採購相關法令。

第三十一條　得標廠商應於決標後提供與投標列印文件內容相同之PCCES 電子檔。

7-1 履約爭議之緣由

　　政府機關的採購包括工程、勞務及財物，非政府單位的採購尚包括其他事物之買賣、交易、委任及委託等事項，雙方當事人一旦完成簽約手續，即接受法律的規範，履約過程就是一種履行法律規範的行爲。以政府機關的採購來說，機關是定作人，承攬人是施工廠商或技術服務廠商或提供財物的特定對象。定作人一方較爲單純，主辦採購的人或單位就是代表機關執行採購任務，然因政府機關的人員異動頻繁，主辦採購的人或其經手的人未必嫻熟政府採購法的諸多細節，其工作經驗也未必能讓其熟悉如何確保所採購內容物之品質，在制訂採購契約內容及引用工程會提供的契約範本所做的條文修正、刪除及調整時，未必能適切考量各方之需求，亦或爲求取對自身的保護，契約內容的擇定可能有利於機關而不利於承攬人。

　　依作者從事工程實務二十多年的經驗，所經歷過政府機關各式的工程及勞務採購案不下千件，履約爭議的由來較多的部分是來自施工廠商，一部分原因屬於機關及其採購相關人員，另一部分則來自技術服務廠商（含設計、監造及專案管理）。一般而言，技術服務廠商大都能以自身的團隊資源及人力獨立完成履約工作，除非有特殊的情形，才會尋求協力廠商或專業顧問或材料商的技術支援。對於施工廠商則不然，要完成一件工程案所需的材料、機具、設備及人力繁多，通常非施工廠商所能獨立承擔，也迫於經營面的現實考量，綜合營造業者平常就有其配合的分包商（亦稱次承攬，如模板工、鋼筋工、鷹架組拆工、瀝青混凝土作業工、基樁工、機

電工及水電工等）、材料商（預拌混凝土、瀝青混凝土、人行道磚、預鑄路緣石、預鑄集水井、鍍鋅格柵板、鋼骨、鋼筋、植栽、欄杆及各種景觀造型元素等）及機具商（開挖及土石方處理機具、吊裝機具、運輸機具等）。

另外，施工廠商之經營者及團隊的人力素質亦參差不齊，依現行的營造業法相關規定：綜合營造業分為三等，甲等綜合營造業之資本額為新臺幣二千二百五十萬元以上；乙等綜合營造業之資本額為新臺幣一千萬元以上；丙等綜合營造業之資本額為新臺幣三百萬元以上；此外尚有土木包工業，其資本額為新台幣八十萬元以上。只要有一點資金，想要取得各等綜合營造業之營業登記並非難事，加上政府的工程採購多半是以最低標方式發包，施工廠商以低價搶標之後，再想盡各種辦法意圖節省成本及創造利潤，履約過程所衍生的問題可想而知，履約爭議自然難以避免。

公共工程之營造業者有此問題，民間的建設公司亦有所謂「一案建商」的問題，只要有新台幣一百萬元的資金，幾乎都可取得建設公司之登記證。為了逃避後續工程品質的責任、住戶的追索賠償及稅賦的稽徵，這種一案建商只要完成一棟建案，立即結束營業，公司負責人改名再開另一間建設公司，建築一旦發生問題，住戶常常追索無門。1999 年 9 月 21 日清晨在南投集集附近發生芮氏規模 7.3 的大地震，造成 2,455 人死亡、11,305 人受傷，房屋全倒 38,935 戶、半倒 45,320 戶；而 2016 年 2 月 6 日清晨，高雄市美濃地區發生芮氏規模 6.4 的地震，全台僅台南市地盤較軟弱地區因「場址效應」造成 538 棟建物受損（85 棟需拆除、62 棟不宜居住）、116 人死亡及 1 人失聯、550 受傷，其中災情最慘的維冠大樓就有 114 人不幸罹難，吾人當引以為戒。

茲綜整可能衍生履約爭議的原因約略分成四部分，茲說明如下：

一、政府機關的因素：由於人員異動或職能教育訓練不足，造成採購作業

疏失，包括行政疏失、招標文件相互矛盾、契約內容的瑕疵及條文過於嚴苛、未履行協力義務、延遲付款、扣押廠商款項、政府決策及法令之變更等，導致技術服務廠商或施工廠商權益受損。

二、技術服務廠商的因素：由於顧問公司內部訓練不足或人力短缺，致使發生設計（含變更設計）疏失、尺寸及單位錯置、內容前後矛盾、工項缺漏、單價或計價方式失當、預算資料統計錯誤、作業進度落後及資料提送逾期，監造及專案管理作業的疏失及錯誤、未落實履約內容之執行等，導致機關或施工廠商的權益受損。

三、施工廠商的因素：由於承包商多以低價標得公共工程案件，為求降低施工成本，人力、材料及機具的使用都可能採取精簡策略，致使投標文件內容錯誤（如標價少寫一個零）、拖延開工、施工品質未達工程契約的規範要求（如工項缺漏、尺寸及位置不符、數量不足等）、人力及機具調度不及、施工進度落後、提送資料（保險單、儀器操作手冊等）逾期、保固期內之修繕等，導致機關及技術服務廠商權益受損。

四、不可抗力的因素：如天候、天災、戰爭、事變、履約標的物遭破壞、履約人員遭脅迫或危害、地質條件差異過大、地下埋設物及管線障礙等，導致機關、技術服務廠商及施工廠商權益受損。

7-2 履約爭議之處理方式

　　爭議之產生係源自前一節所述肇因之一種或二種以上，致某一方利害關係人（機關、技術服務廠商或施工廠商）自覺其權益受損達無法承受之境地，非得提出爭議處理無法解除其心理或實質之難處。吾人既然身處法治社會，契約之爭議處理應依循法令之規範。技術服務廠商或施工廠商與機關間之爭議可分簽約前及簽約後二階段分別說明：

一、簽約前之爭議：依「政府採購法」第 74 條之規定，廠商與機關間關

於招標、審標、決標之爭議，得依本法第六章（爭議處理）規定提出異議及申訴。同法第75條規定，廠商對於機關辦理採購，認為違反法令或我國所締結之條約、協定（以下合稱法令），致損害其權利或利益者，得於下列期限內，以書面向招標機關提出異議：

（一）對招標文件規定提出異議者，為自公告或邀標之次日起等標期之四分之一，其尾數不足一日者，以一日計，但不得少於十日。

（二）對招標文件規定之釋疑、後續說明、變更或補充提出異議者，為接獲機關通知或機關公告之次日起十日。

（三）對採購之過程、結果提出異議者，為接獲機關通知或機關公告之次日起十日。其過程或結果未經通知或公告者，為知悉或可得而知悉之次日起十日，但至遲不得逾決標日之次日起十五日。

招標機關應自收受異議之次日起十五日內為適當之處理，並將處理結果以書面通知提出異議之廠商。其處理結果涉及變更或補充招標文件內容者，除選擇性招標之規格標與價格標及限制性招標應以書面通知各廠商外，應另行公告，並視需要延長等標期。

同法第76條規定：廠商對於公告金額以上採購異議之處理結果不服，或招標機關逾前條第二項所定期限不為處理者，得於收受異議處理結果或期限屆滿之次日起十五日內，依其屬中央機關或地方機關辦理之採購，以書面分別向主管機關、直轄市或縣（市）政府所設之採購申訴審議委員會申訴。地方政府未設採購申訴審議委員會者，得委請中央主管機關處理。同法第80條規定：採購申訴審議委員會得依職權或申請，通知申訴廠商、機關到指定場所陳述意見。採購申訴審議委員會於審議時，得囑託具專門知識經驗之機關、學校、團體或人員鑑

定，並得通知相關人士說明或請機關、廠商提供相關文件、資料。同法第 82 條規定：採購申訴審議委員會審議判斷，應以書面附事實及理由，指明招標機關原採購行爲有無違反法令之處；其有違反者，並得建議招標機關處置之方式。採購申訴審議委員會於完成審議前，必要時得通知招標機關暫停採購程序。採購申訴審議委員會爲前項之建議或通知時，應考量公共利益、相關廠商利益及其他有關情況。同法第 83 條規定：審議判斷，視同訴願決定。同法第 85 條規定：採購申訴審議委員會於審議判斷中建議招標機關處置方式，而招標機關不依建議辦理者，應於收受判斷之次日起十五日內報請上級機關核定，並由上級機關於收受之次日起十五日內，以書面向採購申訴審議委員會及廠商說明理由。前項情形，廠商得向招標機關請求償付其準備投標、異議及申訴所支出之必要費用。

二、簽約後之爭議：依「政府採購法」第 85-1 條之規定，機關與廠商因履約爭議未能達成協議者，得以下列方式之一處理：

（一）向採購申訴審議委員會申請調解。

（二）向仲裁機構提付仲裁。

前項調解屬廠商申請者，機關不得拒絕；工程採購經採購申訴審議委員會提出調解建議或調解方案，因機關不同意致調解不成立者，廠商提付仲裁，機關不得拒絕。採購申訴審議委員會辦理調解之程序及其效力，除本法有特別規定者外，準用民事訴訟法有關調解之規定。

同法第 85-3 條規定：調解經當事人合意而成立；當事人不能合意者，調解不成立。調解過程中，調解委員得依職權以採購申訴審議委員會名義提出書面調解建議；機關不同意該建議者，應先報請上級機關核定，並以書面向採購申訴審議委員會及廠商說明理由。同法第 85-4 條規定：履約爭議之調解，當事人不能合意但已甚接近者，採購申訴

審議委員會應斟酌一切情形，並徵詢調解委員之意見，求兩造利益之平衡，於不違反兩造當事人之主要意思範圍內，以職權提出調解方案。當事人或參加調解之利害關係人對於前項方案，得於送達之次日起十日內，向採購申訴審議委員會提出異議。於前項期間內提出異議者，視為調解不成立；其未於前項期間內提出異議者，視為已依該方案調解成立。

另依「政府採購法」第102條之規定，廠商得對機關依同法第101條相關規定認為其違法之情事提出異議及申訴。廠商認為機關之通知，違反本法或不實者，得於接獲通知之次日起二十日內，以書面向該機關提出異議。廠商對前項異議之處理結果不服，或機關逾收受異議之次日起十五日內不為處理者，無論該案件是否逾公告金額，得於收受異議處理結果或期限屆滿之次日起十五日內，以書面向該管採購申訴審議委員會申訴。機關依同法101條通知廠商後，廠商未於規定期限內提出異議或申訴，或經提出申訴結果不予受理或審議結果指明不違反本法或並無不實者，機關應即將廠商名稱及相關情形刊登政府採購公報。第一項及第二項關於異議及申訴之處理，準用本法第六章（爭議處理）之規定。

由上觀之，屬於簽約後之履約爭議處理，可概分為四個循進階段：

一、協議：由機關（定作人）與廠商（承攬人）先行協商，雙方考量公共利益及公平合理原則，本誠信和諧，共同找出問題癥結所在及雙方均可接受之解決方式。此種處理方式之優點有：花費較少、迅速解決問題、雙方關係不致惡化、解決方案較具彈性。

二、調解：依「政府採購法」第86條之規定：主管機關及直轄市、縣（市）政府為處理中央及地方機關採購之廠商申訴及機關與廠商間之履約爭議調解，分別設採購申訴審議委員會；置委員七人至二十五人，由主

管機關及直轄市、縣（市）政府聘請具有法律或採購相關專門知識之公正人士擔任，其中三人並得由主管機關及直轄市、縣（市）政府高級人員派兼之。但派兼人數不得超過全體委員人數五分之一，採購申訴審議委員會應公正行使職權。同法第 85-2 條規定：申請調解，應繳納調解費、鑑定費及其他必要之費用。

依「採購履約爭議調解收費辦法」第 5 條規定：(1) 金額未滿新臺幣二百萬元者，新臺幣二萬元，(2) 金額在新臺幣二百萬元以上，未滿五百萬元者，新臺幣三萬元，(3) 金額在新臺幣五百萬元以上，未滿一千萬元者，新臺幣六萬元，(4) 新臺幣一千萬元以上，未滿三千萬元者，新臺幣十萬元，(5) 新臺幣三千萬元以上，未滿五千萬元者，新臺幣十五萬元，(6) 新臺幣五千萬元以上，未滿一億元者，新臺幣二十萬元，(7) 新臺幣一億元以上，未滿三億元者，新臺幣三十五萬元，(8) 新臺幣三億元以上，未滿五億元者，新臺幣六十萬元，(9) 金額新臺幣五億元以上者，新臺幣一百萬元。此種處理方式需由申請者（通常是廠商）先行繳納調解費用，提出申請後約莫二到三個月即可得到採購申訴審議委員會之調解建議或調解方案，期程不長。

三、仲裁：依「仲裁法」之規定，雙方當事人於爭議發生前已有仲裁協議，或爭議發生後達成仲裁協議，均可向雙方所指定的仲裁機構聲請仲裁。依「仲裁機構組織與調解程序及費用規則」第 25 條之規定，因財產權而聲請仲裁之事件，應按其仲裁標的之金額或價額，依下列標準逐級累加繳納仲裁費：(1) 新臺幣六萬元以下者，繳納新臺幣三千元，(2) 超過新臺幣六萬元至新臺幣六十萬元者，就其超過新臺幣六萬元部分，按百分之四計算，(3) 超過新臺幣六十萬元至新臺幣一百二十萬元者，就其超過新臺幣六十萬元部分，按百分之三計算，(4) 超過新臺幣一百二十萬元至新臺幣二百四十萬元者，就其超過新

臺幣一百二十萬元部分，按百分之二計算，(5) 超過新臺幣二百四十萬元至新臺幣四百八十萬元者，就其超過新臺幣二百四十萬元部分，按百分之一點五計算，(6) 超過新臺幣四百八十萬元至新臺幣九百六十萬元者，就其超過新臺幣四百八十萬元部分，按百分之一計算，(7) 超過新臺幣九百六十萬元者，就其超過新臺幣九百六十萬元部分，按百分之零點五計算。

依「仲裁法」第 21 條規定：仲裁進行程序，當事人未約定者，仲裁庭應於接獲被選為仲裁人之通知日起十日內，決定仲裁處所及詢問期日，通知雙方當事人，並於六個月內作成判斷書；必要時得延長三個月。前項十日期間，對將來爭議，應自接獲爭議發生之通知日起算。

同法第 26 條：仲裁庭逾第一項期間未作成判斷書者，除強制仲裁事件外，當事人得逕行起訴或聲請續行訴訟。其經當事人起訴或聲請續行訴訟者，仲裁程序視為終結。仲裁庭得通知證人或鑑定人到場應詢。但不得令其具結。證人無正當理由而不到場者，仲裁庭得聲請法院命其到場。同法第 37 條：仲裁人之判斷，於當事人間，與法院之確定判決，有同一效力。仲裁判斷，需聲請法院為執行裁定後，方得為強制執行。但合於特殊規定者，並經當事人雙方以書面約定仲裁判斷無需法院裁定即得為強制執行者，得逕為強制執行。

同法第 43 條：仲裁判斷經法院判決撤銷確定者，除另有仲裁合意外，當事人得就該爭議事項提起訴訟。同法第 44 條：仲裁事件，於仲裁判斷前，得為和解。和解成立者，由仲裁人作成和解書。前項和解，與仲裁判斷有同一效力。但需聲請法院為執行裁定後，方得為強制執行。同法第 45 條：未依本法訂立仲裁協議者，仲裁機構得依當事人之聲請，經他方同意後，由雙方選定仲裁人進行調解。調解成立者，由仲裁人作成調解書。前項調解成立者，其調解與仲裁和解有同一效

力。但需聲請法院為執行裁定後，方得為強制執行。

此種處理方式，於提付仲裁後快則二到三個月、慢則一到二年，可得到判斷書或和解書或調解書，且其仲裁程序得不公開，此與訴訟最大不同之處。

四、訴訟：如機關與廠商因履約發生爭議，且未能按協議、調解的方式解決，雙方契約書又無仲裁協議條款，此時可依「民事訴訟法」第244條之規定，向管轄法院提起民事訴訟。此種處理方式最耗事費神，一審程序花上一、二年是常有的事，若有一方不服一審判決結果，再提起上訴，二審又花個一、二年，假若再上訴最高法院，又花個一年，前後耗上四、五年，簡直是花錢又受罪。

以上所介紹的四種漸進式的履約爭議處理方式（如圖 7-1 所示），並非一成不變，處理方式的選擇端視爭議內容的規模大小、對雙方衝擊程度、雙方對解決問題期程長短的忍受程度及所需花費的金額多寡而定。身處民主及法治社會，任何一方都可衡量自己的口袋深度及考量其他因素，進而決定自己想要的處理方式，當然跳過前三種處理方式，直接選擇提起民事訴訟亦無不可。

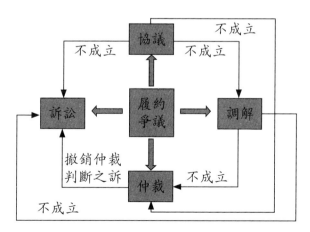

圖 7-1　履約爭議處理途徑相互關係圖

7-3 履約爭議之案例說明

本節將介紹二件廠商與機關履約爭議的實際案例，第一件是污水處理廠污水處理設備整修工程，施工廠商疏於注意工程契約相關規定，未於期限內提送機器設備之維護操作資料及教育訓練計畫，且工程契約內並未明列該項違約事件之罰則，機關即以總承包金額為計算基數，乘以契約規定的每日 1‰ 及逾期日數，廠商不服並與機關協議不成，向該管採購申訴審議委員會申請調解；第二件則係橋樑新建工程，負責設計及監造的顧問公司投標時提出鋼橋設計構想，簽約後機關考量整體造型與景觀融合，遂要求變更為大跨距的預力混凝土橋，顧問公司尋求協力顧問之支援完成設計，施工廠商基於現實考量，調整施工方式亦經顧問公司同意，孰料施工中仍發生預鑄節塊倒塌工安事故，機關遂對顧問公司提起損害賠償之民事訴訟。

一、案例一：以調解方式解決履約爭議

　　（一）工程名稱：○○污水處理廠污水處理設施整修工程

　　（二）承包金額：約新台幣 960 萬元

　　（三）爭議緣由說明：本案工程契約規定：「操作維護資料格式樣本、教育訓練計畫及內容大綱草稿，應於竣工前 60 日提出 1 份送審……，竣工前 15 日，提出經機關核可之操作與維護資料及教育訓練計畫。」施工廠商疏於注意，延遲 62 日才提出，且契約條款對此單一違約事項並未無個別的罰則，加上該違約事項不屬施工項目。然經機關內部會同法務人員討論後，仍覺以總承包金額計處違約金（約新台幣 58 萬元）較為妥適。

　　（四）爭議處理方式：經施工廠商與機關協議不成，施工廠商遂向該管採購申訴審議委員會提出調解請求。

　　（五）爭議處理期程：施工廠商於 102 年 12 月 11 日提出調解申請，

該審議委員會於 103 年 1 月 3 日召開履約爭議調解會議，會議中雙方均接受調解建議方案，調解會議紀錄寄出後，雙方當事人收文二十日內亦未提出異議，前後歷時二個月即完成本次爭議調解工作。

二、案例二：以訴訟方式解決履約爭議

（一）工程名稱：○○道路、停車場及橋樑新建工程

（二）橋樑工程金額：約新台幣 3842 萬元

（三）技術服務金額：約新台幣 237 萬元

（四）爭議緣由說明：A 機關與 B 工程顧問公司（簡稱 B 公司）簽訂○○工程委託設計監造契約書，而 C 公司（施工廠商）則負責施作上述工程。其中橋樑部分投標時規劃為鋼結構型式，決標後 A 機關要求變更為預力混凝土節塊橋樑造型；但 B 公司並無該種節塊橋樑之設計經驗，即委由外商 D 公司設計（簡稱 D 公司），再由國內 E 工程顧問公司（簡稱 E 公司）檢核其結構分析，並經 A 機關同意以節塊方式施作橋樑。上開結構計算書亦由 A 機關委託 F 學術機關辦理結構外審，歷經 4 次修正後審查通過；但該送審通過之結構計算書，僅分析整體橋梁結構，並將預力錨碇位置由節塊中央處全改為節塊接縫處；經施工廠商重新檢討設計圖預力配置之可行性，並依施工計畫調整預力鋼腱位置、數量以及施拉預力值。因 B 公司原設計圖並未明確指定施工步驟及吊裝支撐方法，但 C 公司基於成本及遭遇汛期之考量，所提施工計畫係採「多階段吊裝組立工法」加「場撐工法」，因有委託 G 專業技師調整預力配置、重新結構計算並簽證，故 B 公司同意其變更施工方式。該工程在施工期間發生北岸預鑄節塊倒塌之工安事故（如圖

7-2），造成一死四傷之慘劇，另發生聯外橋樑南岸橋墩西側面、東側面及頂部出現垂直裂縫，A 機關乃召集設計監造單位及施工廠商，召開多次協調會議，意圖解決上述問題，卻在期間發現南岸橋墩之北墩臂頂部裂縫有擴大跡象；A 機關乃委請 H 技師公會鑑定系爭節塊橋樑倒塌、裂損原因及對結構安全之影響。鑑定結果認定系爭工程之肇因及品質瑕疵係因 B 公司設計不良及未盡監造之責所致。本工程經 A 機關、B 公司及 C 公司開會協商，三方合意終止契約。之後，A 機關就將該橋樑回復為原規劃之鋼橋型式，並重新發包設計、施作並已完工（如圖 7-3）；A 機關主張如此鉅額之損失，全因 B 公司設計、監造之重大疏失所致。

（五）爭議處理方式：A 機關爰向臺中地方法院提起民事訴訟，請求 B 公司賠償約 3842 萬元。案經臺中地方法院作成民事判決，認定原告（A 機關）應負擔二分之一過失責任，被告（B 公司）及施工廠商（C 公司）應各負擔四分之一過失責任，命 B 公司應賠償 A 機關約 414 萬元。A 機關及 B 公司對此判決均感不服，同時向臺灣高等法院臺中分院提出上訴狀。該院審酌案情後改認定 B 公司應負擔百分之二十之過失責任，A 機關應負百分之二十之過失責任，C 公司則負百分之六十之過失責任，是以 A 機關得請求 B 公司賠償約 331 萬元。嗣後，雙方當事人亦同時向最高法院提起上訴，該院判決：原判決除假執行部分外廢棄，發回臺灣高等法院臺中分院更審。臺灣高等法院臺中分院更審後仍認定 B 公司應負擔百分之二十之過失責任，A 機關應負百分之二十之過失責任，C 公司則負百分之六十之過失責任，是以 A 機關得請求 B 公司賠償約 331 萬元。雙方未再提出異議或上訴，本案之履約爭議到此定讞。

（六）爭議處理期程：本案之履約爭議處理，歷經地方法院一審、高
　　　等法院二審、最高法院三審及高等法院更一審，前後共超過 6
　　　年之久。

圖 7-2　案例二之橋樑節塊倒塌照片（摘自蘋果日報 - 張先華攝）

圖 7-3　案例二之停車場及鋼橋照片（許聖富攝）

參考文獻

1. 張永康著，契約與規範，三民書局，67 年。
2. 張德周著，契約與規範，文笙書局，91 年。
3. 李永然律師著，工程承攬契約──政府採購與仲裁實務，永然文化出版公司，104 年。
4. 徐昌錦編著，契約簽訂與履行，書泉出版社，105 年。
5. 陳錦芳，設計監造合約之爭議，工程實務爭議與仲裁研討會講義，台中市工程技術顧問商業同業公會，104 年 3 月。
6. 徐貞益，政府採購法實務研習（基礎篇）講義，中國生產力中心，103 年 7 月。
7. 內政部委託辦理營造業工地主任 220 小時職能訓練課程講義，102 年 5 月。
8. 行政院公共工程委員會網站。
9. 司法院網站──司法院法學資料檢索系統。
10. 行政院消費者保護會網站。
11. 政府電子採購網站。
12. GOOGLE 網站。
13. 維基百科網站。
14. 百度百科網站。

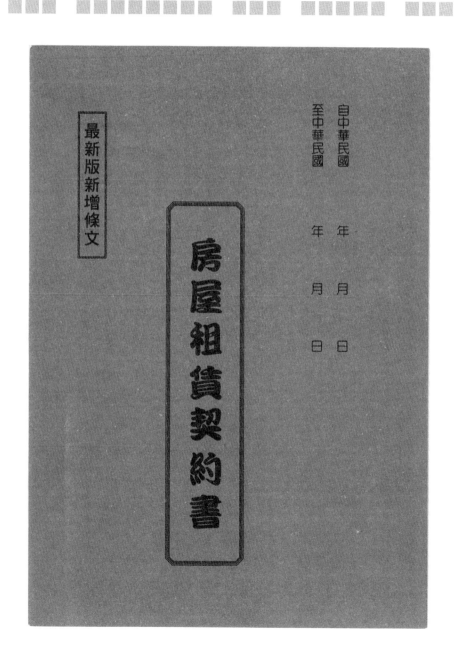

最新版新增條文

自中華民國　　　年　　月　　日
至中華民國　　　年　　月　　日

房屋租賃契約書

房租收付款明細欄

年	年	年	年	年	年	年	年	年	年	年	年	年
月 月	月 月	月 月	月 月	月 月	月 月	月 月	月 月	月 月	月 月	月 月	月 月	月 月
日 日 止 起	日 日 止 起	日 日 止 起	日 日 止 起	日 日 止 起	日 日 止 起	日 日 止 起	日 日 止 起	日 日 止 起	日 日 止 起	日 日 止 起	日 日 止 起	日 日 止 起
新台幣	新台幣	新台幣	新台幣	新台幣	新台幣	新台幣	新台幣	新台幣	新台幣	新台幣	新台幣	新台幣
萬	萬	萬	萬	萬	萬	萬	萬	萬	萬	萬	萬	萬
仟	仟	仟	仟	仟	仟	仟	仟	仟	仟	仟	仟	仟
佰	佰	佰	佰	佰	佰	佰	佰	佰	佰	佰	佰	佰
拾	拾	拾	拾	拾	拾	拾	拾	拾	拾	拾	拾	拾
元 正	元 正	元 正	元 正	元 正	元 正	元 正	元 正	元 正	元 正	元 正	元 正	元 正
簽收人	簽收人	簽收人	簽收人	簽收人	簽收人	簽收人	簽收人	簽收人	簽收人	簽收人	簽收人	簽收人

房店屋租賃契約書

立房店屋租賃契約出租人　　　　　　　（以下簡稱為甲方）

承租人　　　　　　　（以下簡稱為乙方）

乙方連帶保證人　　　　　　　（以下簡稱為丙方）茲經雙方協議訂立房屋

租賃契約條件列明於左：

第一條：甲方房店屋所在地及使用範圍

第二條：租賃期限經甲乙雙方洽訂為　年　個月即自民國　年　月　日起

至民國　年　月　日止。

第三條：租金每個月新台幣　　　元正（收款付據）乙方不得藉任何理

由拖延或拒納（電燈費及自來水費另外）。

第四條：租金應於每月　　以前繳納，每次應繳　年　個月份，乙方不得藉詞拖延。

第五條：乙方應於訂約時，交於甲方新台幣　　萬　　仟元作為押租保證金，乙方如

不繼續承租，甲方應於乙方遷空、交還店房屋後無息退還押租保證金。

第六條：乙方於租期屆滿時，除經甲方同意繼續出租外，應即日將租賃房屋誠心按照原狀遷空交還甲方，不得藉詞推諉或主張任何權利，如不即時遷讓交還房屋時，甲方每月得向乙方請求按照租金五倍之違約金至遷讓完了之日止，乙方及連帶保證人丙方，決無異議。

第七條：契約期間內乙方若擬遷離他處時乙方不得向甲方請求租金償還、遷移費及其他任何名目之權利金，而應無條件將該店房屋照原狀還甲方，乙方不得異議。

第八條：乙方未經甲方同意，不得私自將租賃店房屋權利全部或一部份出借、轉租、頂讓或以其他變相方法由他人使用店房屋。

第九條：店房屋有改裝施設之必要時，乙方取得甲方之同意後得自行裝設，但不得損害原有建築，乙方於交還店房屋時自應負責回復原狀。

第十條：店房屋不得供非法使用或存放危險物品影響公共安全。

第十一條：乙方應以善良管理人之注意使用店房屋，除因天災地變等不可抗拒之情形外，因乙方之過失致店房屋毀損，應負損害賠償之責。店房屋因自然之損壞有修繕必要時，由甲方負責修理。

第十二條：乙方若有違約情事，致損害甲方之權益時願聽從甲方賠償損害，如甲方因涉訟所繳納之訴訟費、律師費用，均應由乙方賠償。

第十三條：乙方如有違背本契約各條項或損害租賃店房屋等情事時丙方應連帶負賠償損害責任並願拋棄先訴抗辯權。

第十四條：甲乙丙各方遵守本契約各條項之規定，如有違背任何條件時，甲方得隨時解約收回房屋，因此乙方所受之損失甲方概不負責。

第十五條：印花稅各自負責，房屋、店屋之捐稅由甲方負擔，乙方水電費及營業上必須繳納之捐稅自行負擔。

第十六條：本件租屋之房屋稅、綜合所得稅等，若較出租前之稅額增加時，其增加部份，應由乙方負責補貼，乙方決不異議。

第十七條：租賃期滿遷出時，乙方所有任何傢俬雜物等，若有留置不搬者，應視作廢物論，任憑甲方處理，乙方決不異議。

第十八條：特約應受強制執行之事項：1.租賃期間內乙方若擬提前遷離他處時，乙方應賠償甲方一個月租金，乙方決無異議。2.租賃期間內乙方如有違背本契約各條項時，

第十九條：ADSL網路各租費網路租費使用人數平均分擔，使用不足一個月，仍以一個月計。

任憑甲方處理，乙方決不異議。

第二十條：交付房屋日起，房屋水電費、電話費、瓦斯費、管理費清潔費等由乙方負責。

第二十一條：本租金憑單扣繳由甲方負責向稅捐稽徵機關負責繳納。

其他約定事項：

上開條件均為雙方所同意，恐口無憑爰立本契約書貳份各執乙份存執，以昭信守。

立契約人(甲方)　　　　　　簽名蓋章
　戶籍地址：
　身份證號碼：
　電話：

立契約人(乙方)　　　　　　簽名蓋章
　戶籍地址：
　身份證號碼：
　電話：

立契約人(丙方)　　　　　　簽名蓋章
　戶籍地址：
　身份證號碼：
　電話：

中 華 民 國 　 年 　 月 　 日

房租收付款明細欄

年	年	年	年	年	年	年	年	年	年	年	年
月 月	月 月	月 月	月 月	月 月	月 月	月 月	月 月	月 月	月 月	月 月	月 月
日 日 止 起	日 日 止 起	日 日 止 起	日 日 止 起	日 日 止 起	日 日 止 起	日 日 止 起	日 日 止 起	日 日 止 起	日 日 止 起	日 日 止 起	日 日 止 起
新台幣	新台幣	新台幣	新台幣	新台幣	新台幣	新台幣	新台幣	新台幣	新台幣	新台幣	新台幣
萬	萬	萬	萬	萬	萬	萬	萬	萬	萬	萬	萬
仟	仟	仟	仟	仟	仟	仟	仟	仟	仟	仟	仟
佰	佰	佰	佰	佰	佰	佰	佰	佰	佰	佰	佰
拾	拾	拾	拾	拾	拾	拾	拾	拾	拾	拾	拾
元正	元正	元正	元正	元正	元正	元正	元正	元正	元正	元正	元正
簽收人	簽收人	簽收人	簽收人	簽收人	簽收人	簽收人	簽收人	簽收人	簽收人	簽收人	簽收人

附錄二 坊間停車位租賃定型化契約範本

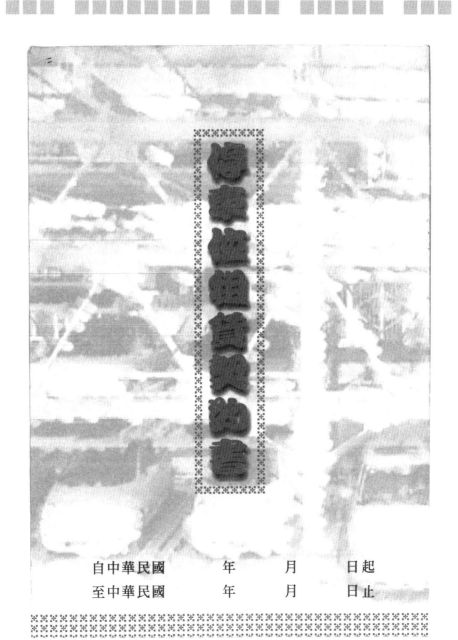

停車位租賃契約書

自中華民國　　　年　　　月　　　日起
至中華民國　　　年　　　月　　　日止

停 車 位 租 賃 契 約 書

立契約書人：出租人　　　　　　　　　　　　　　　　　（以下簡稱甲方）

立契約書人：承租人　　　　　　　　　　　　　　　　　（以下簡稱乙方）

　　茲因車位租賃事件，雙方合意訂立本契約，約款如下，以資共同遵守。

停車位使用之車號：

一、租期：民國　　　年　　　月　　　日至民國　　　年　　　月　　　日止共計　　月。

二、租金：新台幣　　　　　　　元整。
　　押金：新台幣　　　　　　　元整。押金於乙方退租時，甲方清點附加物後，應無息退還。

三、車位附加物品：移交物

品 項			
數 量			

　　（乙方退租後，甲方應現場清點附加物，逾時乙方無需負擔車位附加物之損壞責任）

四、租賃標的物：

　　　　　　縣市　　鄉鎮　　路　　號地下　　層　　號車位　　停車號車位

五、使用租賃物之限制：
（一）乙方不得將租賃停車位之一部分或全部轉租、分租、出租或以其他方法變相由他人使用。
（二）乙方應依停車場管理相關單位所訂定之停車位管理辦法使用本租賃車位。
（三）租賃物不得供非法使用或存放妨害公共安全之物品，並嚴禁於車位處清洗車輛。
（四）租賃車位僅供停車使用，不負保管責任，並不得供非停車之任何使用。

六、損害賠償：
乙方應盡善良管理人之注意義務使用租賃停車位，除因天災地變等不可抗力外，如因乙方或其受雇人或其他經乙方允許使用車位之人，行為過失損壞租賃車位或本車場相關設備或其它公共部分時，乙方應與行為人連帶負損害賠償義務。

七、違約罰則：
（一）乙方違反使用租賃物之限制，任何約定，或延遲交付租金，或有其它違約情事時，皆視同乙方違約，甲方得隨時終止租約沒收押金。
（二）租賃期滿或乙方違反本契約經甲方通知終止契約時，乙方應即無條件騰空車位並交還租賃車位於甲方，不得藉故拖延。
　　　如有違反，乙方應自租賃期滿或終止契約之日起至騰空車位交還租賃標的物與甲方接管之日止。
　　　按日支付甲方按所約定租金之　　倍計算之違約金給甲方，乙方不得異議。
（三）乙方騰空停車位時，如有遺留物未清者，視為放棄，任由甲方處理，甲方代為處理之費用得另向乙方求償。

八、本契約期限屆滿後若不再續約，乙方應將擁有之甲方車位附加物品退還甲方，來辦理退費手續，倘若車位附屬物品遺失、故障或毀壞，乙方應依照物品價格及修理費用賠償予甲方，甲方得自押金中扣除之。

另退租日以**實際歸還日**起算。若將車位附加物品借用他人而導致甲方損失，則乙方應負賠償責任。

九、本契約之任何一方需向對方送達任何通知時，應以書面向本契約所載之地址送達，地址如有變更，該變更者應即以書面通知他方。

十、乙方於本契約租期屆滿前　　　天將下次租金交付甲方者，本契約視爲繼續有效。

十一、本停車位僅供乙方指定車號之車輛使用，若經甲方發現它車使用，甲方有權沒收乙方押金。

若臨時需讓其他車號車輛使用，乙方應事先知會甲方並取得甲方同意後，方得使用。

十二、租賃契約未到期，一方擬解約時，需提前三十日以書面通知他方，且雙方不得請求任何賠償。

十三、因本契約涉訟時，雙方同意以停車位所在之地方法院爲第一審管轄法院。

十四、本件若有未盡事宜，悉依民法有關法令之規定，或隨時以書面協議。

十五、本契約書由甲乙雙方議定壹式貳份，由甲方代表與乙方各持正本乙份爲證。

附加條件：

_____

_____

_____

_____

_____

_____

_____

立契約書人（甲方）：　　　　　　立契約書人（乙方）：

身分證字號：　　　　　　　　　　身分證字號：

住　址：　　　　　　　　　　　　住　址：

電　話：　　　　　　　　　　　　電　話：

中　華　民　國　　　　年　　　　月　　　　日

車位租付收款明細欄	年	年	年	年	年	年	年	年	年	年	年	年
	月月起止 日日起止	月月起止 日日起止	月月起止 日日起止	月月起止 日日起止	月月起止 日日起止	月月起止 日日起止	月月起止 日日起止	月月起止 日日起止	月月起止 日日起止	月月起止 日日起止	月月起止 日日起止	月月起止 日日起止
	新台幣　萬仟佰拾元正	新台幣　萬仟佰拾元正	新台幣　萬仟佰拾元正	新台幣　萬仟佰拾元正	新台幣　萬仟佰拾元正	新台幣　萬仟佰拾元正	新台幣　萬仟佰拾元正	新台幣　萬仟佰拾元正	新台幣　萬仟佰拾元正	新台幣　萬仟佰拾元正	新台幣　萬仟佰拾元正	新台幣　萬仟佰拾元正

土地房屋買賣契約書

土地房屋買賣契約書

立土地房屋買賣契約書出賣人

（以下簡稱甲方）

與買受人

（以下簡稱乙方）

茲因土地房屋買賣，經雙方議定契約條件列明如左：

不　動　產　標

⑴土地標示：

　　　　市　區　　　　段　　　小段　　　地號內土地面積　　　公頃
　　　　縣鎮鄉

⑵建物座落：

第一條：甲方所有本件土地房屋今願意以價款新台幣

　　　　出賣與乙方而乙方喜諾承買是實。

第二條：價款之給付依照左列日期與方法乙方應交付甲方清楚不得拖欠。

⑴本契約成立同時乙方以價款一部份新台幣

　　　　為定金給付甲方而甲方已將該定金如數領訖是實。

第三條：本件土地房屋甲方鄭重聲明並無上手來歷不明又無權利之瑕疵或其他債務之糾紛如有第三人

對於本件買賣或對於本件土地房屋所有權等有所主張或其他糾葛時概由甲方負完全責任解決

清楚絕不得對乙方有絲毫損失。

第四條：如有抵押權或其他設定者應辦理所有權過戶前聲請塗銷登記不得延緩。

第五條：甲方對乙方收取本契第二條第　項價款同時應須辦妥左列文件交付乙方以便向地政機關申

請過戶登記而登記程序上再須要甲方之印鑑證明書或蓋章及親自到場監證時甲方應無條件給

乙方之方便絕不得藉故刁難。

(1)印鑑證明書　(2)戶籍謄本　(3)委託書　(4)買賣契約書　(5)土地所有權狀　(6)現值申報書

(7)建物所有權狀　(8)監證申請書　(9)監證委託書　(10)投契申請書　(11)建築許可證件　(12)房地

稅完納收據。

(2)定於民國　　年　　月　　日乙方續付給甲方新台幣

(3)

第六條：本件土地房屋移轉登記程序上應繳增值稅契稅及諸費費用依照左列負擔：

(1)土地增值稅：由　　方　　負擔。

(2)契稅及監證費：由　　方　　負擔。

(3)契約書貼用印花稅：由甲方負擔　　　　1,000　乙方負擔　　　　1,000

第七條：本件土地房屋甲方應於民國　　年　　月　　日以前移交予乙方掌管或居住不得拖延倘若拖延者其拖延日數每天以新台幣　　　　元計算為拖延違約金賠償與乙方而甲方不得異議，惟乙方應履行交清價款之義務。

第八條：關於本件土地房屋應繳地價稅房捐稅定明自民國　　年　　份以前由甲方負責繳清以後概由乙方負擔繳納。

第九條：甲方違背本契約各條所定意旨者視為不賣應須將所收金額加一倍賠償與乙方而甲方不得異議。

第十條：乙方違背本契約各條所定意旨者視為不買將所給付甲方之金額被甲方沒收而乙方不得異議。

以上契約條件係是甲乙雙方之意思表示願意成立嗣後各無反悔恐口無憑特立不契約書同文

成貳份各執乙份後日為據。

出賣人甲方：

住　址：

買受人乙方：

住　址：

介　紹　人：

中　華　民　國　　　　年　　　　月　　　　日

附錄四　○○污水處理廠污水處理設施整修工程預算書範例

○○市政府環境保護局

○○污水處理廠污水處理設施
整修工程

工程預算書

設計單位：○○工程顧問有限公司

中華民國○○○年十二月

○○市政府環境保護局
總表[預算]

XXXX/12/30

工程名稱	○○污水處理廠污水處理設施整修工程		會計科目		第1頁共1頁
施工地點	○○市		工程編號	XXXX100-002	
項次	工 作 項 目			金額（元）	備註
壹	直接工程費			10,159,884	
一	○○貯留池抽水泵浦及管線系統整修更新工程			569,230	
二	○○東貯留池整修工程			3,440,954	
三	○○其他設施更新維修工程			5,969,700	
四	申請拆照、建照及使照相關費用			180,000	
貳	間接工程費			747,012	
一	安全衛生費（約0.4%）			40,900	
二	品管費（0.6%,含材料抽檢驗費）			60,959	
三	保險費（0.35%）			35,560	
四	廠商利潤及管理費（6%,含文書作業及施、竣工圖繪製）			609,593	
參	營業稅【（壹+貳）*5%】			545,345	
	總計（壹+貳+參）			11,452,241	
備註	1.投標廠商應依據設計圖面、施工說明及親赴現場了解工地狀況後，做詳細數量估算，數量如有增減請自行於單價內調整，不得塗註本標單項目，得標後視同全部估算完成，不得於工程進行中要求追加或藉詞推諉致延誤工期。 2.投標廠商對設計圖說及標單，如有疑問應於投標前向業主及設計單位詢問，合約簽訂後非因業主變之理由外，不得藉故無法施工或增加工料要求追加。 3.本圖說標單應配合其它施工說明及合約條件，共為工程合約之一部份，有未一致之處，承包商應遵從較嚴格規定或會同業主指定辦理。 4.營造綜合險需附加罷工、暴動、民眾騷擾附加條款、竊盜損失特約條款、營建機具險。 5.本案空氣污染防制費由廠商先行辦理並代繳費用，再檢具向本局核銷。 6.本案申辦拆照、建照及使照之所需規費，由廠商先行辦理並代繳費用，再檢具向本局核銷。				

編製　　　　　　　　　　　校核

○○市政府環境保護局
詳細價目表[預算]

XXXX/12/30

第 1 頁 共 2 頁

工程名稱	○○污水處理廠污水處理設施整修工程			會計科目		
施工地點	○○市			工程編號	XXXX100-002	
項 次	項 目 及 說 明	單 位	數 量	單 價	複 價	編碼(備註)
壹	直接工程費					
一	○○貯留池抽水泵浦及管線系統整修更新工程					
1	貯留池乾井豎軸型不堵塞型抽水泵浦	座	3.000	115,200.00	345,600	#舊機拆卸後交甲方處理
2	抽泥管線（20公分HDPE）及附屬設施	式	1.000	100,180.00	100,180	
3	過路段開挖施作	式	1.000	62,000.00	62,000	
4	附掛壁體施作	式	1.000	56,450.00	56,450	
5	流量計信號線檢測及維修（含材料）	式	1.000	5,000.00	5,000	
二	○○貯留池整修工程					
1	貯留池屋頂結構及相關設施拆除工程	式	1.000	59,100.00	59,100	
2	F1基礎工程	座	15.000	12,521.10	187,817	
3	F2基礎工程	座	3.000	14,806.55	44,420	
4	屋頂鋼架及包封工程	式	1.000	2,038,024.00	2,038,024	
5	貯留池撈污設施新設工程	式	1.000	951,156.55	951,157	
6	貯留池安全設施新設工程	式	1.000	83,725.00	83,725	
7	貯留池南側地坪整理工程	式	1.000	76,711.22	76,711	
三	○○其他設施更新維修工程	式				
1	濃縮池屋頂結構、刮泥機及相關設施拆除工程	式	1.000	50,500.00	50,500	
2	曝氣池屋頂結構及相關設施拆除工程	式	1.000	103,300.00	103,300	
3	曝氣池二樓外側欄杆新設工程（183M）	式	1.000	962,138.00	962,138	
4	曝氣池走道防滑處理工程	M2	387.000	406.95	157,490	含樓梯四座
5	二級沉澱池刮泥機更新工程	組	2.000	1,560,630.00	3,121,260	
6	三級沉澱池膠羽機更新工程	組	2.000	209,820.00	419,640	
7	加藥系統及管線更新工程	式	1.000	304,100.00	304,100	
8	舊污泥貯坑拆除工程	式	1.000	28,200.00	28,200	
9	污水處理設施外觀更新工程	式	1.000	593,544.16	593,544	
10	抽泥管線更新工程	式	1.000	103,328.00	103,328	
11	假設及雜項工程	式	1.000	126,200.00	126,200	

編製　　　　　　　　　　校核

○○市政府環境保護局
詳細價目表[預算]

工程名稱	○○污水處理廠污水處理設施整修工程				會計科目		
施工地點	○○市				工程編號	XXXX100-002	
項 次	項 目 及 說 明	單 位	數 量	單 價	複 價	編碼（備註）
四	申請拆照、建照及使照相關費用	式	1.000	180,000.00	180,000	
貳	間接工程費					
一	安全衛生費（約0.4%）	式				
1	勞工安全衛生管理費	式	1.000	40,900.00	40,900	
二	品管費（0.6%，含材料抽檢驗費）	式	1.000	60,959.00	60,959	
三	保險費（0.35%）	式	1.000	35,560.00	35,560	
四	廠商利潤及管理費(6%，含文書作業及施、竣工圖繪製)	式	1.000	609,593.00	609,593	
參	營業稅【（壹+貳）*5%】	式	1.000	545,345.00	545,345	
	總計（壹+貳+參）				11,452,241	

編製 　　　　　　　　　　校核

○○市政府環境保護局
單價分析表[預算]

工程名稱：○○污水處理廠污水處理設施整修工程

XXXX/12/30

項次：　　工程編號：XXXX100-002　　　　　　　　　　第 1 頁 共 17 頁

畫.一.2	工作項目：抽泥管線（20公分HDPE）及附屬設施			單位：式		計 價 代 碼 ：	XXXX0101b
	工料名稱	單位	數量	單價	複價	編碼（備註）	
	20公分HDPE管	M	54.000	1,150.00	62,100.00		
	三通（含二閘門）	個	1.000	25,000.00	25,000.00		
	彎頭	個	8.000	460.00	3,680.00		
	技術工	天	2.000	2,500.00	5,000.00	#	
	小工	天	2.000	2,000.00	4,000.00		
	機具損耗及零星工料（含接著劑）		1.000	400.00	400.00		
	合計	式	1.000		100,180.00		
	人工：　　0.00　　機具：　　0.00 材料：　　0.00　　雜項：　100,180.00			每 式 單價計		100,180.00	

畫.一.3	工作項目：過路段開挖施作			單位：式		計 價 代 碼 ：	XXXX0101c
	工料名稱	單位	數量	單價	複價	編碼（備註）	
	AC路面切割	M	50.000	120.00	6,000.00		
	路基開挖（含土方近運）	M3	20.000	900.00	18,000.00	#	
	回填河砂（含運費及搗實）	M3	8.000	750.00	6,000.00	#	
	原土回填及機械壓實	M3	8.000	600.00	4,800.00	#	
	剩餘土方運棄（含水土保持）	M3	4.000	1,250.00	5,000.00		
	再生瀝青混凝土鋪築（粗粒料9.5MM，AC-20）	M2	20.000	1,090.00	21,800.00		
	機具損耗及零星工料	式	1.000	400.00	400.00	#	
	合計	式	1.000		62,000.00		
	人工：　　0.00　　機具：　　0.00 材料：　　0.00　　雜項：　62,000.00			每 式 單價計		62,000.00	

編製　　　　　　　　　　　　　　　校核

○○市政府環境保護局
單價分析表[預算]

工程名稱：○○污水處理廠污水處理設施整修工程

項次：　　工程編號：XXXX100-002

壹.一.4	工作項目：附掛壁體施作				單位：式	計 價 代 碼 ： XXXX0101d
	工料名稱	單位	數量	單價	複價	編碼（備註）
	5MM厚鋁製版	片	25.000	150.00	3,750.00	
	M10化學螺栓（植入15CM，附圓型螺帽）	支	100.000	75.00	7,500.00	#
	螺栓植入（含鑽孔）	支	100.000	450.00	45,000.00	
	機具損耗及零星工料	式	1.000	200.00	200.00	
	合計	式	1.000		56,450.00	
	人工： 0.00 機具： 0.00 材料： 0.00 雜項： 56,450.00				每 式 單價計	56,450.00

壹.二.1	工作項目：貯留池屋頂結構及相關設施拆除工程				單位：式	計 價 代 碼 ： XXXX0102a
	工料名稱	單位	數量	單價	複價	編碼（備註）
	屋頂、鋼架及其他設施拆除吊運機具	式	1.000	32,000.00	32,000.00	#
	廢料運棄（含水土保持）	式	1.000	6,000.00	6,000.00	
	有價料移置費（含吊裝及運具）	式	1.000	3,500.00	3,500.00	地點由甲方指定
	技術工	天	2.000	2,500.00	5,000.00	
	小工	天	2.000	2,000.00	4,000.00	
	池面安全綱設施及材料費	式	1.000	8,000.00	8,000.00	
	機具損耗及零星工料	式	1.000	600.00	600.00	
	合計	式	1.000		59,100.00	
	人工： 0.00 機具： 0.00 材料： 0.00 雜項： 59,100.00				每 式 單價計	59,100.00

編製　　　　　　　　　　校核

○○市政府環境保護局
單價分析表[預算]

工程名稱：○○污水處理廠污水處理設施整修工程

項次：　工程編號：XXXX100-002

壹.二.2	工作項目：F1基礎工程				單位：座		計 價 代 碼　：　XXXX0102ba
	工料名稱	單位	數量	單價	複價		編碼（備註）
	打除原支架柱頭費用	式	1.000	750.00	750.00		#
	20M全牙不銹鋼螺栓（長80CM）	支	8.000	500.00	4,000.00		#
	螺栓埋入或植入	支	8.000	550.00	4,400.00		#
	乙種模板組立	M2	1.050	542.00	569.10		#
	210kg/cm2預拌混凝土澆置（含運費及搗實）	M3	0.120	2,350.00	282.00		#
	不收縮水泥及承壓鋼版	式	1.000	1,100.00	1,100.00		
	柱頭週邊清理	式	1.000	1,200.00	1,200.00		
	機具損耗及零星工料（含圓型螺帽）	式	1.000	220.00	220.00		#
	合計	座	1.000		12,521.10		

人工：　　0.00　機具：　　　0.00	每 座 單 價 計	12,521.10
材料：　　0.00　雜項：　12,521.10		

編製　　　　　　　　校核

○○市政府環境保護局
單價分析表[預算]

工程名稱：○○污水處理廠污水處理設施整修工程

XXXX/12/30

項次： 工程編號：XXXX100-002　　　　　　　　　　　　　第 4 頁 共 17 頁

壹.二.3	工作項目：F2基礎工程			單位：座		計 價 代 碼 ：	XXXX0102bb

工料名稱	單位	數量	單價	複價	編碼（備註）
基座土方開挖及土方近運	M3	2.970	1,200.00	3,564.00	#
原有地梁打除（原筋保留）	式	1.000	750.00	750.00	#
廢料清運（含水土保持）	式	1.000	600.00	600.00	
140kg/cm2預拌混凝土	M3	0.140	2,110.00	295.40	#
210kg/cm2預拌混凝土	M3	0.490	2,350.00	1,151.50	
鋼筋加工及組立，SD280	kg	25.120	30.70	771.18	#
鋼筋加工及組立，SD420W	kg	26.450	31.70	838.47	
乙種模板組立	M2	2.800	545.00	1,526.00	#
技術工	時	2.000	320.00	640.00	
小工	時	2.000	260.00	520.00	
20M全牙不銹鋼螺栓（長80公分）	支	4.000	500.00	2,000.00	
不收縮水泥及承壓版	式	1.000	750.00	750.00	
土方回填、壓實及地坪復原	式	1.000	1,200.00	1,200.00	
機具損耗及零星工料	式	1.000	200.00	200.00	
合計	座	1.000		14,806.55	

人工：	0.00	機具：	0.00	每 座 單 價 計	14,806.55
材料：	0.00	雜項：	14,806.55		

編製　　　　　　　　　　　　　　校核

○○市政府環境保護局
單價分析表[預算]

工程名稱：○○污水處理廠污水處理設施整修工程

XXXX/12/30

項次：　工程編號：XXXX100-002

第 5 頁 共 17 頁

畫.二.4	工作項目：屋頂鋼架及包封工程			單位：式		計 價 代 碼 ：	XXXX0102bc
	工料名稱	單位	數量	單價	複價	編碼（備註）	
	H型鋼製作及組立（含接合版）	kg	12,669.000	55.00	696,795.00		
	鍍鋅輕C型鋼製作及組立	kg	6,397.550	60.00	383,853.00	#鍍鋅量750g/ m2以上	
	烤漆鋼板（t=0.42mm）及相關設施（PS板、天溝、 收邊等）	M2	758.920	950.00	720,974.00	#	
	H型鋼及其附件防銹處理（二底二度）	M2	333.100	420.00	139,902.00	#	
	五金配件及相關附件	式	1.000	12,000.00	12,000.00	#	
	吊裝車輛及機具	式	1.000	36,000.00	36,000.00		
	技術工	天	10.000	2,500.00	25,000.00	#	
	小工	天	10.000	2,000.00	20,000.00		
	機具損耗及零星工料	式	1.000	3,500.00	3,500.00		
	合計	式	1.000		2,038,024.00		

人工：	0.00	機具：	0.00	每 式 單價計	2,038,024.00	
材料：	0.00	離項：	2,038,024.00			

編製　　　　　　　　　校核

○○市政府環境保護局
單價分析表[預算]

工程名稱：○○污水處理廠污水處理設施整修工程

項次：　工程編號：XXXX100-002

壹.二.5	工作項目：貯留池撈污設施新設工程				單位：式	計 價 代 碼　：　XXXX0102c	
	工料名稱	單位	數量	單價	複價	編碼(備註)	
	池體二側C型不銹鋼導軌（含施工）	kg	4,736.000	120.00	568,320.00		
	不銹鋼方管（200mm*200mm*10mm）	kg	746.930	120.00	89,631.60		
	不銹鋼方管（100mm*100mm*10mm）	kg	33.700	120.00	4,044.00		
	H型鋼製作及組立（含接合版）	kg	311.770	55.00	17,147.35		
	不銹鋼圓棒（直徑10mm,含扣環）	kg	21.780	120.00	2,613.60	#	
	M12化學螺栓植入（含圓型帽蓋）	支	280.000	520.00	145,600.00	#	
	電動捲揚機（鋼索長40m,直徑10mm,含遙控器）	組	2.000	30,000.00	60,000.00	#	
	捲揚機支架（含豆滑車及安裝）	組	2.000	7,000.00	14,000.00	#	
	氬焊作業（含不銹鋼焊條）	式	1.000	20,000.00	20,000.00		
	PU輪（3"固定式重型）	組	8.000	250.00	2,000.00		
	技術工	天	4.000	2,500.00	10,000.00		
	小工	天	4.000	2,000.00	8,000.00		
	鋼索防銹潤滑劑	式	1.000	2,200.00	2,200.00		
	不銹鋼補強版、扣環及10mm鋼索	式	1.000	2,500.00	2,500.00	#	
	塑膠網（網目3～5cm,含綁紮工料）	式	1.000	4,500.00	4,500.00	#	
	機具損耗及零星工料	式	1.000	600.00	600.00		
	合計	式	1.000		951,156.55		

人工：	0.00	機具：	0.00	每 式 單 價 計	951,156.55
材料：	0.00	雜項：	951,156.55		

編製　　　　　　　　　　校核

○○市政府環境保護局
單價分析表[預算]

工程名稱：○○污水處理廠污水處理設施整修工程

XXXX/12/30

項次：　工程編號：XXXX100-002

第 7 頁 共 17 頁

壹.二.6	工作項目：貯留池安全設施新設工程				單位：式	計 價 代 碼 ： XXXX0102d	
	工料名稱	單位	數量	單價	複價	編碼（備註）	
	安全索支架（含施工）	組	9.000	7,500.00	67,500.00		
	高強力三股安全索（直徑10mm）	M	195.000	35.00	6,825.00		
	技術工	天	2.000	2,500.00	5,000.00		
	小工	天	2.000	2,000.00	4,000.00		
	機具損耗及零星工料	式	1.000	400.00	400.00		
	合計	式	1.000		83,725.00		

人工：　0.00　機具：　0.00
材料：　0.00　雜項：83,725.00

每 式 單價計　83,725.00

壹.二.7	工作項目：貯留池南側地坪整理工程				單位：式	計 價 代 碼 ： XXXX0102e	
	工料名稱	單位	數量	單價	複價	編碼（備註）	
	地坪開挖、壓實及整平	式	1.000	9,600.00	9,600.00		
	土方近運	式	1.000	2,500.00	2,500.00		
	鋼筋加工及組立，SD280	kg	956.880	30.70	29,376.22	#	
	結構用混凝土，245kgf/cm2	M3	12.450	2,450.00	30,502.50	數量依照設計圖計算	
	乙種模板組立	M2	8.500	545.00	4,632.50	#	
	機具損耗及零星工料	式	1.000	100.00	100.00		
	合計	式	1.000		76,711.22		

人工：　0.00　機具：　0.00
材料：　0.00　雜項：76,711.22

每 式 單價計　76,711.22

編製　　　　　　　　　校核

○○市政府環境保護局
單價分析表[預算]

工程名稱：○○污水處理廠污水處理設施整修工程

XXXX/12/30

項次： 工程編號：XXXX100-002

第 8 頁 共 17 頁

壹.三.1	工作項目：濃縮池屋頂結構、刮泥機及相關設施拆除工程				單位：式	計 價 代 碼 ：	XXXX0103a
	工料名稱	單位	數量	單價	複價	編碼（備註）	
	屋頂、鋼架、刮泥機及其他設施拆除機具	式	1.000	25,000.00	25,000.00		
	廢料運棄（含水土保持）	式	1.000	4,000.00	4,000.00		
	有價料移置費（含吊裝及運費）	式	1.000	7,000.00	7,000.00	地點由甲方指定	
	池面安全網設施及材料費	式	1.000	5,000.00	5,000.00		
	技術工	天	2.000	2,500.00	5,000.00		
	小工	天	2.000	2,000.00	4,000.00		
	機具損耗及零星工料	式	1.000	500.00	500.00		
	合計	式	1.000		50,500.00		
	人工： 0.00 機具： 0.00				每 式 單價計	50,500.00	
	材料： 0.00 雜項： 50,500.00						

壹.三.2	工作項目：曝氣池屋頂結構及相關設施拆除工程				單位：式	計 價 代 碼 ：	XXXX0104a
	工料名稱	單位	數量	單價	複價	編碼（備註）	
	屋頂、鋼架及其他設施拆除機具	式	1.000	36,000.00	36,000.00		
	曝氣池內鋼架及其他設施拆除機具	式	1.000	24,000.00	24,000.00	#（含二樓外側欄杆）	
	廢料運棄（含水土保持）	式	1.000	8,000.00	8,000.00		
	有價料移置（含吊裝及運費）	式	1.000	9,000.00	9,000.00		
	池面安全網設施及材料費	式	1.000	12,000.00	12,000.00		
	技術工	天	3.000	2,500.00	7,500.00		
	小工	天	3.000	2,000.00	6,000.00		
	機具損耗及零星工料	式	1.000	800.00	800.00		
	合計	式	1.000		103,300.00		
	人工： 0.00 機具： 0.00				每 式 單價計	103,300.00	
	材料： 0.00 雜項： 103,300.00						

編製   校核

○○市政府環境保護局
單價分析表[預算]

工程名稱：○○污水處理廠污水處理設施整修工程

項次：　工程編號：XXXX100-002

壹.三.3 工作項目：曝氣池二樓外側欄杆新設工程（183M）			單位：式		計 價 代 碼 ： XXXX0104b	
工料名稱	單位	數量	單價	複價	編碼（備註）	
立柱基座	座	124.000	378.00	46,872.00		
玻璃纖維木（塑木）	才	701.000	570.00	399,570.00		
PP纖維16mm六股鋼索	M	549.000	380.00	208,620.00		
防熱Nylon66固定套筒及墊片	組	744.000	130.00	96,720.00		
不銹鋼安全螺絲	支	1,920.000	10.00	19,200.00		
鋁束頭、安全螺母、保護套	組	30.000	450.00	13,500.00		
防熱Nylon66轉接套筒	組	15.000	220.00	3,300.00		
PP纖維16mm六股鋼索（垂直）	M	86.800	370.00	32,116.00		
防熱Nylon66T型接頭	組	248.000	280.00	69,440.00		
強力Nylon十字結	組	124.000	200.00	24,800.00		
技術工	天	6.000	2,500.00	15,000.00		
小工	天	6.000	2,000.00	12,000.00		
五金零件	式	1.000	12,000.00	12,000.00		
現場小搬運	式	1.000	8,000.00	8,000.00		
機具損耗及零星工料	式	1.000	1,000.00	1,000.00		
合計	式	1.000		962,138.00		

人工：	0.00	機具：	0.00	每 式 單 價 計	962,138.00	
材料：	0.00	雜項：	962,138.00			

編製　　　　　　　　　　校核

○○市政府環境保護局
單價分析表[預算]

工程名稱：○○污水處理廠污水處理設施整修工程

XXXX/12/30

項次：   工程編號：XXXX100-002

第 10 頁 共 17 頁

壹.三.4	工作項目:曝氣池走道防滑處理工程			單位:M2		計 價 代 碼 ：	XXXX0104c
工料名稱		單位	數量	單價	複價	編碼（備註）	
鹽酸及水柱沖洗表面		M2	1.000	150.00	150.00		
1公分厚1:3水泥砂漿粉刷（加海菜粉，表面刷毛，5M留一伸縮縫）		M2	1.000	150.00	150.00		
技術工		天	0.020	2,500.00	50.00		
小工		天	0.020	2,000.00	40.00		
現場小搬運		式	1.000	12.00	12.00		
機具損耗及零星工料		式	1.000	4.95	4.95		
合計		M2	1.000		406.95		

人工：	0.00	機具：	0.00	每 M2 單價計	406.95
材料：	0.00	雜項：	406.95		

編製   校核

○○市政府環境保護局
單價分析表[預算]

工程名稱：○○污水處理廠污水處理設施整修工程

XXXX/12/30

項次：　工程編號：XXXX100-002　　　　　　　　　　　　　　　　第 11 頁 共 17 頁

| 壹.三.5 | 工作項目：二級沉澱池刮泥機更新工程 | | | 單位：組 | | 計　價　代　碼　：　XXXX0105a |

工料名稱	單位	數量	單價	複價	編碼（備註）
既有機組拆除及有償料移置費	式	1.000	36,000.00	36,000.00	#移置地點由甲方指定
動力馬達	組	1.000	28,000.00	28,000.00	
變速機	組	1.000	350,000.00	350,000.00	
扭力限制器（4-20ma out put）	只	1.000	35,000.00	35,000.00	
整流桶（mat;sus304#*4.0mmt）	kg	360.000	200.00	72,000.00	含廠商加工費
溢流堰（mat;sus304#*6.0mmt）	kg	899.000	200.00	179,800.00	含廠商加工費
擋渣板（mat;sus304#*4.0mmt）	kg	600.000	200.00	120,000.00	含廠商加工費
刮板主軸（mat;sus304#無縫管）	組	1.000	86,000.00	86,000.00	含廠商加工費
刮板附屬配件（mat;sus304#8t）	組	1.000	320,000.00	320,000.00	含廠商加工費
切焊技術工	天	10.000	2,500.00	25,000.00	
小工	天	10.000	2,000.00	20,000.00	
通道H型鋼表面熱鍍鋅處理	kg	1,580.000	56.00	88,480.00	
欄杆（mat;sus304#）	式	1.000	5,000.00	5,000.00	
花紋步道板（mat;sus304#*4.0mmt）	kg	580.000	200.00	116,000.00	
吊運及組裝機具	式	1.000	36,000.00	36,000.00	
池內污垢清理（鹽酸及水柱沖洗）	M2	195.000	210.00	40,950.00	#
機具損耗及零星工料	式	1.000	2,400.00	2,400.00	
合計	組	1.000		1,560,630.00	

人工：	0.00	機具：	0.00	每 組 單價計	1,560,630.00
材料：	0.00	雜項：	1,560,630.00		

編製　　　　　　　　　　校核

○○市政府環境保護局
單價分析表[預算]

工程名稱：○○污水處理廠污水處理設施整修工程

XXXX/12/30

項次：　工程編號：XXXX100-002

第 12 頁 共 17 頁

壹.三.6	工作項目：三級沉澱池膠羽機更新工程				單位：組	計 價 代 碼 ：	XXXX0106a
	工料名稱	單位	數量	單價	複價	編碼（備註）	
	既有機組拆除及有價料移置	式	1.000	22,000.00	22,000.00	#移置地點由甲方指定	
	動力馬達	組	1.000	9,600.00	9,600.00		
	變速機	組	1.000	68,000.00	68,000.00		
	攪拌葉片主軸（mat;sus304#無縫管）	只	1.000	22,000.00	22,000.00	含廠商加工費	
	攪拌葉片附屬配件（mat;sus304#4t）	kg	232.000	200.00	46,400.00	含廠商加工費	
	切焊技術工	天	3.000	2,500.00	7,500.00		
	小工	天	3.000	2,000.00	6,000.00		
	吊運及組裝	式	1.000	12,000.00	12,000.00		
	池內污垢清理（鹽酸及水柱沖洗）	M2	72.000	210.00	15,120.00		
	機具損耗及零星工料	式	1.000	1,200.00	1,200.00		
	合計	組	1.000		209,820.00		

人工：　　　0.00　機具：　　　　0.00
材料：　　　0.00　雜項：　209,820.00

每 組 單價計　　209,820.00

壹.三.7	工作項目：加藥系統及管線更新工程				單位：式	計 價 代 碼 ：	XXXX0107a
	工料名稱	單位	數量	單價	複價	編碼（備註）	
	既有機組拆除及有價料移置	式	5.000	3,000.00	15,000.00	#移置地點由甲方指定	
	加藥機（含安裝）	組	5.000	30,000.00	150,000.00	#酸/鹼/PAC/POLYMER/NaOCL	
	管線更新（UPVC-15A）	式	1.000	4,000.00	4,000.00	#	
	藥桶新設（FRP材質，1T）	只	5.000	22,000.00	110,000.00	#	
	支撐架（sus304#，含施工）	組	5.000	2,000.00	10,000.00	#	
	電力線路檢修（含材料）	式	1.000	5,300.00	5,300.00		
	技術工	天	2.000	2,500.00	5,000.00		
	小工	天	2.000	2,000.00	4,000.00		
	機具損耗及零星工料	式	1.000	800.00	800.00		
	合計	式	1.000		304,100.00		

人工：　　　0.00　機具：　　　　0.00
材料：　　　0.00　雜項：　304,100.00

每 式 單價計　　304,100.00

編製　　　　　　　　　　校核

○○市政府環境保護局
單價分析表[預算]

工程名稱：○○污水處理廠污水處理設施整修工程

項次：　　工程編號：XXXX100-002

壹.三.8	工作項目：舊污泥貯坑拆除工程				單位：式		計價代碼： XXXX0108a
	工料名稱	單位	數量	單價		複價	編碼（備註）
	池體及相關設施拆除機具	式	1.000	12,000.00		12,000.00	
	廢料棄運（含水土保持）	式	1.000	8,000.00		8,000.00	
	週邊臨時安全圍籬（含材料）	式	1.000	3,000.00		3,000.00	
	技術工	天	1.000	2,500.00		2,500.00	
	小工	天	1.000	2,000.00		2,000.00	
	機具損耗及零星工料	式	1.000	700.00		700.00	
	合計	式	1.000			28,200.00	

人工：　　　0.00　　機具：　　　　0.00
材料：　　　0.00　　雜項：　28,200.00

每式單價計　　28,200.00

壹.三.9	工作項目：污水處理設施外觀更新工程				單位：式		計價代碼： XXXX0109a
	工料名稱	單位	數量	單價		複價	編碼（備註）
	二級沉澱池外觀更新	M2	90.000	677		60,930.00	同壹.三.9R.-1
	三級沉澱池外觀更新	M2	30.600	677		20,716.20	同壹.三.9R.2
	曝氣池外觀更新	M2	633.120	677		428,622.24	同壹.三.9R.3
	濃縮池外觀更新	M2	116.360	677		78,775.72	同壹.三.9R.4
	砂濾塔外觀更新（清理及上環保漆一底一度）	式	1.000	4,500.00		4,500.00	
	合計	式	1.000			593,544.16	

人工：　　　0.00　　機具：　　　　0.00
材料：　　　0.00　　雜項：　593,544.16

每式單價計　　593,544.16

編製　　　　　　　　　校核

○○市政府環境保護局
單價分析表[預算]

工程名稱：○○污水處理廠污水處理設施整修工程

XXXX/12/30

項次：　工程編號：XXXX100-002

壹.三.9R.2	工作項目：三級沉澱池外觀更新				單位：M2	計 價 代 碼 ： XXXX0109a2	
	工料名稱	單位	數量	單價	複價	編碼（備註）	
	鹽酸及水柱沖洗表面	M2	1.000	210.00	210.00		
	塗環保漆（一底一度）	M2	1.000	250.00	250.00		
	外觀彩繪（含圖案構思及工料）	M2	1.000	115.00	115.00	#	
	技術工	天	0.020	2,500.00	50.00		
	小工	天	0.020	2,000.00	40.00		
	零星工料	式	1.000	12.00	12.00		
	合計	M2	1.000		677.00		
	人工： 0.00　機具： 0.00			每 M2 單價計		677	
	材料： 0.00　雜項： 677.00						

壹.三.9R.3	工作項目：曝氣池外觀更新				單位：M2	計 價 代 碼 ： XXXX0109a3	
	工料名稱	單位	數量	單價	複價	編碼（備註）	
	鹽酸及水柱沖洗表面	M2	1.000	210.00	210.00		
	塗環保漆（一底一度）	M2	1.000	250.00	250.00		
	外觀彩繪（含圖案構思及工料）	M2	1.000	115.00	115.00	#	
	技術工	天	0.020	2,500.00	50.00		
	小工	天	0.020	2,000.00	40.00		
	零星工料	式	1.000	12.00	12.00		
	合計	M2	1.000		677.00		
	人工： 0.00　機具： 0.00			每 M2 單價計		677	
	材料： 0.00　雜項： 677.00						

編製　　　　　　　　　　　校核

○○市政府環境保護局
單價分析表[預算]

工程名稱：○○污水處理廠污水處理設施整修工程

項次：　　工程編號：XXXX100-002

壹.三.9R.4　工作項目：濃縮池外觀更新　　　　單位：M2　　計 價 代 碼　：　XXXX0109a4

工料名稱	單位	數量	單價	複價	編碼（備註）
鹽酸及水柱沖洗表面	M2	1.000	210.00	210.00	
塗環保漆（一底一度）	M2	1.000	250.00	250.00	
外觀彩繪（含圖案構思及工料）	M2	1.000	115.00	115.00	#
技術工	天	0.020	2,500.00	50.00	#
小工	天	0.020	2,000.00	40.00	
零星工料	式	1.000	12.00	12.00	
合計	M2	1.000		677.00	

人工：　　　0.00　　機具：　　　0.00
材料：　　　0.00　　雜項：　　677.00　　　　每 M2 單價計　　　677

壹.三.9R.-1　工作項目：二級沉澱池外觀更新　　　　單位：M2　　計 價 代 碼　：　XXXX0109a1

工料名稱	單位	數量	單價	複價	編碼（備註）
鹽酸及水柱沖洗表面	M2	1.000	210.00	210.00	
塗環保漆（一底一度）	M2	1.000	250.00	250.00	
外觀彩繪（含圖案構思及工料）	M2	1.000	115.00	115.00	#
技術工	天	0.020	2,500.00	50.00	
小工	天	0.020	2,000.00	40.00	
零星工料	式	1.000	12.00	12.00	
合計	M2	1.000		677.00	

人工：　　　0.00　　機具：　　　0.00
材料：　　　0.00　　雜項：　　677.00　　　　每 M2 單價計　　　677

編製　　　　　　　　　　校核

○○市政府環境保護局
單價分析表[預算]

工程名稱：○○污水處理廠污水處理設施整修工程

XXXX/12/30

項次： 工程編號：XXXX100-002

第 16 頁 共 17 頁

壹.三.10	工作項目：抽泥管線更新工程				單位：式	計 價 代 碼 ：	XXXX0110a
	工料名稱	單位	數量	單價	複價	編碼（備註）	
	AC路面切割	M	8.000	110.00	880.00		
	路基開挖	M3	13.100	1,100.00	14,410.00		
	構造物拆除（水溝、緣石等）	式	1.000	2,500.00	2,500.00	#	
	20公分HDPE管	M	56.000	1,150.00	64,400.00		
	回填河砂（含運費及搗實）	M3	5.230	750.00	3,922.50	#	
	原土回填及壓實	M3	5.230	900.00	4,707.00		
	廢料棄運（含水土保持）	式	1.000	4,000.00	4,000.00		
	構造物修復（水溝、緣石等）	式	1.000	7,000.00	7,000.00		
	再生瀝青混凝土鋪築（粗粒料9.5MM，AC-20）	M2	0.650	1,090.00	708.50		
	機具損耗及零星工料	式	1.000	800.00	800.00		
	合計	式	1.000		103,328.00		

人工： 0.00 機具： 0.00
材料： 0.00 雜項： 103,328.00

每 式 單 價 計 103,328.00

壹.三.11	工作項目：假設及雜項工程				單位：式	計 價 代 碼 ：	XXXX0111a
	工料名稱	單位	數量	單價	複價	編碼（備註）	
	臨時工務所（貨櫃屋）及相關設施（不含飲用水）	式	1.000	15,000.00	15,000.00	#	
	辦公郵電費	式	1.000	7,200.00	7,200.00		
	牆修補（含材料、人工及廢料棄運）	式	1.000	16,000.00	16,000.00	#	
	曝氣池池體漏水檢修（EPOXY低壓灌注）	式	1.000	22,000.00	22,000.00		
	曝氣池北側人員通道清理	式	1.000	9,000.00	9,000.00		
	電氣箱新設及內部整理（150cm*70cm*60cm，sus304#t=2mm））	座	3.000	11,000.00	33,000.00	#	
	電氣箱及支架新設（80cm*40cm*23cm，sus304#t=2mm）	座	4.000	6,000.00	24,000.00		
	合計	式	1.000		126,200.00		

人工： 0.00 機具： 0.00
材料： 0.00 雜項： 126,200.00

每 式 單 價 計 126,200.00

編製   校核

○○市政府環境保護局
單價分析表[預算]

工程名稱：○○污水處理廠污水處理設施整修工程

XXXX/12/30

項次：　　工程編號：XXXX100-002

第 17 頁 共 17 頁

貳.一.1	工作項目：勞工安全衛生管理費				單位：式	計 價 代 碼 　：　XXXX0112a
	工料名稱	單位	數量	單價	複價	編碼（備註）
	急救設備及搶救設施	式	1.000	6,000.00	6,000.00	
	交通維持及行人阻絕設施（含移設費用）	式	1.000	5,000.00	5,000.00	#
	消防及滅火設施	式	1.000	5,000.00	5,000.00	
	工地清潔用具	式	1.000	2,400.00	2,400.00	
	個人防護用具	式	1.000	3,500.00	3,500.00	
	救生衣、救生圈及繩索	組	2.000	2,500.00	5,000.00	#
	飲水設備或飲水購買費	式	1.000	4,500.00	4,500.00	
	安全警示設備及維護	式	1.000	3,500.00	3,500.00	
	工程告示牌裝設維護及拆除	式	1.000	3,000.00	3,000.00	
	其他安衛設施	式	1.000	3,000.00	3,000.00	
	合計	式	1.000		40,900.00	
	人工：　　0.00　機具：　　　0.00				每 式 單 價 計	40,900.00
	材料：　　0.00　雜項：　40,900.00					

編製　　　　　　　　　校核

○○市政府環境保護局
資源統計表[預算]

工 程 編 號　XXXX100-002

工 程 名 稱　○○污水處理廠污水處理設施整修工程　　　　　　　　單位〔元〕　　第 1 頁 共 5 頁

工 項 代 碼	工 項 名 稱	單位	工程用量	單價	複價	人工	機具	材料	雜項
0311011201	乙種模板組立	M2	16.900	545.00	9,210.50	–	–	–	–
0321030001	鋼筋加工及組立，SD280	kg	1,032.240	30.70	31,689.77	–	–	–	–
0321050001	鋼筋加工及組立，SD420W	kg	79.350	31.70	2,515.40	–	–	–	–
0331006003	結構用混凝土，245kgf/cm2	M3	12.450	2,450.00	30,502.50	–	–	–	–
XXXX0101a	貯留池乾井暨軸不堵塞型抽水泵浦	座	3.000	115,200.00	345,600.00	–	–	–	–
XXXX0101b1	20公分HDPE管	M	110.000	1,150.00	126,500.00	–	–	–	–
XXXX0101b2	三通（含二閥門）	個	1.000	25,000.00	25,000.00	–	–	–	–
XXXX0101b3	彎頭	個	8.000	460.00	3,680.00	–	–	–	–
XXXX0101b4	技術工	天	14.327	2,500.00	35,817.50	–	–	–	–
XXXX0101b5	小工	天	4.327	2,000.00	8,654.00	–	–	–	–
XXXX0101b6	機具損耗及零星工料（含接著劑）		1.000	400.00	400.00	–	–	–	–
XXXX0101c1	AC路面切割	M	50.000	120.00	6,000.00	–	–	–	–
XXXX0101c2	路基開挖（含土方近運）	M3	20.000	900.00	18,000.00	–	–	–	–
XXXX0101c3	回填河砂（含運費及搗實）	M3	13.230	750.00	9,922.50	–	–	–	–
XXXX0101c4	原土回填及機械壓實	M3	8.000	600.00	4,800.00	–	–	–	–
XXXX0101c5	剩餘土方運棄（含水土保持）	M3	4.000	1,250.00	5,000.00	–	–	–	–
XXXX0101c6	再生瀝青混凝土鋪築（粗粒料9.5MM，AC-20）	M2	20.650	1,090.00	22,508.50	–	–	–	–
XXXX0101c7	機具損耗及零星工料	式	1.000	400.00	400.00	–	–	–	–
XXXX0101d1	5MM厚鋁製版	片	25.000	150.00	3,750.00	–	–	–	–
XXXX0101d2	M10化學螺栓（植入15CM，附圓型螺帽）	支	100.000	75.00	7,500.00	–	–	–	–
XXXX0101d3	螺栓植入（含鑽孔）	支	100.000	450.00	45,000.00	–	–	–	–
XXXX0101d5	機具損耗及零星工料	式	1.000	200.00	200.00	–	–	–	–
XXXX0101e	流量計信號線檢測及維修（含材料）	式	1.000	5,000.00	5,000.00	–	5,000.00	–	–
XXXX0102a1	屋頂、鋼架及其他設施拆除吊運機具	式	1.000	32,000.00	32,000.00	–	–	–	–
XXXX0102a2	廢料運棄（含水土保持）	式	1.000	6,000.00	6,000.00	–	–	–	–
XXXX0102a3	有價料移置費（含吊裝及運具）	式	1.000	3,500.00	3,500.00	–	–	–	–
XXXX0102a4	技術工	天	44.814	2,500.00	112,035.00	–	–	–	–
XXXX0102a5	小工	天	80.814	2,000.00	161,628.00	–	–	–	–
XXXX0102a6	池面安全網設施及材料費	式	1.000	8,000.00	8,000.00	–	–	–	–
XXXX0102a7	機具損耗及零星工料	式	1.000	600.00	600.00	–	–	–	–
XXXX0102ba1	打除原支架柱頭費用	式	15.000	750.00	11,250.00	–	–	–	–
XXXX0102ba2	20M全牙不銹鋼螺栓（長80CM）	支	120.000	500.00	60,000.00	–	–	–	–
XXXX0102ba3	螺栓埋入或植入	支	120.000	550.00	66,000.00	–	–	–	–
XXXX0102ba4	乙種模板組立	M2	15.750	542.00	8,536.50	–	–	–	–
XXXX0102ba5	210kg/cm2預拌混凝土澆置（含運費及搗實）	M3	1.800	2,350.00	4,230.00	–	–	–	–
XXXX0102ba6	柱頭週邊清理	式	15.000	1,200.00	18,000.00	–	–	–	–
XXXX0102ba7	機具損耗及零星工料（含圓型螺帽）	式	15.000	220.00	3,300.00	–	–	–	–
XXXX0102ba8	不收縮水泥及承壓鋼版	式	15.000	1,100.00	16,500.00	–	–	–	–

編製　　　　　　　　　　　　　校核

○○市政府環境保護局
資源統計表[預算]

工　程　編　號　XXXX100-002

工　程　名　稱　○○污水處理廠污水處理設施整修工程　　　　　　　　單位〔元〕　　第 2 頁 共 5 頁

工項代碼	工　項　名　稱	單位	工程用量	單價	複價	人工	機具	材料	雜項
XXXX0102bb1	基座土方開挖及土方近運	M3	8.910	1,200.00	10,692.00	–	–	–	–
XXXX0102bb10	20M全牙不銹鋼螺栓（長80公分）	支	12.000	500.00	6,000.00	–	–	–	–
XXXX0102bb12	不收縮水泥及承壓版	式	3.000	750.00	2,250.00	–	–	–	–
XXXX0102bb2	原有地梁打除（原筋保留）	式	3.000	750.00	2,250.00	–	–	–	–
XXXX0102bb3	廢料清運（含水土保持）	式	3.000	600.00	1,800.00	–	–	–	–
XXXX0102bb4	140kg/cm2預拌混凝土	M3	0.420	2,110.00	886.20	–	–	–	–
XXXX0102bb5	210kg/cm2預拌混凝土	M3	1.470	2,350.00	3,454.50	–	–	–	–
XXXX0102bb6	技術工	時	6.000	320.00	1,920.00	–	–	–	–
XXXX0102bb7	小工	時	6.000	260.00	1,560.00	–	–	–	–
XXXX0102bb8	土方回填、壓實及地坪復原	式	3.000	1,200.00	3,600.00	–	–	–	–
XXXX0102bb9	機具損耗及零星工料	式	3.000	200.00	600.00	–	–	–	–
XXXX0102bc1	H型鋼製作及組立（含接合版）	kg	12,669.000	55.00	696,795.00	–	–	–	–
XXXX0102bc2	鍍鋅輕C型鋼製作及組立	kg	6,397.550	60.00	383,853.00	–	–	–	–
XXXX0102bc3	烤漆鋼板（t=0.42mm）及相關設施（PS板、天溝、收邊等）	M2	758.920	950.00	720,974.00	–	–	–	–
XXXX0102bc4	H型鋼及其附件防銹處理（二底二度）	M2	333.100	420.00	139,902.00	–	–	–	–
XXXX0102bc5	五金配件及相關附件	式	1.000	12,000.00	12,000.00	–	–	–	–
XXXX0102bc6	機具損耗及零星工料	式	1.000	3,500.00	3,500.00	–	–	–	–
XXXX0102bc7	吊裝車輛及機具	式	1.000	36,000.00	36,000.00	–	–	–	–
XXXX0102c1	池體二側C型不銹鋼導軌（含施工）	kg	4,736.000	120.00	568,320.00	–	–	–	–
XXXX0102c10	PU輪（3"固定式重型）	組	8.000	250.00	2,000.00	–	–	–	–
XXXX0102c11	鋼索防銹潤滑劑	式	1.000	2,200.00	2,200.00	–	–	–	–
XXXX0102c12	機具損耗及零星工料	式	1.000	600.00	600.00	–	–	–	–
XXXX0102c13	不銹鋼補強版、扣環及10mm鋼索	式	1.000	2,500.00	2,500.00	–	–	–	–
XXXX0102c14	塑膠網（網目3～5cm，含綁紮工料）	式	1.000	4,500.00	4,500.00	–	–	–	–
XXXX0102c2	不銹鋼方管（200mm*200mm*10mm）	kg	746.930	120.00	89,631.60	–	–	–	–
XXXX0102c3	不銹鋼方管（100mm*100mm*10mm）	kg	33.700	120.00	4,044.00	–	–	–	–
XXXX0102c4	H型鋼製作及組立（含接合版）	kg	311.770	55.00	17,147.35	–	–	–	–
XXXX0102c5	不銹鋼圓棒（直徑10mm，含扣環）	kg	21.780	120.00	2,613.60	–	–	–	–
XXXX0102c6	M12化學螺栓植入（含圓型帽蓋）	支	280.000	520.00	145,600.00	–	–	–	–
XXXX0102c7	電動捲揚機（鋼索長40m，直徑10mm，含遙控器）	組	2.000	30,000.00	60,000.00	–	–	–	–
XXXX0102c8	捲揚機支架（含豆滑車及安裝）	組	2.000	7,000.00	14,000.00	–	–	–	–
XXXX0102c9	氬焊作業（含不銹鋼焊條）	式	1.000	20,000.00	20,000.00	–	–	–	–
XXXX0102d1	安全索支架（含施工）	組	9.000	7,500.00	67,500.00	–	–	–	–
XXXX0102d2	高強力三股安全索（直徑10mm）	M	195.000	35.00	6,825.00	–	–	–	–
XXXX0102d3	機具損耗及零星工料	式	1.000	400.00	400.00	–	–	–	–
XXXX0102e1	地坪開挖、壓實及整平	式	1.000	9,600.00	9,600.00	–	–	–	–
XXXX0102e2	土方近運	式	1.000	2,500.00	2,500.00	–	–	–	–
XXXX0102e4	機具損耗及零星工料	式	1.000	100.00	100.00	–	–	–	–

編　製　　　　　　　　　　　　校核

○○市政府環境保護局
資源統計表[預算]

工 程 編 號　XXXX100-002

工 程 名 稱　○○污水處理廠污水處理設施整修工程　　　　　　　　　單位〔元〕　　第 3 頁 共 5 頁

工　項　代　碼	工　　項　　名　　稱	單　位	工程用量	單　　價	複　　價	人　工	機　具	材　料	雜　項
XXXX0103a1	屋頂、鋼架、刮泥機及其他設施拆除機具	式	1.000	25,000.00	25,000.00	－		－	－
XXXX0103a2	廢料運棄（含水土保持）	式	1.000	4,000.00	4,000.00	－		－	－
XXXX0103a3	有價料移置費（含吊裝及運費）	式	1.000	7,000.00	7,000.00	－		－	－
XXXX0103a4	池面安全網設施及材料費	式	1.000	5,000.00	5,000.00	－		－	－
XXXX0103a5	機具損耗及零星工料	式	1.000	500.00	500.00	－		－	－
XXXX0104a1	屋頂、鋼架及其他設施拆除機具	式	1.000	36,000.00	36,000.00	－		－	－
XXXX0104a2	廢料運棄（含水土保持）	式	1.000	8,000.00	8,000.00	－		－	－
XXXX0104a3	有價料移置（含吊裝及運費）	式	1.000	9,000.00	9,000.00	－		－	－
XXXX0104a4	池面安全網設施及材料費	式	1.000	12,000.00	12,000.00	－		－	－
XXXX0104a5	機具損耗及零星工料	式	1.000	800.00	800.00	－		－	－
XXXX0104a6	曝氣池內鋼架及其他設施拆除機具	式	1.000	24,000.00	24,000.00	－		－	－
XXXX0104b1	立柱基座	座	124.000	378.00	46,872.00	－		－	－
XXXX0104b10	玻璃纖維木（塑木）	才	701.000	570.00	399,570.00	－		－	－
XXXX0104b11	五金零件	式	1.000	12,000.00	12,000.00	－		－	－
XXXX0104b12	現場小搬運	式	1.000	8,000.00	8,000.00	－		－	－
XXXX0104b13	機具損耗及零星工料	式	1.000	1,000.00	1,000.00	－		－	－
XXXX0104b2	PP纖維16mm六股鋼索	M	549.000	380.00	208,620.00	－		－	－
XXXX0104b3	防熱Nylon66固定套筒及墊片	組	744.000	130.00	96,720.00	－		－	－
XXXX0104b4	不銹鋼安全螺絲	支	1,920.000	10.00	19,200.00	－		－	－
XXXX0104b5	鋁束頭、安全螺母、保護套	組	30.000	450.00	13,500.00	－		－	－
XXXX0104b6	防熱Nylon66轉接套筒	組	15.000	220.00	3,300.00	－		－	－
XXXX0104b7	PP纖維16mm六股鋼索（垂直）	M	86.800	370.00	32,116.00	－		－	－
XXXX0104b8	防熱Nylon66T型接頭	組	248.000	280.00	69,440.00	－		－	－
XXXX0104b9	強力Nylon十字結	組	124.000	200.00	24,800.00	－		－	－
XXXX0104c1	鹽酸及水柱沖洗表面	M2	387.000	150.00	58,050.00	－		－	－
XXXX0104c2	1公分厚1:3水泥砂漿粉刷（加海菜粉，表面刷毛，5M留一伸縮縫）	M2	387.000	150.00	58,050.00	－		－	－
XXXX0104c4	現場小搬運	式	387.000	12.00	4,644.00	－		－	－
XXXX0104c5	機具損耗及零星工料	式	387.000	4.95	1,915.65	－		－	－
XXXX0105a0	既有機組拆除及有價料移置費	式	2.000	36,000.00	72,000.00	－		－	－
XXXX0105a1	動力馬達	組	2.000	28,000.00	56,000.00	－		－	－
XXXX0105a10	通道H型鋼表面熱鍍鋅處理	kg	3,160.000	56.00	176,960.00	－		－	－
XXXX0105a11	欄杆（mat:sus304#）	式	2.000	5,000.00	10,000.00	－		－	－
XXXX0105a12	花紋步道板（mat:sus304#*4.0mmt）	kg	1,160.000	200.00	232,000.00	－		－	－
XXXX0105a13	吊運及組裝機具	式	2.000	36,000.00	72,000.00	－		－	－
XXXX0105a14	機具損耗及零星工料	式	2.000	2,400.00	4,800.00	－		－	－
XXXX0105a15	池內污垢清理（鹽酸及水柱沖洗）	M2	390.000	210.00	81,900.00	－		－	－
XXXX0105a2	變速機	組	2.000	350,000.00	700,000.00	－		－	－
XXXX0105a3	扭力限制器（4-20ma out put）	只	2.000	35,000.00	70,000.00	－		－	－

編製　　　　　　　　　　　　　校核

○○市政府環境保護局
資源統計表[預算]

工　程　編　號　XXXX100-002

工　程　名　稱　○○污水處理廠污水處理設施整修工程　　　　　　　　　單位〔元〕　　　　第 4 頁 共 5 頁

工 項 代 碼	工　項　名　稱	單位	工程用量	單　價	複　價	人　工	機　具	材　料	雜　項
XXXX0105a4	整流桶（mat:sus304#*4.0mmt）	kg	720.000	200.00	144,000.00	–	–	–	–
XXXX0105a5	溢流堰（mat:sus304#*6.0mmt）	kg	1,798.000	200.00	359,600.00	–	–	–	–
XXXX0105a6	擋渣板（mat:sus304#*4.0mmt）	kg	1,200.000	200.00	240,000.00	–	–	–	–
XXXX0105a7	刮板主軸（mat:sus304#無縫管）	組	2.000	86,000.00	172,000.00	–	–	–	–
XXXX0105a8	刮板附屬配件（mat:sus304#8t）	組	2.000	320,000.00	640,000.00	–	–	–	–
XXXX0105a9	切焊技術工	天	26.000	2,500.00	65,000.00	–	–	–	–
XXXX0106a0	既有機組拆除及有價料移置	式	2.000	22,000.00	44,000.00	–	–	–	–
XXXX0106a1	動力馬達	組	2.000	9,600.00	19,200.00	–	–	–	–
XXXX0106a2	變速機	組	2.000	68,000.00	136,000.00	–	–	–	–
XXXX0106a3	攪拌葉片主軸（mat:sus304#無縫管）	只	2.000	22,000.00	44,000.00	–	–	–	–
XXXX0106a4	攪拌葉片附屬配件（mat:sus304#4t）	kg	464.000	200.00	92,800.00	–	–	–	–
XXXX0106a5	吊運及組裝	式	2.000	12,000.00	24,000.00	–	–	–	–
XXXX0106a6	池內污垢清理（鹽酸及水柱沖洗）	M2	144.000	210.00	30,240.00	–	–	–	–
XXXX0106a7	機具損耗及零星工料	式	2.000	1,200.00	2,400.00	–	–	–	–
XXXX0107a1	既有機組拆除及有價料移置	式	5.000	3,000.00	15,000.00	–	–	–	–
XXXX0107a2	加藥機（含安裝）	組	5.000	30,000.00	150,000.00	–	–	–	–
XXXX0107a3	管線更新（UPVC-15A）	式	1.000	4,000.00	4,000.00	–	–	–	–
XXXX0107a4	藥桶新設（FRP材質，1T）	只	5.000	22,000.00	110,000.00	–	–	–	–
XXXX0107a5	支撐架（sus304#，含施工）	組	5.000	2,000.00	10,000.00	–	–	–	–
XXXX0107a6	機具損耗及零星工料	式	1.000	800.00	800.00	–	–	–	–
XXXX0107a7	電力線路檢修（含材料）	式	1.000	5,300.00	5,300.00	–	–	–	–
XXXX0108a1	池體及相關設施拆除機具	式	1.000	12,000.00	12,000.00	–	–	–	–
XXXX0108a2	廢料棄運（含水土保持）	式	1.000	8,000.00	8,000.00	–	–	–	–
XXXX0108a3	週邊臨時安全圍籬（含材料）	式	1.000	3,000.00	3,000.00	–	–	–	–
XXXX0108a4	機具損耗及零星工料	式	1.000	700.00	700.00	–	–	–	–
XXXX0109a5	砂濾塔外觀更新（清理及上環保漆一底一度）	式	1.000	4,500.00	4,500.00	–	–	–	–
XXXX0109aa1	鹽酸及水柱沖洗表面	M2	870.080	210.00	182,716.80	–	–	–	–
XXXX0109aa2	塗環保漆（一底一度）	M2	870.080	250.00	217,520.00	–	–	–	–
XXXX0109aa3	外觀彩繪（含圖案構思及工料）	M2	870.080	115.00	100,059.20	–	–	–	–
XXXX0109aa4	零星工料	式	870.080	12.00	10,440.96	–	–	–	–
XXXX0110a1	AC路面切割	M	8.000	110.00	880.00	–	–	–	–
XXXX0110a2	路基開挖	M3	13.100	1,100.00	14,410.00	–	–	–	–
XXXX0110a3	構造物拆除（水溝、緣石等）	式	1.000	2,500.00	2,500.00	–	–	–	–
XXXX0110a5	原土回填及壓實	M3	5.230	900.00	4,707.00	–	–	–	–
XXXX0110a6	廢料棄運（含水土保持）	式	1.000	4,000.00	4,000.00	–	–	–	–
XXXX0110a7	構造物修復（水溝、緣石等）	式	1.000	7,000.00	7,000.00	–	–	–	–
XXXX0110a8	機具損耗及零星工料	式	1.000	800.00	800.00	–	–	–	–
XXXX0111a1	臨時工務所（貨櫃屋）及相關設施（不含飲用水）	式	1.000	15,000.00	15,000.00	–	–	–	–

編製　　　　　　　　　　校核

○○市政府環境保護局
資源統計表[預算]

工　程　編　號　XXXX100-002

工　程　名　稱　○○污水處理廠污水處理設施整修工程　　　　　　　　　單位〔元〕　　第 5 頁 共 5 頁

工 項 代 碼	工　　程　　項　　目　　名　　稱	單　位	工程用量	單　　價	複　　價	人　工	機　具	材　料	雜　項
XXXX0111a2	辦公郵電費	式	1.000	7,200.00	7,200.00	－	－	－	－
XXXX0111a3	西牆修補（含材料、人工及廢料棄運）	式	1.000	16,000.00	16,000.00	－	－	－	－
XXXX0111a4	曝氣池池體漏水檢修（EPOXY低壓灌注）	式	1.000	22,000.00	22,000.00	－	－	－	－
XXXX0111a5	曝氣池北側人員通道清理	式	1.000	9,000.00	9,000.00	－	－	－	－
XXXX0111a6	電氣箱新設及內部整理（150cm*70cm*60cm，sus304#t=2mm））	座	3.000	11,000.00	33,000.00	－	－	－	－
XXXX0111a7	電氣箱及支架新設（80cm*40cm*23cm，sus304#t=2mm）	座	4.000	6,000.00	24,000.00	－	－	－	－
XXXX0112a1	急救設備及搶救設施	式	1.000	6,000.00	6,000.00	－	－	－	－
XXXX0112a10	其他安衛設施	式	1.000	3,000.00	3,000.00	－	－	－	－
XXXX0112a2	交通維持及行人阻絕設施（含移設費用）	式	1.000	5,000.00	5,000.00	－	－	－	－
XXXX0112a3	消防及滅火設施	式	1.000	5,000.00	5,000.00	－	－	－	－
XXXX0112a4	工地清潔用具	式	1.000	2,400.00	2,400.00	－	－	－	－
XXXX0112a5	個人防護用具	式	1.000	3,500.00	3,500.00	－	－	－	－
XXXX0112a6	救生衣、救生圈及繩索	組	2.000	2,500.00	5,000.00	－	－	－	－
XXXX0112a7	飲水設備或飲水購買費	式	1.000	4,500.00	4,500.00	－	－	－	－
XXXX0112a8	安全警示設備及維護	式	1.000	3,500.00	3,500.00	－	－	－	－
XXXX0112a9	工程告示牌裝設維護及拆除	式	1.000	3,000.00	3,000.00	－	－	－	－
四	申請拆照、建照及使照相關費用	式	1.000	180,000	180,000	－	－	－	－
二	品管費（0.6%，含材料抽檢驗費）	式	1.000	60,959	60,959	－	－	－	－
三	保險費（0.35%）	式	1.000	35,560	35,560	－	－	－	－
四	廠商利潤及管理費（6%，含文書作業及施、竣工圖繪製）	式	1.000	609,593	609,593	－	－	－	－
參	營業稅【（壹+貳）*5%】	式	1.000	545,345	545,345	－	－	－	－
	總計（壹+貳+參）		－	－	11,452,241	－	－	－	－

編製　　　　　　　　　　　　　　　校核

編　碼		項　　目
02050	○ ○	現場基本材料及施工方法 BASIC SITE MATERIALS AND METHODS
-051	◎ ◎	工程用水 Water for Construction Use
-054	◎ ◎	借土區及採石場之材料生產 Borrow Pit and Quarry Yard Materials Production
-055	○ ○	土壤 Soils
-060	○ ○	粒料 Aggregate
-061		粒料之儲存 Aggregate Stockpile
-065	○ ○	水泥及混凝土 Cement and Concrete
-066		液化地瀝青 Liquid Asphalt
-067		地瀝青膠泥、黏滯度分級 Asphalt Adhesion Gradation
-070	○ ○	地工用聚合物 Geosynthetics
-080	○ ○	公共設備材料 Utility Materials
-090	○ ○	接縫料 Joint Material

編　碼		項　　目
-091		成型填縫板、止水帶及填縫劑 Deformed Joint Filler、Water Stop and Sealent
-092		人造橡膠伸縮縫封料 Synthesis Rubber Expansion Joint
02100	○ ○	場址污染整治 SITE REMEDIATION
-105	○ ○	化學取樣及分析 Chemical Sampling and Analysis
-110	○ ○	有害材料挖除及處理 Excavation, Removal, and Handling of Hazardous Materials
-115	○ ○	地下儲存槽移除 Underground Storage Tank Removal
-120	○ ○	廢棄物運離工地及棄置 Off-Site Transportation and Disposal
-125	○ ○	桶裝有害材料處理 Drum Handling
-130	○ ○	現場污染材料清除 Site Decontamination
-140	○ ○	土地填築施工及材料堆置 Landfill Construction and Storage
-145	○ ○	地下水處理系統 Groundwater Treatment Systems
-150	○ ○	去除土壤中有害材料及復原 Hazardous Waste Recovery Processes
-160	○ ○	土壤物理處理 Physical Treatment
-170	○ ○	土壤化學處理 Chemical Treatment

編　碼		項　　目
-180	◯◯	土壤熱處理 Thermal Processes
-190	◯◯	土壤生物處理程序 Biological Processes
-195	◯◯	土壤穩定處理補救 Remediation Soil Stabilization
02200	◯◯	工地準備工作 SITE PREPARATION
-209		試挖 Investigation Digging
-210	●●	地下調查 Subsurface Investigation
-218	◎◎	鑽探及取樣 Boring Test and Sampling
-219		現場試驗 Site Testing
-220	●●	工地拆除 Site Demolition
-230	◯◯	工地清理 Site Clearing
-231	◎◎	清除及掘除 Clearing and Digging
-235	◎◎	表土之保存及回填 Surface Soil Reservation and Fill Back
-240	●●	袪水 Dewatering
-250	◯◯	支撐及托底 Shoring and Underpinning
-251	◎◎	地下構造物保護灌漿 Under Ground Structure Protection and Grouting

編　碼		項　　目
-252	◎ ◎	公共管線系統之保護 Utilities System Protection
-253	◎ ◎	建築物及構造物之保護 Building and Structure Protection
-255	◎ ◎	臨時擋土樁設施 Temporary Retaining Pile
-256	◎ ◎	臨時擋土支撐工法 Temporary Retaining Support System
-257	◎ ◎	鋼管樁托底 Steel Pile Underpinning
-258	◎ ◎	臨時擋土安全支撐系統 Temporary Safety Support System
-260	● ●	開挖支撐及保護 Excavation Support and Protection
-261	◎ ◎	圍堰 Cofferdam
-262		圍水 Water Diversion
-266	◎ ◎	連續壁 Diaphragm Wall
-270	◎ ◎	地下室逆打工法 Under Ground Building Reverse Construction
-280	○ ○	整地及既有零星構造物拆除 Grade Adjustment and Abandonment of Existing Miscellaneous Structures
-285	○ ○	附屬構造物重建 Supplement Structures Rebuilt
-290	○ ○	現場監測 Site Monitoring

編　碼		項　目
-291	◎ ◎	工程施工前鄰近建築物現況調查 Site Adjacent Building Investigation Before Construction
-292	◎ ◎	邊坡穩定監測工法 Slope Stability Monitoring System
02300	● ●	土方工作 EARTHWORK
-308	◎ ◎	地下廠房開挖 Underground Factory Excavation
-309	◎ ◎	路幅整修 Road Width Maintenance
-310	○ ○	整地 Grading
-311	◎ ◎	壩基礎開挖 Dam Foundation Excavation
-312	◎ ◎	壩基礎開挖面處理 Dam Foundation Treatment After Excavation
-313		壩體填方料借土 Borrow Material for Dam Filling
-314	◎ ◎	壩體填築 Dam Construction Filling
-315	● ●	開挖及回填 Excavation and Fill
-316	◎ ◎	構造物開挖 Structure Excavation
-317	◎ ◎	構造物回填 Structure Backfill
-318	◎ ◎	渠道開挖 Canal Excavation
-319	◎ ◎	選擇性回填材料 Selecting Material for Backfill

編　碼		項　　目
-320	◎ ◎	不適用材料 Unsuitable Material
-321	◎ ◎	基地及路幅開挖 Base Area and Road Width Excavation
-322	◎ ◎	借土 Borrow Materials
-323	◎ ◎	棄土 Disposal Material
-324	◎ ◎	土方測沉板 Earthwork Settlement Plate
-325	● ●	浚挖 Dredging
-326	◎ ◎	浚填 Dredging Fill Back
-330	○ ○	填築 Embankment
-331	◎ ◎	基地及路堤填築 Base Area and Road Embankment
-332	◎ ◎	營建剩餘土石方材料回填 Backfill with Construction Waste
-333	◎ ◎	透水砂層填築 Permeable Sand Layer Construction
-334	◎ ◎	發泡聚苯乙烯 Expanded Poly-Styrorene
-335	○ ○	路基及路床 Subgrade and Roadbed
-336	◎ ◎	路基整理 Subgrade Preparation
-340	○ ○	土壤穩定 Soil Stabilization

編 碼		項 目
-341	◎ ◎	地盤灌漿處理 Earth Grouting Treatment
-342	◎ ◎	地工織物 Earth Work Textiles
-343	◎ ◎	高壓噴射水泥樁 Concrete Pile Made By High Pressure Spray Method
-344	◎ ◎	鑽孔及灌漿 Boring and Grouting
-345	◎ ◎	捲包 Gabion
-351	◎ ◎	岩盤灌漿 Rock Grouting
-352	◎ ◎	回填灌漿 Backfill Grouting
-353	◎ ◎	導管式灌漿 Embeded Duct Grouting
-354	◎ ◎	高壓噴射灌漿 High Pressure Spray Grouting
-355	◎ ◎	水庫隔幕灌漿 Reservoir Curtain Wall Grouting
-356	◎ ◎	水庫固結灌漿 Reservoir Solid Grouting
-357	◎ ◎	固結灌漿 Solid Grouting
-360	○ ○	土壤處理 Soil Treatment
-361	◎ ◎	土質改良 Soil Improvement
-370	○ ○	浸蝕及沉澱控制 Erosion and Sedimentation Control

編　碼		項　　目
-371	◎ ◎	生態護坡 Ecological Slope Protection
-372	◎ ◎	護坡 Slope Protection
-373	◎ ◎	蛇籠 Riprap Sausage
-374	◎ ◎	箱型石籠 Box Stone Sausage
-375	◎ ◎	預鑄混凝土塊三明治式護坡 Precast Concrete Block Sandwich Slope Protection
-376	◎ ◎	格梁護坡 Grille Beam Slope Protection
-377	◎ ◎	邊坡穩定水平排水管 Horizontal Drainage Pipe for Slope Stabilization
-378	◎ ◎	岩栓 Rock Anchor Bolt
-379	◎ ◎	灌漿錨筋 Spray Grouting Wire Mesh
-380	○ ○	沖刷保護 Scour Protection
-381	◎ ◎	拋石 Fling Riprap
-382		潛堰 Immerse Dam
-383	◎ ◎	拋石固床工 Fling Riprap Protection of Riverbed
-384	◎ ◎	混凝土錨塊 Precast Concrete Block
-385	◎ ◎	坡面工 Slope Surface Work

編　碼		項　目
-386	◎ ◎	砌排石工 Riprap Masonry
-388	◎ ◎	生態護岸 Ecological coast Protection
-390	◯ ◯	岸邊保護及繫船構造物 Shoreline Protection and Mooring Structures
-391	◎ ◎	防波堤 Wave Protection Dike
-392	◎ ◎	碼頭 Dock
-394	◎ ◎	碼頭附屬設施 Dock Supplemental Facilities
-395	◎ ◎	港灣用沉箱 Harbor Caisson
-396	◎ ◎	港灣導航設施 Harbor Guide Facilities
02400	◯ ◯	隧道鑽掘及推進 TUNNELING, BORING, AND JACKING
-401	◎ ◎	隧道施工安全 Tunnel Construction Administration
-402	◎ ◎	隧道施工通則 Tunnel Construction General Requirement
-403	◎ ◎	岩體分類與開挖支撐類型 Rock Classification and Support Category
-410	◯ ◯	隧道開挖 Tunnel Excavation
-411	◎ ◎	隧道洞口開挖及邊坡保護 Portal Excavation and Slope Protection
-412	◎ ◎	隧道鑽炸法及非全斷面機械開挖 Tunnel Drill and Blow and Semi Full Section Excavation

編　碼		項　　目
-413	◎ ◎	隧道鑽掘機（TBM）開挖 Tunnel Bore Machine
-414	◎ ◎	潛盾工法隧道開挖 Submerge Shield Tunnel Excavation
-415	◎ ◎	豎井開挖 Shaft Excavation
-420	○ ○	隧道支撐系統 Initial Tunnel Support Systems
-421	◎ ◎	先進支撐 Advanced Shoring
-422	◎ ◎	鋼支撐架 Steel Support
-423	◎ ◎	隧道用岩栓 Tunnel Anchor Bolt
-424	◎ ◎	隧道噴凝土 Tunnel Spray Grouting
-425	● ●	隧道襯砌 Tunnel Linings
-426		隧道支撐 Tunnel Excavation Supporting
-427	◎ ◎	隧道襯砌環片 Precast Concrete Lining Units
-430	○ ○	隧道灌漿 Tunnel Grouting
-433	◎ ◎	探查孔及檢查孔 Investigation Hole and Checking Hole
-440	○ ○	水底管狀隧道 Immersed and Sunken Tube Tunnels
-441	○ ○	小管推進 Microtunneling

編　碼		項　目
-442	○ ○	明挖隧道 Cut and Cover Tunnels
-443	○ ○	隧道漏水修補 Tunnel Leak Repairs
-444	○ ○	豎井 Shaft Construction
-445	○ ○	鑽掘或推進導管 Boring or Jacking Conduits
-447	◎ ◎	隧道計測及儀器 Tunnel Surveillant and Instrument
-448	◎ ◎	隧道防水層 Tunnel Waterproofing
-449	◎ ◎	隧道其他工作 Tunnel Other Works
02450	○ ○	基礎及荷重元件 FOUNDATION AND LOAD-BEARING ELEMENTS
-451	◎ ◎	基樁 Piles
-452	◎ ◎	基礎 Foundation
-455	○ ○	打擊樁 Driven Piles
-457	◎ ◎	預力混凝土基樁 Prestressed Concrete Piles
-458		預鑄鋼筋混凝土板樁 Precast Reinforced Concrete Plate Piles
-459	◎ ◎	預力混凝土板樁 Prestressed Concrete Plate Piles
-460	◎ ◎	鋼管樁 Steel Pipe Piles

編　碼		項　　目
-461	◎ ◎	木樁 Timber Piles
-462	◎ ◎	H 型鋼樁 H Shape Steel Piles
-463	◎ ◎	鋼板樁 Steel Sheet Piles
-465	○ ○	鑽掘樁 Bored Piles
-466	◎ ◎	連續式場鑄混凝土排樁 Continuous Precast Concrete Row Piles
-468	◎ ◎	反循環式鑽掘混凝土基樁 Reverse Circulation Concrete Piles
-469	◎ ◎	全套管式鑽掘混凝土基樁 Full Case Concrete Bore Piles
-470	◎ ◎	無振動鑽孔式灌注基樁 Non Vibration Concrete Bore Piles
-471	◎ ◎	預壘樁 Pre-packed Piles
-475	● ●	沉箱 Caissons
-480	○ ○	基礎牆 Foundation Walls
-490	○ ○	錨 Anchors
-492	◎ ◎	預力地錨 Prestressed Earth Anchors
-495	○ ○	監測儀器 Instrumentation and Monitoring
-496	◎ ◎	基樁載重試驗 Pile Loading Test

編　　碼		項　　　目
-497		隧道監測儀器 Tunnel Surveillance Instruments
02500	○ ○	公共設施 UTILITY SERVICES
-505	◎ ◎	自來水管埋設 Water Supply Pipes Installation
-506	◎ ◎	警示帶 Safety Warning Sheet Belt
-509	◎ ◎	自來水配水池試水 Water Supply Tank Test
-510	○ ○	配水 Water Distribution
-511	◎ ◎	自來水用塑膠管 Water Supply PVC Pipes
-512	◎ ◎	自來水用預力混凝土管 Water Supply Prestressed Concrete Pipes
-513	◎ ◎	自來水用鋼管 Water Supply Steel Pipes
-514	◎ ◎	自來水用延性鑄鐵管件（DI） Water Supply Cast Iron Pipes
-515	◎ ◎	自來水用玻璃纖維管 Water Supply Glass Fiber Pipes
-516	◎ ◎	制水閥 Stop Valves
-517	◎ ◎	控制閥 Control Valves
-518	◎ ◎	排氣閥 Exhaust Valves
-520	○ ○	井 Wells

編　　碼		項　　目
-521		深井 Deep Wells
-530	○ ○	污水 Sanitary Sewerage
-531	◎ ◎	污水管線施工 Sewerage Pipe Lines Construction
-532	◎ ◎	污水管線附屬工作 Sewerage Pipe and Accessories
-533	◎ ◎	污水管管材 Sewerage Pipes
-534	◎ ◎	污水下水道用戶接管工程埋設施工 Household Connection Pipes Construction
-535	◎ ◎	下水道用戶接管附屬設施 Household Connection Pipes and Accessories
-536	◎ ◎	下水道閉路電視檢視 Sewer Closed Circuit Television
-537	◎ ◎	下水道人孔整建施工 Sewer Manhole Construction
-538	◎ ◎	下水道管線整建免開挖施工 Sewerage Pipe Lines Trenchless Construction
-539		海洋放流 Exhaustion to Sea
-540	◎ ◎	廠內污水管線用鋼筋混凝土管 Reinforcement Concrete Sewerage Pipeline Within Factory
-541	◎ ◎	球狀石墨鑄鐵管 Graphite Cast Iron Pipes
-542	○ ○	化糞池系統 Septic Tank Systems
-550	○ ○	能源分配管道 Piped Energy Distribution

編　碼		項　　目
-551	◎ ◎	地下輸電管路 Underground Power Supply Ducts
-552	◎ ◎	地下配電管路 Underground Power Distribution Ducts
-553		輸油管線 Petroleum Transportation Pipe Lines
-561	◎ ◎	架空電力線路 Overhead Power Supply Lines
-570	○ ○	製程材料輸配管道支撐構造物 Process Materials Distribution Structures
-580	○ ○	電力及電信構造物 Electrical and Communication Structures
-581		電力高架構造物 Overhead Power Supply Structures
-584	◎ ◎	交控土木管道 Traffic Control Ducts
-588		電車線設備電桿基礎建造 Overhead Catenary Post Footing
-589		電車線設備立桿及門型架安裝 Overhead Catenary Post and Portal Truss Installation
-590	○ ○	現場接地系統 Site Grounding
-591		構造物接地系統 Structure Grounding
02600	○ ○	排水及貯水 DRAINAGE AND CONTAINMENT
-601	◎ ◎	排水管溝 Drainage Pipe Ditches
-602	◎ ◎	管涵 Pipe Culverts

編　碼		項　目
-609		排水工程 Drainage Facility
-610	● ●	排水管涵 Drainage Pipe Culverts
-620	● ●	地下排水 Underground Drainage
-630	○ ○	暴雨排水 Storm Drainage
-631	◎ ◎	進水井、沉砂井及人孔 Inlet、Catchbasin and Manholes
-632	◎ ◎	混凝土砌卵石溝 Concrete Riprap Ditches
-633	◎ ◎	混凝土內面工水溝 Concrete Facial Ditches
-634		排水構造物之其他施工要求 Other Requirement of Drainage Structure
-635	◎ ◎	雨水排水 Rainfall Drainage
-638	◎ ◎	木製橫向排水溝 Wooden Transverse Ditches
-639	◎ ◎	橋面排水 Viaduct Deck Drainage
-640	○ ○	涵洞及成型涵洞施工 Culverts and Manufactured Construction
-660	○ ○	池塘及水庫 Ponds and Reservoirs
-662		防洪設施 Flood Control Facilities
-670	○ ○	濕地 Constructed Wetlands

編　　碼		項　　目
-675	◎ ◎	人工濕地 Synthetic Constructed Wetlands
02700	○ ○	基層、碎石料、鋪面及附屬設施 BASES, BALLASTS, PAVEMENTS, AND APPURTENANCES
-710	○ ○	膠結式基層及底層 Bound Base Courses
-711	◎ ◎	大粒徑瀝青混凝土底層 Ballast Asphalt Concrete Base
-713	◎ ◎	低強度混凝土底層 Lean Concrete Base
-714	◎ ◎	瀝青處理底層 Asphalt Treated Base
-715	◎ ◎	水泥處理土壤 Cement Treated Soil
-720	○ ○	非膠結式基層與底層 Unbound Base Courses and Ballasts
-721		高爐爐碴基層 Slag Subbase
-722	◎ ◎	級配粒料基層 Coarse Aggregate Subbase
-723	◎ ◎	碎石道碴 Quarry Ballasts
-724		底層道碴 Base Ballasts
-726	◎ ◎	級配粒料底層 Coarse Aggregate Base
-730	○ ○	碎石料表層 Aggregate Surfacing
-740	○ ○	柔性鋪面 Flexible Pavement

編　碼		項　　目
-741	◎ ◎	瀝青混凝土之一般要求 Asphalt Concrete General Requirement
-742	◎ ◎	瀝青混凝土鋪面 Asphalt Concrete Pavement
-743	◎ ◎	石膠泥瀝青混凝土鋪面 Stone Matrix Asphalt Concrete Pavement
-744	◎ ◎	熱灌瀝青碎石或礫石面層 Hat Asphalt Pour In Aggregate Pavement
-745	◎ ◎	瀝青透層 Prime Coat
-747	◎ ◎	瀝青黏層 Tack Coat
-748	◎ ◎	玻璃瀝青混凝土鋪面 Glass Asphalt Concrete Pavement
-750	○ ○	剛性鋪面 Rigid Pavement
-751	◎ ◎	水泥混凝土鋪面 Cement Concrete Pavement
-755	○ ○	水泥混凝土路肩 Cement Concrete Shoulders
-760	○ ○	鋪面特殊設備 Paving Specialties
-764	◎ ◎	標記 Sign Markers
-770	● ●	緣石及緣石側溝 Curbs and Gutters
-775	○ ○	人行道 Sidewalks
-778	◎ ◎	人行道面層 Sidewalk Pavement

編　碼		項　　目
-779	◎ ◎	人行道底層 Sidewalk Bases
-780	● ●	舖單元磚 Unit Paves
-781		預鑄型單元磚鋪面 Precast Masonry Unit Pavement
-782		預鑄面材型單元磚鋪面 Precast Facial Masonry Unit Pavement
-783		預鑄連鎖型單元磚鋪面 Precast Interlock Masonry Unit Pavement
-784		預鑄壓花型單元磚鋪面 Precast Pattern Masonry Unit Pavement
-785	○ ○	柔性鋪面塗層及表面細部修補 Flexible Pavement Coating and Micro-Surfacing
-786	◎ ◎	高壓混凝土地磚 Compressed Concrete Paving Units
-789	◎ ◎	瀝青表面處理 Asphalt Surface Treatment
-790	○ ○	運動場及健身房地面處理 Athletic and Recreational Surfaces
-794	◎ ◎	透水性鋪面之一般要求 Permeable Pavement General Requirement
-795	◎ ◎	透水性混凝土地磚 Permeable Concrete Paving Units
-796	◎ ◎	密級配改質瀝青混凝土鋪面 Dense Grade Polymer-Modified Asphalt Concrete Pavement
-797	◎ ◎	排水性改質瀝青混凝土鋪面 Permeable Pavement of Polymer-Modified Asphalt Concrete Pavement

編　碼		項　　目
-798		多孔隙瀝青混凝土鋪面
02800	○ ○	工地景觀及裝修 SITE IMPROVEMENTS AND AMENITIES
-801		基地及道路景觀 Site and Road Landscape
-805		鳥類築巢平台 Birds Nest Sanctuary Platform
-810	○ ○	灌溉系統 Irrigation System
-811	◎ ◎	景觀灌溉系統 Landscape Irrigation System
-812	◎ ◎	灌溉明渠輸水路 Irrigation Open Ditches
-813	◎ ◎	灌溉暗渠輸水路 Irrigation Culverts
-815	○ ○	噴水池 Fountains
-820	○ ○	圍籬及大門 Fences and Gates
-821	◎ ◎	柵欄 Grills
-823	◎ ◎	生態廊道 Ecologic Passageway
-830	● ●	擋土牆 Retaining Walls
-836	◎ ◎	廢輪胎擋土牆 Discarded Tire Retaining Walls
-838	◎ ◎	加勁擋土牆－地工合成加勁材 Reinforced Retaining Wall－Synthetic Reinforcement

編　碼		項　　目
-839	◎ ◎	加勁擋土牆 Reinforced Retaining Wall
-840	○ ○	步道、道路及停車場附屬設施 Walk, Road and Parking Appurtenances
-843	◎ ◎	護欄 Guardrails
-850	○ ○	預鑄人行及腳踏車行之景觀橋 Prefabricated Pedestrian and Bicycle Bridges
-860	○ ○	隔音及防眩設施 Screening Devices
-861	◎ ◎	防眩板 Flaunt Prevention Plate
-863	◎ ◎	隔音牆 Noise Barrier
-864	◎ ◎	金屬製隔音設施 Metal Noise Barrier
-868	◎ ◎	吸音圓筒類隔音設施 Acoustical Can Noise Barrier
-870	○ ○	工地裝修 Site Furnishings
-875	○ ○	工地及街道遮陽棚 Site and Street Shelters
-880	○ ○	遊樂區設備及構造物 Play Field Equipment and Structures
-890	○ ○	交通標誌及號誌 Traffic Signs and Signals
-891	◎ ◎	標誌 Signs
-892	◎ ◎	反光導標 Reflective Signs

編　碼		項　　目
-893	◎ ◎	號誌 Signal
-894		標誌及標誌構造物之金屬 Metal of Signal and Sign Structure
-895	○ ○	標記及樁記 Markers and Monuments
-896		反光標記 Reflective Markers
-897	◎ ◎	路權界樁及都市計畫樁 Right of Way Stakes and City Planning Monuments
-898	◎ ◎	標線 Sign Stripe
-899	◎ ◎	隧道螢光標示板 Tunnel Fluorescent Plate
02900	● ●	植栽 PLANTING
-901	◎ ◎	植栽作業進度表 Plantation Schedule
-902	◎ ◎	種植及移植一般規定 Planting and Trans Planting
-905	● ●	移植 Transplantation
-910	● ●	植栽準備 Plant Preparation
-915		灌木及樹木移植 Shrub and Tree Transplantation
-920	● ●	植草 Lawns and Grasses
-921	◎ ◎	噴植草 Grass Seed Spray

編　　碼		項　　目
-922		草本類植栽 Herb Plantation
-923		地被類植栽 Lichen Plantation
-924		單莖撒植作業 Single Stem Plant Seeding Work
-925		播種作業 Seeding Work
-926		鋪草皮 Sward Pave
-927	◎ ◎	草溝 Grass Ditch
-928		水生植栽 Aquatic Plantation
-930	○ ○	屋外種植 Exterior Plants
-931	◎ ◎	植樹 Tree Planting
-932		灌木類植栽 Shrub Plantation
-933		棕櫚及竹類
-934		蔓藤類植栽
-935	○ ○	植栽維護 Plant Maintenance
-936	◎ ◎	現地植栽保護 Plant Protection
-938		喬木植栽 Tree Plantation
-945	○ ○	植栽附屬設施 Planting Accessories

編　碼		項　　目
-946		景觀附屬設施 Landscape Accessories
-947	◎ ◎	樹柵 Tree Grilles
-948		景觀栽植作業 Landscape Plant Work
02950	○ ○	工地復原及修復 SITE RESTORATION AND REHABILITATION
-951		工地撤收清理 Site Clearing and Withdraw
-952	◎ ◎	鄰近道路維護施工及復舊 Adjacent Road Construction and Recovery
-955	○ ○	地下管線復原 Restoration of Underground Piping
-960	○ ○	柔性鋪面表面修復 Flexible Pavement Surfacing Recovery
-961	◎ ◎	瀝青混凝土面層刨除 Asphalt Concrete Pavement Scratching
-965	○ ○	瀝青混凝土鋪面再生利用 Flexible and Bituminous Pavement Recycling
-966	◎ ◎	再生瀝青混凝土鋪面 Recycling Asphalt Concrete Pavement
-975	○ ○	柔性及瀝青鋪面強固及裂縫封填 Flexible and Bituminous Pavement Reinforcement and Crack and Joint Sealants
-980	○ ○	剛性鋪面復原 Rigid Pavement Rehabilitation
-983	◎ ◎	機坪道肩之底層 Airport Runway Shoulder Base

編　碼		項　　目
-990	○ ○	構造物遷移 Structure Moving
-991		工區結構物及設施復原 Structure and Facility Recovery in Site

圖例：「●」已公告之施工綱要規範且為 CSI 原有分類項目及編碼
　　　「○」未公告之施工綱要規範但為 CSI 原有分類項目及編碼
　　　「◎」已公告之施工綱要規範但非 CSI 原有分類項目及編碼
　　　「　」未公告之施工綱要規範且非 CSI 原有分類項目及編碼

附錄六　政府採購法條文

中華民國 87 年 5 月 27 日

總統華總一義字第 8700105740 號令制定公布全文 114 條

中華民國 90 年 1 月 10 日

總統華總一義字第 9000003820 號令修正公布第 7 條條文

中華民國 91 年 2 月 6 日

總統華總一義字第 09100025610 號令修正公布第 6 條、第 11 條、第 13 條、第 20 條、第 22 條、第 24 條、第 25 條、第 28 條、第 30 條、第 34 條、第 35 條、第 37 條、第 40 條、第 48 條、第 50 條、第 66 條、第 70 條、第 6 章章名、第 74 條至第 76 條、第 78 條、第 83 條、第 85 條至第 88 條、第 95 條、第 97 條、第 98 條、第 101 條至第 103 條及第 114 條條文；刪除第 69 條條文；並增訂第 85 條之 1 至第 85 條之 4、第 93 條之 1 條文

中華民國 96 年 7 月 4 日

總統華總一義字第 09600085741 號令修正公布第 85 條之 1 條文

中華民國 100 年 1 月 26 日

總統華總一義字第 10000015641 號令修正公布第 11 條、第 52 條、第 63 條條文

中華民國 105 年 1 月 6 日

總統華總一義字第 10400154101 號令修正公布第 73 條之 1、第 85 條之 1、第 86 條條文

◎政府採購法檔案下載（中文版）下載本檔：gpl_1050106.exe（最後修正日期：105/01/06）

◎政府採購法檔案下載（英文版）下載本檔：gpleng_1000126.exe（最後修正日期：100/01/26）

◎政府採購法條文說明（87 年 5 月 27 日華總一義字第 8700105740 號令制定公布）（doc）、（pdf）

◎政府採購法第 7 條條文修正對照表（90 年 1 月 10 日總統華總一義字第 9000003820 號令修正公布）（doc）、（pdf）

◎政府採購法部分條文修正對照表（91 年 2 月 6 日總統華總一義字第 09100025610 號令修正發布）（doc）、（pdf）

◎政府採購法第 85 條之 1 條文修正對照表（96 年 7 月 4 日總統華總一義字第 09600085741 號令修正公布）（doc）、（pdf）

◎政府採購法第 11 條、第 52 條、第 63 條條文修正對照表（100 年 1 月 26 日總統華總一義字第 10000015641 號令修正公布）（doc）、（pdf）

◎政府採購法第 73 條之 1、第 85 條之 1、第 86 條條文修正對照表（105 年 1 月 6 日總統華總一義字第 10400154101 號令修正公布）（doc）、（pdf）

第一章　總則

第 1 條　（立法宗旨）

為建立政府採購制度，依公平、公開之採購程序，提升採購效率與功能，確保採購品質，爰制定本法。

第 2 條　（採購之定義）

本法所稱採購，指工程之定作、財物之買受、定製、承租及勞務之委任或僱傭等。

第 3 條　（適用機關之範圍）

政府機關、公立學校、公營事業（以下簡稱機關）辦理採購，依本法之規定；本法未規定者，適用其他法律之規定。

第 4 條　（法人或團體辦理採購適用本法之規定）

法人或團體接受機關補助辦理採購，其補助金額占採購金額半數以上，且補助金額在公告金額以上者，適用本法之規定，並應受該機關之監督。

第 5 條　（委託法人或團體辦理採購）

機關採購得委託法人或團體代辦。

前項採購適用本法之規定，該法人或團體並受委託機關之監督。

第 6 條　（辦理採購應遵循之原則）

機關辦理採購，應以維護公共利益及公平合理爲原則，對廠商不得爲無正當理由之差別待遇。

辦理採購人員於不違反本法規定之範圍內，得基於公共利益、採購效益或專業判斷之考量，爲適當之採購決定。

司法、監察或其他機關對於採購機關或人員之調查、起訴、審判、彈劾或糾舉等，得洽請主管機關協助、鑑定或提供專業意見。

第 7 條　（工程、財物、勞務之定義）

本法所稱工程，指在地面上下新建、增建、改建、修建、拆除構造物與其所屬設備及改變自然環境之行爲，包括建築、土木、水利、環境、交通、機械、電氣、化工及其他經主管機關認定之工程。

本法所稱財物，指各種物品（生鮮農漁產品除外）、材料、設備、機具與其他動產、不動產、權利及其他經主管機關認定之財物。

本法所稱勞務，指專業服務、技術服務、資訊服務、研究發展、營運管理、維修、訓練、勞力及其他經主管機關認定之勞務。

採購兼有工程、財物、勞務二種以上性質，難以認定其歸屬者，按其性質所占預算金額比率最高者歸屬之。

第 8 條　（廠商之定義）

本法所稱廠商，指公司、合夥或獨資之工商行號及其他得提供各機關工程、財物、勞務之自然人、法人、機構或團體。

第 9 條　（主管機關）

本法所稱主管機關，為行政院採購暨公共工程委員會，以政務委員一人兼任主任委員。

本法所稱上級機關，指辦理採購機關直屬之上一級機關。其無上級機關者，由該機關執行本法所規定上級機關之職權。

第 10 條　（主管機關掌理之事項）

主管機關掌理下列有關政府採購事項：

一、政府採購政策與制度之研訂及政令之宣導。

二、政府採購法令之研訂、修正及解釋。

三、標準採購契約之檢討及審定。

四、政府採購資訊之蒐集、公告及統計。

五、政府採購專業人員之訓練。

六、各機關採購之協調、督導及考核。

七、中央各機關採購申訴之處理。

八、其他關於政府採購之事項。

第 11 條　（採購資訊中心及採購人員訓練所之設置）

主管機關應設立採購資訊中心，統一蒐集共通性商情及同等品分類之資訊，並建立工程價格資料庫，以供各機關採購預算編列及底價訂定之參考。除應秘密之部分外，應無償提供廠商。

機關辦理工程採購之預算金額達一定金額以上者，應於決標後將得標廠商之單價資料傳輸至前項工程價格資料庫。

前項一定金額、傳輸資料內容、格式、傳輸方式及其他相關事項之辦法，由主管機關定之。

財物及勞務項目有建立價格資料庫之必要者，得準用前二項規定。

第 12 條　（查核金額以上採購之監辦）

機關辦理查核金額以上採購之開標、比價、議價、決標及驗收時，應於規定期限內，檢送相關文件報請上級機關派員監辦；上級機關得視事實需要訂定授權條件，由機關自行辦理。

機關辦理未達查核金額之採購，其決標金額達查核金額者，或契約變更後其金額達查核金額者，機關應補具相關文件送上級機關備查。

查核金額由主管機關定之。

第 13 條　（公告金額以上採購之監辦）

機關辦理公告金額以上採購之開標、比價、議價、決標及驗收，除有特殊情形者外，應由其主（會）計及有關單位會同監辦。未達公告金額採購之監辦，依其屬中央或地方，由主管機關、直轄市或縣（市）政府另定之。未另定者，比照前項規定辦理。

公告金額應低於查核金額，由主管機關參酌國際標準定之。

第一項會同監辦採購辦法，由主管機關會同行政院主計處定之。

第 14 條　（分批辦理採購之限制）

機關不得意圖規避本法之適用，分批辦理公告金額以上之採購。其有分批辦理之必要，並經上級機關核准者，應依其總金額核計採購金額，分別按公告金額或查核金額以上之規定辦理。

第 15 條　（採購人員應遵循之迴避原則）

機關承辦、監辦採購人員離職後三年內不得為本人或代理廠商向原任職機關接洽處理離職前五年內與職務有關之事務。機關承辦、監辦採購人員對於與採購有關之事項，涉及本人、配偶、三親等以內血親或姻親，或同財共居親屬之利益時，應行迴避。

機關首長發現承辦、監辦採購人員有前項應行迴避之情事而未依規定迴避者，應令其迴避，並另行指定承辦、監辦人員。廠商或其負責人與機關首長有第二項之情形者，不得參與該機關之採購。但本項之執行反不利於公平競爭或公共利益時，得報請主管機關核定後免除之。採購之承辦、監辦人員應依公職人員財產申報法之相關規定，申報財產。

第 16 條　（採購請託或關說之處理）

請託或關說，宜以書面為之或作成紀錄。政風機構得調閱前項書面或紀錄。

第一項之請託或關說，不得作為評選之參考。

第 17 條　（外國廠商參與採購）

外國廠商參與各機關採購，應依我國締結之條約或協定之規定辦理。

前項以外情形，外國廠商參與各機關採購之處理辦法，由主管機關定之。

外國法令限制或禁止我國廠商或產品服務參與採購者，主管機關得限制或禁止該國廠商或產品服務參與採購。

第二章　招標

第 18 條　（招標之方式及定義）

採購之招標方式，分為公開招標、選擇性招標及限制性招標。

本法所稱公開招標，指以公告方式邀請不特定廠商投標。

本法所稱選擇性招標，指以公告方式預先依一定資格條件辦理廠商資格審

查後，再行邀請符合資格之廠商投標。

本法所稱限制性招標，指不經公告程序，邀請二家以上廠商比價或僅邀請一家廠商議價。

第 19 條　（公開招標）

機關辦理公告金額以上之採購，除依第二十條及第二十二條辦理者外，應公開招標。

第 20 條　（選擇性招標）

機關辦理公告金額以上之採購，符合下列情形之一者，得採選擇性招標：

一、經常性採購。

二、投標文件審查，需費時長久始能完成者。

三、廠商準備投標需高額費用者。

四、廠商資格條件複雜者。

五、研究發展事項。

第 21 條　（選擇性招標得建立合格廠商名單）

機關為辦理選擇性招標，得預先辦理資格審查，建立合格廠商名單。但仍應隨時接受廠商資格審查之請求，並定期檢討修正合格廠商名單。

未列入合格廠商名單之廠商請求參加特定招標時，機關於不妨礙招標作業，並能適時完成其資格審查者，於審查合格後，邀其投標。經常性採購，應建立六家以上之合格廠商名單。

機關辦理選擇性招標，應予經資格審查合格之廠商平等受邀之機會。

第 22 條　（限制性招標）

機關辦理公告金額以上之採購，符合下列情形之一者，得採限制性招標：

一、以公開招標、選擇性招標或依第九款至第十一款公告程序辦理結果，無廠商投標或無合格標，且以原定招標內容及條件未經重大改變者。

二、屬專屬權利、獨家製造或供應、藝術品、秘密諮詢，無其他合適之替
　　代標的者。

三、遇有不可預見之緊急事故，致無法以公開或選擇性招標程序適時辦
　　理，且確有必要者。

四、原有採購之後續維修、零配件供應、更換或擴充，因相容或互通性之
　　需要，必須向原供應廠商採購者。

五、屬原型或首次製造、供應之標的，以研究發展、實驗或開發性質辦理
　　者。

六、在原招標目的範圍內，因未能預見之情形，必須追加契約以外之工
　　程，如另行招標，確有產生重大不便及技術或經濟上困難之虞，非洽
　　原訂約廠商辦理，不能達契約之目的，且未逾原主契約金額百分之
　　五十者。

七、原有採購之後續擴充，且已於原招標公告及招標文件敘明擴充之期
　　間、金額或數量者。

八、在集中交易或公開競價市場採購財物。

九、委託專業服務、技術服務或資訊服務，經公開客觀評選為優勝者。

十、辦理設計競賽，經公開客觀評選為優勝者。

十一、因業務需要，指定地區採購房地產，經依所需條件公開徵求勘選認
　　　定適合需要者。

十二、購買身心障礙者、原住民或受刑人個人、身心障礙福利機構、政府
　　　立案之原住民團體、監獄工場、慈善機構所提供之非營利產品或勞
　　　務。

十三、委託在專業領域具領先地位之自然人或經公告審查優勝之學術或非
　　　營利機構進行科技、技術引進、行政或學術研究發展。

十四、邀請或委託具專業素養、特質或經公告審查優勝之文化、藝術專業

人士、機構或團體表演或參與文藝活動。

十五、公營事業為商業性轉售或用於製造產品、提供服務以供轉售目的所為之採購，基於轉售對象、製程或供應源之特性或實際需要，不適宜以公開招標或選擇性招標方式辦理者。

十六、其他經主管機關認定者。

前項第九款及第十款之廠商評選辦法與服務費用計算方式與第十一款、第十三款及第十四款之作業辦法，由主管機關定之。

第一項第十三款及第十四款，不適用工程採購。

第 23 條　（未達公告金額之招標方式）

未達公告金額之招標方式，在中央由主管機關定之；在地方由直轄市或縣（市）政府定之。地方未定者，比照中央規定辦理。

第 24 條　（統包）

機關基於效率及品質之要求，得以統包辦理招標。

前項所稱統包，指將工程或財物採購中之設計與施工、供應、安裝或一定期間之維修等併於同一採購契約辦理招標。

統包實施辦法，由主管機關定之。

第 25 條　（共同投標）

機關得視個別採購之特性，於招標文件中規定允許一定家數內之廠商共同投標。

前項所稱共同投標，指二家以上之廠商共同具名投標，並於得標後共同具名簽約，連帶負履行採購契約之責，以承攬工程或提供財物、勞務之行為。

共同投標以能增加廠商之競爭或無不當限制競爭者為限。

同業共同投標應符合公平交易法第十四條但書各款之規定。

共同投標廠商應於投標時檢附共同投標協議書。

共同投標辦法，由主管機關定之。

第 26 條　（招標文件之訂定）

機關辦理公告金額以上之採購，應依功能或效益訂定招標文件。其有國際標準或國家標準者，應從其規定。

機關所擬定、採用或適用之技術規格，其所標示之擬採購產品或服務之特性，諸如品質、性能、安全、尺寸、符號、術語、包裝、標誌及標示或生產程序、方法及評估之程序，在目的及效果上均不得限制競爭。

招標文件不得要求或提及特定之商標或商名、專利、設計或型式、特定來源地、生產者或供應者。但無法以精確之方式說明招標要求，而已在招標文件內註明諸如「或同等品」字樣者，不在此限。

第 27 條　（招標之公告）

機關辦理公開招標或選擇性招標，應將招標公告或辦理資格審查之公告刊登於政府採購公報並公開於資訊網路。公告之內容修正時，亦同。

前項公告內容、公告日數、公告方法及政府採購公報發行辦法，由主管機關定之。

機關辦理採購時，應估計採購案件之件數及每件之預計金額。預算及預計金額，得於招標公告中一併公開。

第 28 條　（標期之訂定）

機關辦理招標，其自公告日或邀標日起至截止投標或收件日止之等標期，應訂定合理期限。其期限標準，由主管機關定之。

第 29 條　（公開發給、發售或郵遞招標文件）

公開招標之招標文件及選擇性招標之預先辦理資格審查文件，應自公告日起至截止投標日或收件日止，公開發給、發售及郵遞方式辦理。發給、發

售或郵遞時，不得登記領標廠商之名稱。

選擇性招標之文件應公開載明限制投標廠商資格之理由及其必要性。

第一項文件內容，應包括投標廠商提交投標書所需之一切必要資料。

第 30 條 　（押標金及保證金）

機關辦理招標，應於招標文件中規定投標廠商需繳納押標金；得標廠商需繳納保證金或提供或併提供其他擔保。但有下列情形之一者，不在此限：

一、勞務採購，得免收押標金、保證金。

二、未達公告金額之工程、財物採購，得免收押標金、保證金。

三、以議價方式辦理之採購，得免收押標金。

四、依市場交易慣例或採購案特性，無收取押標金、保證金之必要或可能者。

押標金及保證金應由廠商以現金、金融機構簽發之本票或支票、保付支票、郵政匯票、無記名政府公債、設定質權之金融機構定期存款單、銀行開發或保兌之不可撤銷擔保信用狀繳納，或取具銀行之書面連帶保證、保險公司之連帶保證保險單為之。

押標金、保證金及其他擔保之種類、額度及繳納、退還、終止方式，由主管機關定之。

第 31 條 　（押標金之發還及不予發還之情形）

機關對於廠商所繳納之押標金，應於決標後無息發還未得標之廠商。廢標時，亦同。

機關得於招標文件中規定，廠商有下列情形之一者，其所繳納之押標金，不予發還，其已發還者，並予追繳：

一、以偽造、變造之文件投標。

二、投標廠商另行借用他人名義或證件投標。

三、冒用他人名義或證件投標。

四、在報價有效期間內撤回其報價。

五、開標後應得標者不接受決標或拒不簽約。

六、得標後未於規定期限內，繳足保證金或提供擔保。

七、押標金轉換為保證金。

八、其他經主管機關認定有影響採購公正之違反法令行為者。

第 32 條 （保證金之抵充及擔保責任）

機關應於招標文件中規定，得不發還得標廠商所繳納之保證金及其孳息，或擔保者應履行其擔保責任之事由，並敘明該項事由所涉及之違約責任、保證金之抵充範圍及擔保者之擔保責任。

第 33 條 （投標文件之遞送）

廠商之投標文件，應以書面密封，於投標截止期限前，以郵遞或專人送達招標機關或其指定之場所。

前項投標文件，廠商得以電子資料傳輸方式遞送。但以招標文件已有訂明者為限，並應於規定期限前遞送正式文件。

機關得於招標文件中規定允許廠商於開標前補正非契約必要之點之文件。

第 34 條 （招標文件公告前應予保密）

機關辦理採購，其招標文件於公告前應予保密。但需公開說明或藉以公開徵求廠商提供參考資料者，不在此限。

機關辦理招標，不得於開標前洩漏底價，領標、投標廠商之名稱與家數及其他足以造成限制競爭或不公平競爭之相關資料。

底價於開標後至決標前，仍應保密，決標後除有特殊情形外，應予公開。但機關依實際需要，得於招標文件中公告底價。

機關對於廠商投標文件，除供公務上使用或法令另有規定外，應保守秘密。

第 35 條　（替代方案提出之時機及條件）

機關得於招標文件中規定，允許廠商在不降低原有功能條件下，得就技術、工法、材料或設備，提出可縮減工期、減省經費或提高效率之替代方案。其實施辦法，由主管機關定之。

第 36 條　（投標廠商資格之規定）

機關辦理採購，得依實際需要，規定投標廠商之基本資格。

特殊或巨額之採購，需由具有相當經驗、實績、人力、財力、設備等之廠商始能擔任者，得另規定投標廠商之特定資格。

外國廠商之投標資格及應提出之資格文件，得就實際需要另行規定，附經公證或認證之中文譯本，並於招標文件中訂明。

第一項基本資格、第二項特定資格與特殊或巨額採購之範圍及認定標準，由主管機關定之。

第 37 條　（訂定投標廠商資格不得不當限制）

機關訂定前條投標廠商之資格，不得不當限制競爭，並以確認廠商具備履行契約所必須之能力者為限。

投標廠商未符合前條所定資格者，其投標不予受理。但廠商之財力資格，得以銀行或保險公司之履約及賠償連帶保證責任、連帶保證保險單代之。

第 38 條　（政黨及其關係企業不得參與投標）

政黨及與其具關係企業關係之廠商，不得參與投標。

前項具關係企業關係之廠商，準用公司法有關關係企業之規定。

第 39 條　（委託廠商專案管理）

機關辦理採購，得依本法將其對規劃、設計、供應或履約業務之專案管理，委託廠商為之。

承辦專案管理之廠商，其負責人或合夥人不得同時為規劃、設計、施工或

供應廠商之負責人或合夥人。

承辦專案管理之廠商與規劃、設計、施工或供應廠商，不得同時為關係企業或同一其他廠商之關係企業。

第 40 條 （代辦採購）

機關之採購，得洽由其他具有專業能力之機關代辦。

上級機關對於未具有專業採購能力之機關，得命其洽由其他具有專業能力之機關代辦採購。

第 41 條 （招標文件疑義之處理）

廠商對招標文件內容有疑義者，應於招標文件規定之日期前，以書面向招標機關請求釋疑。

機關對前項疑義之處理結果，應於招標文件規定之日期前，以書面答復請求釋疑之廠商，必要時得公告之；其涉及變更或補充招標文件內容者，除選擇性招標之規格標與價格標及限制性招標得以書面通知各廠商外，應另行公告，並視需要延長等標期。機關自行變更或補充招標文件內容者，亦同。

第 42 條 （分段開標）

機關辦理公開招標或選擇性招標，得就資格、規格與價格採取分段開標。

機關辦理分段開標，除第一階段應公告外，後續階段之邀標，得免予公告。

第 43 條 （採購得採行之措施）

機關辦理採購，除我國締結之條約或協定另有禁止規定者外，得採行下列措施之一，並應載明於招標文件中：

一、要求投標廠商採購國內貨品比率、技術移轉、投資、協助外銷或其他類似條件，作為採購評選之項目，其比率不得逾三分之一。

二、外國廠商為最低標，且其標價符合第五十二條規定之決標原則者，得以該標價優先決標予國內廠商。

第 44 條　（優先決標予國內廠商之情形）

機關辦理特定之採購，除我國締結之條約或協定另有禁止規定者外，得對國內產製加值達百分之五十之財物或國內供應之工程、勞務，於外國廠商為最低標，且其標價符合第五十二條規定之決標原則時，以高於該標價一定比率以內之價格，優先決標予國內廠商。

前項措施之採行，以合於就業或產業發展政策者為限，且一定比率不得逾百分之三，優惠期限不得逾五年；其適用範圍、優惠比率及實施辦法，由主管機關會同相關目的事業主管機關定之。

第三章　決標

第 45 條　（公開招標）

公開招標及選擇性招標之開標，除法令另有規定外，應依招標文件公告之時間及地點公開為之。

第 46 條　（底價之訂定及訂定時機）

機關辦理採購，除本法另有規定外，應訂定底價。底價應依圖說、規範、契約並考量成本、市場行情及政府機關決標資料逐項編列，由機關首長或其授權人員核定。

前項底價之訂定時機，依下列規定辦理：

一、公開招標應於開標前定之。

二、選擇性招標應於資格審查後之下一階段開標前定之。

三、限制性招標應於議價或比價前定之。

第 47 條　（不訂底價之原則）

機關辦理下列採購，得不訂底價。但應於招標文件內敘明理由及決標條件

與原則：

一、訂定底價確有困難之特殊或複雜案件。

二、以最有利標決標之採購。

三、小額採購。

前項第一款及第二款之採購，得規定廠商於投標文件內詳列報價內容。

小額採購之金額，在中央由主管機關定之；在地方由直轄市或縣（市）政府定之。但均不得逾公告金額十分之一。地方未定者，比照中央規定辦理。

第 48 條 （不予開標決標之情形）

機關依本法規定辦理招標，除有下列情形之一不予開標決標外，有三家以上合格廠商投標，即應依招標文件所定時間開標決標：

一、變更或補充招標文件內容者。

二、發現有足以影響採購公正之違法或不當行為者。

三、依第八十二條規定暫緩開標者。

四、依第八十四條規定暫停採購程序者。

五、依第八十五條規定由招標機關另為適法之處置者。

六、因應突發事故者。

七、採購計畫變更或取銷採購者。

八、經主管機關認定之特殊情形。

第一次開標，因未滿三家而流標者，第二次招標之等標期間得予縮短，並得不受前項三家廠商之限制。

第 49 條 （未達公告金額之採購應取得報價或企劃書之情形）

未達公告金額之採購，其金額逾公告金額十分之一者，除第二十二條第一項各款情形外，仍應公開取得三家以上廠商之書面報價或企劃書。

第 50 條 　（不予投標廠商開標或投標之情形）

投標廠商有下列情形之一，經機關於開標前發現者，其所投之標應不予開標；於開標後發現者，應不決標予該廠商：

一、未依招標文件之規定投標。

二、投標文件內容不符合招標文件之規定。

三、借用或冒用他人名義或證件，或以偽造、變造之文件投標。

四、偽造或變造投標文件。

五、不同投標廠商間之投標文件內容有重大異常關聯者。

六、第一百零三條第一項不得參加投標或作為決標對象之情形。

七、其他影響採購公正之違反法令行為。

決標或簽約後發現得標廠商於決標前有前項情形者，應撤銷決標、終止契約或解除契約，並得追償損失。但撤銷決標、終止契約或解除契約反不符公共利益，並經上級機關核准者，不在此限。

第一項不予開標或不予決標，致採購程序無法繼續進行者，機關得宣布廢標。

第 51 條 　（審標疑義之處理及結果之通知）

機關應依招標文件規定之條件，審查廠商投標文件，對其內容有疑義時，得通知投標廠商提出說明。

前項審查結果應通知投標廠商，對不合格之廠商，並應敘明其原因。

第 52 條 　（決標之原則）

機關辦理採購之決標，應依下列原則之一辦理，並應載明於招標文件中：

一、訂有底價之採購，以合於招標文件規定，且在底價以內之最低標為得標廠商。

二、未訂底價之採購，以合於招標文件規定，標價合理，且在預算數額以內之最低標為得標廠商。

三、以合於招標文件規定之最有利標為得標廠商。

四、採用複數決標之方式：機關得於招標文件中公告保留採購項目或數量選擇之組合權利，但應合於最低價格或最有利標之競標精神。

機關採前項第三款決標者，以異質之工程、財物或勞務採購而不宜以前項第一款或第二款辦理者為限。

機關辦理公告金額以上之專業服務、技術服務或資訊服務者，得採不訂底價之最有利標。

決標時得不通知投標廠商到場，其結果應通知各投標廠商。

第 53 條　（超底價之決標）

合於招標文件規定之投標廠商之最低標價超過底價時，得洽該最低標廠商減價一次；減價結果仍超過底價時，得由所有合於招標文件規定之投標廠商重新比減價格，比減價格不得逾三次。

前項辦理結果，最低標價仍超過底價而不逾預算數額，機關確有緊急情事需決標時，應經原底價核定人或其授權人員核准，且不得超過底價百分之八。但查核金額以上之採購，超過底價百分之四者，應先報經上級機關核准後決標。

第 54 條　（未訂底價之決標）

決標依第五十二條第一項第二款規定辦理者，合於招標文件規定之最低標價逾評審委員會建議之金額或預算金額時，得洽該最低標廠商減價一次。減價結果仍逾越上開金額時，得由所有合於招標文件規定之投標廠商重新比減價格。機關得就重新比減價格之次數予以限制，比減價格不得逾三次，辦理結果，最低標價仍逾越上開金額時，應予廢標。

第 55 條　（最低標決標之採購無法決標處理）

機關辦理以最低標決標之採購，經報上級機關核准，並於招標公告及招標

文件內預告者，得於依前二條規定無法決標時，採行協商措施。

第 56 條　（最有利標）

決標依第五十二條第一項第三款規定辦理者，應依招標文件所規定之評審標準，就廠商投標標的之技術、品質、功能、商業條款或價格等項目，作序位或計數之綜合評選，評定最有利標。價格或其與綜合評選項目評分之商數，得做為單獨評選之項目或決標之標準。未列入之項目，不得做為評選之參考。評選結果無法依機關首長或評選委員會過半數之決定，評定最有利標時，得採行協商措施，再作綜合評選，評定最有利標。評定應附理由。綜合評選不得逾三次。

依前項辦理結果，仍無法評定最有利標時，應予廢標。

機關採最有利標決標者，應先報經上級機關核准。

最有利標之評選辦法，由主管機關定之。

第 57 條　（協商之原則）

機關依前二條之規定採行協商措施者，應依下列原則辦理：

一、開標、投標、審標程序及內容均應予保密。

二、協商時應平等對待所有合於招標文件規定之投標廠商，必要時並錄影或錄音存證。

三、原招標文件已標示得更改項目之內容，始得納入協商。

四、前款得更改之項目變更時，應以書面通知所有得參與協商之廠商。

五、協商結束後，應予前款廠商依據協商結果，於一定期間內修改投標文件重行遞送之機會。

第 58 條　（標價不合理之處理）

機關辦理採購採最低標決標時，如認為最低標廠商之總標價或部分標價偏低，顯不合理，有降低品質、不能誠信履約之虞或其他特殊情形，得限期

通知該廠商提出說明或擔保。廠商未於機關通知期限內提出合理之說明或擔保者，得不決標予該廠商，並以次低標廠商為最低標廠商。

第 59 條 （採購契約）

機關以選擇性招標或限制性招標辦理採購者，採購契約之價款不得高於廠商於同樣市場條件之相同工程、財物或勞務之最低價格。

廠商亦不得以支付他人佣金、比例金、仲介費、後謝金或其他利益為條件，促成採購契約之簽訂。

違反前二項規定者，機關得終止或解除契約或將溢價及利益自契約價款中扣除。

公開招標之投標廠商未達三家者，準用前三項之規定。

第 60 條 （廠商未依機關通知辦理之結果）

機關辦理採購依第五十一條、第五十三條、第五十四條或第五十七條規定，通知廠商說明、減價、比減價格、協商、更改原報內容或重新報價，廠商未依通知期限辦理者，視同放棄。

第 61 條 （決標結果之公告）

機關辦理公告金額以上採購之招標，除有特殊情形者外，應於決標後一定期間內，將決標結果之公告刊登於政府採購公報，並以書面通知各投標廠商。無法決標者，亦同。

第 62 條 （決標資料之彙送）

機關辦理採購之決標資料，應定期彙送主管機關。

第四章　履約管理

第 63 條 （採購契約及委託契約）

各類採購契約以採用主管機關訂定之範本為原則，其要項及內容由主管機關參考國際及國內慣例定之。

委託規劃、設計、監造或管理之契約，應訂明廠商規劃設計錯誤、監造不實或管理不善，致機關遭受損害之責任。

第 64 條　（採購契約之終止或解除）

採購契約得訂明因政策變更，廠商依契約繼續履行反而不符公共利益者，機關得報經上級機關核准，終止或解除部分或全部契約，並補償廠商因此所生之損失。

第 65 條　（得標廠商不得轉包工程或契約）

得標廠商應自行履行工程、勞務契約，不得轉包。

前項所稱轉包，指將原契約中應自行履行之全部或其主要部分，由其他廠商代為履行。

廠商履行財物契約，其需經一定履約過程，非以現成財物供應者，準用前二項規定。

第 66 條　（違反不得轉包規定之處理）

得標廠商違反前條規定轉包其他廠商時，機關得解除契約、終止契約或沒收保證金，並得要求損害賠償。

前項轉包廠商與得標廠商對機關負連帶履行及賠償責任。再轉包者，亦同。

第 67 條　（得標廠商得將採購分包）

得標廠商得將採購分包予其他廠商。稱分包者，謂非轉包而將契約之部分由其他廠商代為履行。

分包契約報備於採購機關，並經得標廠商就分包部分設定權利質權予分包廠商者，民法第五百十三條之抵押權及第八百十六條因添附而生之請求權，及於得標廠商對於機關之價金或報酬請求權。

前項情形，分包廠商就其分包部分，與得標廠商連帶負瑕疵擔保責任。

第 68 條　（價金或報酬請求權得為權利質權之標的）

得標廠商就採購契約對於機關之價金或報酬請求權，其全部或一部得為權利質權之標的。

第 69 條　（刪除）

第 70 條　（工程採購應執行品質管理）

機關辦理工程採購，應明訂廠商執行品質管理、環境保護、施工安全衛生之責任，並對重點項目訂定檢查程序及檢驗標準。

機關於廠商履約過程，得辦理分段查驗，其結果並得供驗收之用。

中央及直轄市、縣（市）政府應成立工程施工查核小組，定期查核所屬（轄）機關工程品質及進度等事宜。

工程施工查核小組之組織準則，由主管機關擬訂，報請行政院核定後發布之。其作業辦法，由主管機關定之。

財物或勞務採購需經一定履約過程，而非以現成財物或勞務供應者，準用第一項及第二項之規定。

第五章　驗收

第 71 條　（限期辦理驗收及驗收人員之指派）

機關辦理工程、財物採購，應限期辦理驗收，並得辦理部分驗收。

驗收時應由機關首長或其授權人員指派適當人員主驗，通知接管單位或使用單位會驗。

機關承辦採購單位之人員不得為所辦採購之主驗人或樣品及材料之檢驗人。

前三項之規定，於勞務採購準用之。

第 72 條　（驗收結果不符之處理）

機關辦理驗收時應製作紀錄，由參加人員會同簽認。驗收結果與契約、圖

說、貨樣規定不符者，應通知廠商限期改善、拆除、重作、退貨或換貨。其驗收結果不符部分非屬重要，而其他部分能先行使用，並經機關檢討認爲確有先行使用之必要者，得經機關首長或其授權人員核准，就其他部分辦理驗收並支付部分價金。

驗收結果與規定不符，而不妨礙安全及使用需求，亦無減少通常效用或契約預定效用，經機關檢討不必拆換或拆換確有困難者，得於必要時減價收受。其在查核金額以上之採購，應先報經上級機關核准；未達查核金額之採購，應經機關首長或其授權人員核准。

驗收人對工程、財物隱蔽部分，於必要時得拆驗或化驗。

第 73 條　（簽認結算驗收證明書）

工程、財物採購經驗收完畢後，應由驗收及監驗人員於結算驗收證明書上分別簽認。

前項規定，於勞務驗收準用之。

第 73-1 條

機關辦理工程採購之付款及審核程序，除契約另有約定外，應依下列規定規定辦理：

一、定期估驗或分階段付款者，機關應於廠商提出估驗或階段完成之證明文件後，十五日內完成審核程序，並於接到廠商提出之請款單據後，十五日內付款。

二、驗收付款者，機關應於驗收合格後，填具結算驗收證明文件，並於接到廠商請款單據後，十五日內付款。

三、前二項付款期限，應向上級機關申請核撥補助者，爲三十日。

前項各款所稱日數，係指實際工作日，不包括例假日、特定假日及退請受款人補正之日數。

機關辦理付款及審核程序，如發現廠商有文件不符、不足或有疑義而需補

正或澄清者，應一次通知澄清或補正，不得分次辦理。

財物及勞務採購之付款及審核程序，準用前三項之規定。

第六章　爭議處理

第 74 條　（廠商與機關間爭議之處理）

廠商與機關間關於招標、審標、決標之爭議，得依本章規定提出異議及申訴。

第 75 條　（廠商向招標機關提出異議）

廠商對於機關辦理採購，認為違反法令或我國所締結之條約、協定（以下合稱法令），致損害其權利或利益者，得於下列期限內，以書面向招標機關提出異議：

一、對招標文件規定提出異議者，為自公告或邀標之次日起等標期之四分之一，其尾數不足一日者，以一日計。但不得少於十日。

二、對招標文件規定之釋疑、後續說明、變更或補充提出異議者，為接獲機關通知或機關公告之次日起十日。

三、對採購之過程、結果提出異議者，為接獲機關通知或機關公告之次日起十日。其過程或結果未經通知或公告者，為知悉或可得而知悉之次日起十日。但至遲不得逾決標日之次日起十五日。

招標機關應自收受異議之次日起十五日內為適當之處理，並將處理結果以書面通知提出異議之廠商。其處理結果涉及變更或補充招標文件內容者，除選擇性招標之規格標與價格標及限制性招標應以書面通知各廠商外，應另行公告，並視需要延長等標期。

第 76 條　（申訴）

廠商對於公告金額以上採購異議之處理結果不服，或招標機關逾前條第二項所定期限不為處理者，得於收受異議處理結果或期限屆滿之次日起十五

日內，依其屬中央機關或地方機關辦理之採購，以書面分別向主管機關、直轄市或縣（市）政府所設之採購申訴審議委員會申訴。地方政府未設採購申訴審議委員會者，得委請中央主管機關處理。

廠商誤向該管採購申訴審議委員會以外之機關申訴者，以該機關收受之日，視爲提起申訴之日。

前項收受申訴書之機關應於收受之次日起三日內，將申訴書移送於該管採購申訴審議委員會，並通知申訴廠商。

第 77 條　（申訴書應載明事項）

申訴應具申訴書，載明下列事項，由申訴廠商簽名或蓋章：

一、申訴廠商之名稱、地址、電話及負責人之姓名、性別、出生年月日、　住所或居所。

二、原受理異議之機關。

三、申訴之事實及理由。

四、證據。

五、年、月、日。

申訴得委任代理人爲之，代理人應檢附委任書並載明其姓名、性別、出生年月日、職業、電話、住所或居所。

民事訴訟法第七十條規定，於前項情形準用之。

第 78 條　（申訴之審議及完成審議之期限）

廠商提出申訴，應同時繕具副本送招標機關。機關應自收受申訴書副本之次日起十日內，以書面向該管採購申訴審議委員會陳述意見。

採購申訴審議委員會應於收受申訴書之次日起四十日內完成審議，並將判斷以書面通知廠商及機關。必要時得延長四十日。

第 79 條　（申訴之不予受理及補正）

申訴逾越法定期間或不合法定程式者，不予受理。但其情形可以補正者，應定期間命其補正；逾期不補正者，不予受理。

第 80 條　（申訴審議程序）

採購申訴得僅就書面審議之。

採購申訴審議委員會得依職權或申請，通知申訴廠商、機關到指定場所陳述意見。

採購申訴審議委員會於審議時，得囑託具專門知識經驗之機關、學校、團體或人員鑑定，並得通知相關人士說明或請機關、廠商提供相關文件、資料。

採購申訴審議委員會辦理審議，得先行向廠商收取審議費、鑑定費及其他必要之費用；其收費標準及繳納方式，由主管機關定之。

採購申訴審議規則，由主管機關擬訂，報請行政院核定後發布之。

第 81 條　（撤回申訴）

申訴提出後，廠商得於審議判斷送達前撤回之。申訴經撤回後，不得再行提出同一之申訴。

第 82 條　（**審議判斷以書面指明有無違法並建議機關處置方式**）

採購申訴審議委員會審議判斷，應以書面附事實及理由，指明招標機關原採購行為有無違反法令之處；其有違反者，並得建議招標機關處置之方式。

採購申訴審議委員會於完成審議前，必要時得通知招標機關暫停採購程序。

採購申訴審議委員會為第一項之建議或前項之通知時，應考量公共利益、相關廠商利益及其他有關情況。

第 83 條　（審議判斷之效力）

審議判斷，視同訴願決定。

第 84 條　（招標機關對異議或申訴得採取之措施）

廠商提出異議或申訴者，招標機關評估其事由，認其異議或申訴有理由者，應自行撤銷、變更原處理結果，或暫停採購程序之進行。但為應緊急情況或公共利益之必要，或其事由無影響採購之虞者，不在此限。

依廠商之申訴，而為前項之處理者，招標機關應將其結果即時通知該管採購申訴審議委員會。

第 85 條　（招標機關對審議判斷之處理）

審議判斷指明原採購行為違反法令者，招標機關應另為適法之處置。

採購申訴審議委員會於審議判斷中建議招標機關處置方式，而招標機關不依建議辦理者，應於收受判斷之次日起十五日內報請上級機關核定，並由上級機關於收受之次日起十五日內，以書面向採購申訴審議委員會及廠商說明理由。

第一項情形，廠商得向招標機關請求償付其準備投標、異議及申訴所支出之必要費用。

第 85-1 條

機關與廠商因履約爭議未能達成協議者，得以下列方式之一處理：

一、向採購申訴審議委員會申請調解。

二、向仲裁機構提付仲裁。

前項調解屬廠商申請者，機關不得拒絕。工程及技術服務採購之調解，採購申訴審議委員會應提出調解建議或調解方案；其因機關不同意致調解不成立者，廠商提付仲裁，機關不得拒絕。

採購申訴審議委員會辦理調解之程序及其效力，除本法有特別規定者外，

準用民事訴訟法有關調解之規定。

履約爭議調解規則，由主管機關擬訂，報請行政院核定後發布之。

第 85-2 條 （申請調解費用之收取）

申請調解，應繳納調解費、鑑定費及其他必要之費用；其收費標準、繳納方式及數額之負擔，由主管機關定之。

第 85-3 條 （書面調解建議）

調解經當事人合意而成立；當事人不能合意者，調解不成立。

調解過程中，調解委員得依職權以採購申訴審議委員會名義提出書面調解建議；機關不同意該建議者，應先報請上級機關核定，並以書面向採購申訴審議委員會及廠商說明理由。

第 85-4 條 （調整方案及異議之提出）

履約爭議之調解，當事人不能合意但已甚接近者，採購申訴審議委員會應斟酌一切情形，並徵詢調解委員之意見，求兩造利益之平衡，於不違反兩造當事人之主要意思範圍內，以職權提出調解方案。

當事人或參加調解之利害關係人對於前項方案，得於送達之次日起十日內，向採購申訴審議委員會提出異議。

於前項期間內提出異議者，視為調解不成立；其未於前項期間內提出異議者，視為已依該方案調解成立。

機關依前項規定提出異議者，準用前條第二項之規定。

第 86 條 （採購申訴審議委員會之設置）

主管機關及直轄市、縣（市）政府為處理中央及地方機關採購之廠商申訴及機關與廠商間之履約爭議調解，分別設採購申訴審議委員會；置委員七人至三十五人，由主管機關及直轄市、縣（市）政府聘請具有法律或採購相關專門知識之公正人士擔任，其中三人並得由主管機關及直轄市、縣

（市）政府高級人員派兼之。但派兼人數不得超過全體委員人數五分之一。採購申訴審議委員會應公正行使職權。採購申訴審議委員會組織準則，由主管機關擬訂，報請行政院核定後發布之。

第七章　罰則

第 87 條　（強迫投標廠商違反本意之處罰）

意圖使廠商不為投標、違反其本意投標，或使得標廠商放棄得標、得標後轉包或分包，而施強暴、脅迫、藥劑或催眠術者，處一年以上七年以下有期徒刑，得併科新臺幣三百萬元以下罰金。

犯前項之罪，因而致人於死者，處無期徒刑或七年以上有期徒刑；致重傷者，處三年以上十年以下有期徒刑，各得併科新臺幣三百萬元以下罰金。

以詐術或其他非法之方法，使廠商無法投標或開標發生不正確結果者，處五年以下有期徒刑，得併科新臺幣一百萬元以下罰金。

意圖影響決標價格或獲取不當利益，而以契約、協議或其他方式之合意，使廠商不為投標或不為價格之競爭者，處六月以上五年以下有期徒刑，得併科新臺幣一百萬元以下罰金。

意圖影響採購結果或獲取不當利益，而借用他人名義或證件投標者，處三年以下有期徒刑，得併科新臺幣一百萬元以下罰金。容許他人借用本人名義或證件參加投標者，亦同。

第一項、第三項及第四項之未遂犯罰之。

第 88 條　（受託辦理採購人員意圖私利之處罰）

受機關委託提供採購規劃、設計、審查、監造、專案管理或代辦採購廠商之人員，意圖為私人不法之利益，對技術、工法、材料、設備或規格，為違反法令之限制或審查，因而獲得利益者，處一年以上七年以下有期徒刑，得併科新臺幣三百萬元以下罰金。其意圖為私人不法之利益，對廠商或分包廠商之資格為違反法令之限制或審查，因而獲得利益者，亦同。

前項之未遂犯罰之。

第 89 條 （受託辦理採購人員洩密之處罰）

受機關委託提供採購規劃、設計或專案管理或代辦採購廠商之人員，意圖為私人不法之利益，洩漏或交付關於採購應秘密之文書、圖畫、消息、物品或其他資訊，因而獲得利益者，處五年以下有期徒刑、拘役或科或併科新台幣一百萬元以下罰金。

前項之未遂犯罰之。

第 90 條 （強制採購人員違反本意為採購決定之處罰）

意圖使機關規劃、設計、承辦、監辦採購人員或受機關委託提供採購規劃、設計或專案管理或代辦採購廠商之人員，就與採購有關事項，不為決定或為違反其本意之決定，而施強暴、脅迫者，處一年以上七年以下有期徒刑，得併科新台幣三百萬元以下罰金。

犯前項之罪，因而致人於死者，處無期徒刑或七年以上有期徒刑；致重傷者，處三年以上十年以下有期徒刑，各得併科新台幣三百萬元以下罰金。

第一項之未遂犯罰之。

第 91 條 （強制採購人員洩密之處罰）

意圖使機關規劃、設計、承辦、監辦採購人員或受機關委託提供採購規劃、設計或專案管理或代辦採購廠商之人員，洩漏或交付關於採購應秘密之文書、圖畫、消息、物品或其他資訊，而施強暴、脅迫者，處五年以下有期徒刑，得併科新台幣一百萬元以下罰金。

犯前項之罪，因而致人於死者，處無期徒刑或七年以上有期徒刑；致重傷者，處三年以上十年以下有期徒刑，各得併科新台幣三百萬元以下罰金。

第一項之未遂犯罰之。

第92條　（廠商之代理人等違反本法，廠商亦科罰金）

廠商之代表人、代理人、受雇人或其他從業人員，因執行業務犯本法之罪者，除依該條規定處罰其行爲人外，對該廠商亦科以該條之罰金。

第八章　附則

第93條　（共同供應契約）

各機關得就具有共通需求特性之財物或勞務，與廠商簽訂共同供應契約。

第93-1條　（電子化採購）

機關辦理採購，得以電子化方式爲之，其電子化資料並視同正式文件，得免另備書面文件。

前項以電子化方式採購之招標、領標、投標、開標、決標及費用收支作業辦法，由主管機關定之。

第94條　（評選委員會之設置）

機關辦理評選，應成立五人至十七人評選委員會，專家學者人數不得少於三分之一，其名單由主管機關會同教育部、考選部及其他相關機關建議之。

評選委員會組織準則及審議規則，由主管機關定之。

第95條　（專業人員）

機關辦理採購宜由採購專業人員爲之。

前項採購專業人員之資格、考試、訓練、發證及管理辦法，由主管機關會同相關機關定之。

第96條　（取得環保標章之產品得優先採購）

機關得於招標文件中，規定優先採購取得政府認可之環境保護標章使用許可，而其效能相同或相似之產品，並得允許百分之十以下之價差。產品或其原料之製造、使用過程及廢棄物處理，符合再生材質、可回收、低污染

或省能源者，亦同。

其他增加社會利益或減少社會成本，而效能相同或相似之產品，準用前項之規定。

前二項產品之種類、範圍及實施辦法，由主管機關會同行政院環境保護署及相關目的事業主管機關定之。

第 97 條　（扶助中小企業承包或分包政府採購）

主管機關得參酌相關法令規定採取措施，扶助中小企業承包或分包一定金額比例以上之政府採購。

前項扶助辦法，由主管機關定之。

第 98 條　（僱用殘障人士及原住民）

得標廠商其於國內員工總人數逾一百人者，應於履約期間僱用身心障礙者及原住民，人數不得低於總人數百分之二，僱用不足者，除應繳納代金，並不得僱用外籍勞工取代僱用不足額部分。

第 99 條　（投資政府規劃建設之廠商甄選程序適用本法）

機關辦理政府規劃或核准之交通、能源、環保、旅遊等建設，經目的事業主管機關核准開放廠商投資興建、營運者，其甄選投資廠商之程序，除其他法律另有規定者外，適用本法之規定。

第 100 條　（主管機關得查核採購進度）

主管機關、上級機關及主計機關得隨時查核各機關採購進度、存貨或其使用狀況，亦得命其提出報告。

機關多餘不用之堪用財物，得無償讓與其他政府機關或公立學校。

第 101 條　（應通知廠商並刊登公報之廠商違法情形）

機關辦理採購，發現廠商有下列情形之一，應將其事實及理由通知廠商，並附記如未提出異議者，將刊登政府採購公報：

一、容許他人借用本人名義或證件參加投標者。

二、借用或冒用他人名義或證件，或以偽造、變造之文件參加投標、訂約或履約者。

三、擅自減省工料情節重大者。

四、偽造、變造投標、契約或履約相關文件者。

五、受停業處分期間仍參加投標者。

六、犯第八十七條至第九十二條之罪，經第一審為有罪判決者。

七、得標後無正當理由而不訂約者。

八、查驗或驗收不合格，情節重大者。

九、驗收後不履行保固責任者。

十、因可歸責於廠商之事由，致延誤履約期限，情節重大者。

十一、違反第六十五條之規定轉包者。

十二、因可歸責於廠商之事由，致解除或終止契約者。

十三、破產程序中之廠商。

十四、歧視婦女、原住民或弱勢團體人士，情節重大者。

廠商之履約連帶保證廠商經機關通知履行連帶保證責任者，適用前項之規定。

第 102 條　（廠商得對機關認為違法之情事提出異議及申訴）

廠商對於機關依前條所為之通知，認為違反本法或不實者，得於接獲通知之次日起二十日內，以書面向該機關提出異議。

廠商對前項異議之處理結果不服，或機關逾收受異議之次日起十五日內不為處理者，無論該案件是否逾公告金額，得於收受異議處理結果或期限屆滿之次日起十五日內，以書面向該管採購申訴審議委員會申訴。

機關依前條通知廠商後，廠商未於規定期限內提出異議或申訴，或經提出申訴結果不予受理或審議結果指明不違反本法或並無不實者，機關應即將

廠商名稱及相關情形刊登政府採購公報。

第一項及第二項關於異議及申訴之處理，準用第六章之規定。

第 103 條 （登於公報之廠商不得投標之期限）

依前條第三項規定刊登於政府採購公報之廠商，於下列期間內，不得參加投標或作爲決標對象或分包廠商。

一、有第一百零一條第一款至第五款情形或第六款判處有期徒刑者，自刊登之次日起三年。但經判決撤銷原處分或無罪確定者，應註銷之。

二、有第一百零一條第七款至第十四款情形或第六款判處拘役、罰金或緩刑者，自刊登之次日起一年。但經判決撤銷原處分或無罪確定者，應註銷之。

機關採購因特殊需要，經上級機關核准者，不適用前項之規定。

第 104 條 （軍事機關採購不適用本法之情形）

軍事機關之採購，應依本法之規定辦理。但武器、彈藥、作戰物資或與國家安全或國防目的有關之採購，而有下列情形者，不在此限。

一、因應國家面臨戰爭、戰備動員或發生戰爭者，得不適用本法之規定。

二、機密或極機密之採購，得不適用第二十七條、第四十五條及第六十一條之規定。

三、確因時效緊急，有危及重大戰備任務之虞者，得不適用第二十六條、第二十八條及第三十六條之規定。

四、以議價方式辦理之採購，得不適用第二十六條第三項本文之規定。

前項採購之適用範圍及其處理辦法，由主管機關會同國防部定之，並送立法院審議。

第 105 條 （不適用本法招標決標規定之採購）

機關辦理下列採購，得不適用本法招標、決標之規定。

一、國家遇有戰爭、天然災害、癘疫或財政經濟上有重大變故，需緊急處置之採購事項。

二、人民之生命、身體、健康、財產遭遇緊急危難，需緊急處置之採購事項。

三、公務機關間財物或勞務之取得，經雙方直屬上級機關核准者。

四、依條約或協定向國際組織、外國政府或其授權機構辦理之採購，其招標、決標另有特別規定者。

前項之採購，有另定處理辦法予以規範之必要者，其辦法由主管機關定之。

第 106 條　（駐外機構辦理採購之規定）

駐國外機構辦理或受託辦理之採購，因應駐在地國情或實地作業限制，且不違背我國締結之條約或協定者，得不適用下列各款規定。但第二款至第四款之事項，應於招標文件中明定其處理方式。

一、第二十七條刊登政府採購公報。

二、第三十條押標金及保證金。

三、第五十三條第一項及第五十四條第一項優先減價及比減價格規定。

四、第六章異議及申訴。

前項採購屬查核金額以上者，事後應敘明原由，檢附相關文件送上級機關備查。

第 107 條　（採購文件之保存）

機關辦理採購之文件，除依會計法或其他法律規定保存者外，應另備具一份，保存於主管機關指定之場所。

第 108 條　（採購稽核小組之設置）

中央及直轄市、縣（市）政府應成立採購稽核小組，稽核監督採購事宜。

前項稽核小組之組織準則及作業規則，由主管機關擬訂，報請行政院核定後發布之。

第 109 條　（審計機關稽察）

機關辦理採購，審計機關得隨時稽察之。

第 110 條　（得就採購事件提起訴訟或上訴）

主計官、審計官或檢察官就採購事件，得為機關提起訴訟、參加訴訟或上訴。

第 111 條　（巨額重大採購之效益分析評估）

機關辦理巨額採購，應於使用期間內，逐年向主管機關提報使用情形及其效益分析。主管機關並得派員查核之。

主管機關每年應對已完成之重大採購事件，作出效益評估；除應秘密者外，應刊登於政府採購公報。

第 112 條　（採購人員倫理準則）

主管機關應訂定採購人員倫理準則。

第 113 條　（施行細則）

本法施行細則，由主管機關定之。

第 114 條　（施行日期）

本法自公布後一年施行。

本法修正條文（包括中華民國九十年一月十日修正公布之第七條）自公布日施行。

國家圖書館出版品預行編目資料

工程契約與規範／許聖富著. ーー初版. ーー
臺北市：五南，2016.03
　　面；　公分
ISBN 978-957-11-8555-2（平裝）

1.工程　2.契約　3.法規

440.023　　　　　　　105003640

5T23

工程契約與規範

作　　　者 ― 許聖富（231.9）

發 行 人 ― 楊榮川

總 編 輯 ― 王翠華

主　　　編 ― 王正華

責任編輯 ― 金明芬

封面設計 ― 江明娟

出 版 者 ― 五南圖書出版股份有限公司

地　　　址：106台北市大安區和平東路二段339號4樓

電　　　話：(02)2705-5066　　傳　　　真：(02)2706-6100

網　　　址：http://www.wunan.com.tw

電子郵件：wunan@wunan.com.tw

劃撥帳號：01068953

戶　　　名：五南圖書出版股份有限公司

法律顧問　林勝安律師事務所　林勝安律師

出版日期　2016年3月初版一刷

定　　　價　新臺幣450元